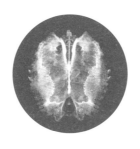

L'HOMME EN
MICROPSYCHANALYSE

微精神分析学

〔瑞士〕方 迪 著
尚 衡 译
杜小真 校

生活·讀書·新知 三联书店

Chinese Copyright © 2018 by SDX Joint Publishing Company.
All Rights Reserved.
本作品中文版权由生活·读书·新知三联书店所有。
未经许可，不得翻印。

Copyrights © Silvio Fanti
All Rights Reserved

图书在版编目（CIP）数据

微精神分析学 /（瑞士）方迪著；尚衡译. —2版. —北京：生活·读书·新知三联书店，2018.3
（文化生活译丛）
ISBN 978 – 7 – 108 – 05662 – 7

Ⅰ.①微… Ⅱ.①方… ②尚… Ⅲ.①精神分析 Ⅳ.① B84-065

中国版本图书馆CIP数据核字（2016）第048976号

责任编辑	张　惟
装帧设计	蔡立国
责任校对	夏　天
责任印制	宋　家
出版发行	生活·讀書·新知 三联书店
	（北京市东城区美术馆东街22号 100010）
网　　址	www.sdxjpc.com
图　　字	01-2018-1600
经　　销	新华书店
印　　刷	北京隆昌伟业印刷有限公司
版　　次	1993年5月北京第1版
	2018年3月北京第2版
	2018年3月北京第5次印刷
开　　本	850毫米×1100毫米　1/32　印张 16.25
字　　数	286千字
印　　数	25,001 – 30,000 册
定　　价	49.00 元

（印装查询：01064002715；邮购查询：01084010542）

目 录

中文版序 ·· 1

一九八八年版序 ···································· 2

一九八一年版序 ···································· 4

引 言 ·· 1

第一章 人的能量组织 ·························· 1

  第一节 虚空 ······································ 2

    一、物质虚空 ·································· 2

    二、心理虚空 ·································· 27

  第二节 虚空的能量组织 ······················ 51

    一、虚空中性动力 ···························· 51

    二、伊德（Ide） ······························ 58

    三、尝试 ·· 90

  第三节 冲动-共冲动 ·························· 102

    一、死亡冲动-生命冲动 ···················· 102

    二、共冲动 ···································· 119

  第四节 伊德过渡心理学 ······················ 129

    一、从本我到潜意识 ························ 129

二、象 ················· 152
　　三、压抑 ················ 159

第二章　人的三项主要活动 ········ 171
　第一节　睡眠-梦 ············· 172
　　一、睡眠 ················ 172
　　二、震颤睡眠 ·············· 181
　　三、梦 ················· 190
　　四、睡眠-梦的活动 ············ 207
　　五、梦与发明创造 ············ 229
　第二节　过激行为 ············· 238
　　一、子宫内的战争 ············ 238
　　二、童年期战争 ············· 257
　　三、成年期战争 ············· 275
　第三节　性 ················ 294
　　一、性与过激行为的关系 ········· 294
　　二、从尝试本能角度看性活动 ······· 317
　　三、性高潮 ··············· 331

第三章　人的心理生物现象 ········ 349
　第一节　心理状态 ············· 350
　　一、心理带 ··············· 350
　　二、正常状态 ·············· 356
　　三、神经症 ··············· 362
　　四、精神病 ··············· 383

第二节　身心关系 ·················· 396
一、人体微精神分析 ················ 396
二、精神病与癌症 ·················· 405
三、人体的孔窍 ···················· 410
四、人体的排泄功能 ················ 421
五、人体的消化功能 ················ 431
六、人体的泌尿功能 ················ 441

第三节　老年 ······················ 452
一、前衰老期与衰老期 ·············· 452
二、衰老期性心理 ·················· 468

译者的话 ···························· 487

中文版序

我住在瑞士的一个村子里，能够通过本书，在这个小小的瑞士的小小的村子和无边无际的中国的无边无际的北京之间架起一座桥，这使我感到非常幸福。

其实，很多年以前，在我的精神里、在我的心里，这座桥早已建起。一九六一年，我受瑞士驻中华人民共和国大使的邀请去过中国，在两个月内跑遍了这个辽阔无际的国家。

目前，虚空的思想日益深入科学领域，它是微精神分析学的基础。我甚至觉得，是那些在中国度过的日日夜夜和在中国的亲身感受使我最终确立了虚空的思想。人都是由虚空-能量构成的，正是它把我们联在一起，把东方人和西方人联在一起。我们都来自虚空-能量，这一共同的来源使那些人类至今仍死死抱住不放的所谓区别成为幻影。

借此机会，谨向本书的中文译者尚衡女士表示感谢。

西尔维奥·方迪

一九九二年八月七日

瑞士　古外

一九八八年版序

一九五五年末,在开始构思本书的时候,我总是感到思绪难平,反复起草纲要,有了想法就写,写后又扔,好像不是很情愿完成它。几年后,当草纲终于初具雏形时,我不无惊奇地发现,原来自己一直对它非常重视,而且已经开始全面设计伊德或曰尝试本能(Ide)的概念。

当时,我已经开始隐约感觉到虚空的存在,感觉到虚空是世间万物的载体,但是,无论是它的存在,还是它负载万物的功能,都那么令人难以相信和接受。怎样才能与这个历来被人诅咒的虚空沟通?如何表述一个完全产生于人的内心活动的认识?我必须解决这两个问题,才能尽快确立虚空与尝试本能之间的关系。

一个偶然的机会,我重读了自己的作品《在……之后》。我一直认为,这本书是我自己的潜意识几十年探索虚空的显示器。与此同时,我仔细重新阅读了几十份我为不同种族、不同宗教信仰的人进行精神分析时所做的记录。本书中引用的精神病医生、物理学家、医生和女精神分析学家的话，就是我从这些分析记录中摘出的片断。做这两件事大大地增强了我的信心。我很快发现了虚空的一般规律（这一发现是在坚持进行长分析的基础上获得的），然后又顺利地发现了死亡-生命冲动，进而发现可以用神经突触表述虚空的创造作用，这一模型既适用于生物现象，又适用于心理现象。

同时，我确定了微精神分析学的三个基本要素：一、我的细胞甚至血液不源属于我；二、我的尝试本能及其能量不源属于我；三、我的所有的梦构成一个梦，这个梦不源属于我。于是我才明白：

很少、

甚至几乎没有什么东西

源属于我；

这正是我曾经拒绝、怀疑、犹豫的原因。

西尔维奥·方迪

瑞士 古外

一九八一年版序

不时有人问我:"……精神分析医生也像其他人一样,有欢乐和痛苦吗?……也做梦吗?……一定要目光淡漠才能做精神分析医生吗?……精神分析医生真的是自己有问题吗?……"

如果对弗洛依德其人有更多的了解,回答这些问题会更有意思。弗氏一定是冷笑着,把他个人的手记几乎销毁无遗。他这样做,不但不会给任何对他感兴趣的人提供方便,而且丧失了自己作为科学家本应保持的中立态度。分析弗洛依德通信(不仅仅是他与弗里埃斯的通信)可以发现,他不但没有任何超人的地方,而且和你我一样,也有与他人分享幸福与不幸的需要。

至于我自己,我拒绝以精神分析为借口抱怨生活。我喜欢人,尤其喜欢和我一起工作的、接受微精神分析的人和精神分析学家,无论他们是不是医生。所以,在分析场合以外,我平易近人,并为此感到很幸福。

我可以举一两个例子,都是我在构思本书过程中经历的情感状态（我们做什么事情不需要情感？）。二十多年前，在开始构思本书时，我感到思绪难平。总是胡乱涂写一些要点和纲要，然后又扔掉；各种各样的想法不断产生，形成新的要点和纲要，其结局当然是被扔掉，好像是我自己不愿意完成本书的构思。其实，我的潜意识在告诉我一件我拒绝接受的事情。终于，十五年前的一天，草图变成了原型；那时，我才发现自己一直对它很重视，而且已经在全面设计尝试或曰尝试本能"伊德"（Ide）这一基本概念。

于是，我全力以赴，开始寻找恰当严谨的表达方式。不久，神奇的睡眠不断被来自尝试本能的闪光照亮，渐渐离我而去。我不再接受新的被分析者，并把那些坚持要我做分析的人介绍到我培养出的精神分析学家那里。

正是在这个时候，虚空，令人难以置信的虚空和它所具有的令人难以接受的负载万物的功能开始若隐若现，崭露头角。当时我感到非常累，常常在最意想不到的时候感到筋疲力尽，在办公室待上一小时便疲惫不堪。而且，我自己也不明白，为什么我肯定虚空的存在，离不开它，却又不能说服别人接受它。其实，关键在于设法与历来被人诅咒的虚空沟通，找到恰当的表达方式，表述一个完全产生于人的内心活动的认识。

在必须确立能量中继站（即虚空中性动力 [Dnv]-尝试本能）的那些日子里，我的睡眠越来越不好，常常突然惊醒，时而在纽约的地铁里，时而在东京的街头，时而在巨大的岩洞里——洞穴中回响着我的尝试本能接连不断地涌现时发出的声响，还有不知来自何方的、震耳欲聋的嘲笑声。就像弗洛依德当年面对死亡冲动一样，我感到尝试本能和虚空中性动力是某种不祥之兆。在那种不安与混乱的状态中，我完全拥护中世纪教会烧死预言家和其他穷思竭虑于精神活动的人的做法。

我甚至不再接电话，信件也让秘书处理。我不再接待任何来访，甚至连最好的朋友也不见，我和他们之中的很多人竟从此失去了联系。我粗暴地对待自己的本能，使我的自我-超我完全失去了重要性，我和这个世界上存在的随便什么物体没有任何区别。

终于，最坏的事情发生了，即对职业的怀疑。对于我来说，这就意味着对一切的怀疑。精神分析学是不是把我引入了歧途？若如此，我有没有权利组织精神分析学家按照我的方法去工作？我重读了一九三九年以来我的私人笔记和工作记录，研读各国的精神分析学著作。多么不幸！不知道是传统派坚持视而不见，还是我在异想天开，从形式上看，我们的确有相同之处，但是，从内容上看，我们之间的距离又是那么大。

一天夜里，我迷迷糊糊地打开了卧室里的柜子。那里面放着我学生时代的纪念物：拉丁语和希腊语的翻译练习、大学毕业时论帕斯卡尔和博絮埃的论文、一篇在恩基登本笃会修道院用德语写的文章。我忽然想起了伊尔德封神甫，我的哲学老师。为了这篇文章，他把我叫到他的房间，对我说："你的作业本来不合格，但是我给了你最好的分数，因为你将在生活中经受很多磨难。"在这一夜之前，我从来没有注意到生命在流逝，也从来没有重新琢磨过伊尔德封神甫的话。我在自己的文章中读到：

"所有的学者都是神奇的人。他在工作中，在坚持不懈中，在研究中（当年我用的研究 Versuch 一词就是尝试的意思！）产生的未知和犯的错误都是神奇的……

这就是灵魂的学者！他比别人要多问自己一千次'为什么'，他比其他人要多怀疑一千次，哪怕只是问自己有无必要问'为什么'……

灵魂的学者自认无知，也不为人知。他是精神的乞丐；他回避人，人们也回避他。除了灵魂与梦，他没有任何其他标记。人们拒绝给予他鼓励和理解，拒绝与他对话。灵魂的学者不会获得诺贝尔奖金，甚至没有奖学金……

真正的灵魂的学者已经全面考查了自己的灵魂，对它了如指掌，因而不再囿于对灵魂本身的探求。但是他的灵魂却朝着某一方向继续前进、飞翔、繁殖、解体、死亡、再生？甚至重新开始一切？那还是他的灵魂吗？或已是另一个人的灵魂?这个人是朋友还是敌人?或是二者兼而有之?其实,灵魂的学者已经没有灵魂;也许,灵魂是人忘掉、丧失一切,乃至物质后,所剩的东西;也许,灵魂是虚空之精华……"

在经过了数月的痛苦之后,那一夜,我第一次恢复了所谓儿童般的睡眠。第二天,我决定重新回到弗洛依德的理论中去。这样做的原因并非由于我认为弗洛依德的理论完美无缺,而是因为,凭依着弗氏的理论,我至少可以表述自己的思想,享受超越虚幻后的简单与中立。

于是我集中精力做了两件事情:一、反复阅读我的小书《在……之后》,我越来越发现这本书是我探求虚空的第一个潜意识显示器;二、重新阅读几十份对不同种族、不同宗教信仰的人进行微精神分析时保留下来的个人及教学档案。在研究这些材料的过程中,我惊讶地发现,在俄狄浦斯和恋母情结这两个不同的心理结构后面,确确实实有一条共同的主线,即尝试。我越了解存在于心理物质组织不同层次上的虚空,这一点也就越明显。更重要的是,我发现神经症结的消散、与其相伴的高强度心理活动及其伤痕(不再以核的状态存在)在潜意识中的沉积最终会导向对下面三个要点的认识:一、我的细胞、甚至我的血液都不源属于我;二、我的尝试本能及其能量不源属于我;

三、所有我做的梦构成一个梦，而这个梦不源属于我。我称这三点为微精神分析学三要素。

在发现

  我身上

    很少、

      甚至几乎没有什么东西

         源属于我

之后，我才明白，不久前，在我的身上，不可动摇的虚空—虚空中性动力—尝试本能曾经和我的令人同情的本我-潜意识进行了一场力量悬殊的搏斗。与此同时，我还发现，对于精神和肉体来说，超越潜意识进行探索，很有可能不无危险。

  在我"康复"期间，在确立了微精神分析学的三要素之后，我着手设计虚空的能量组织模型。我坚持以长时间分析实践为基础（这一点很重要），终于发现了虚空的一般规律，进而顺利地发现了死亡-生命冲动，最后，我通过神经突触证实了虚空所具有的创造作用，这一模型既适用于生物虚空（细胞、分子及原子等不同层次），又适用于心理虚空。在这以后，我知道尽管自己的命题在阐述与表达上仍有某些不足，但是它是成立的。这一点从精神分析角度也可以得到证实，因为，该命题给我带来的不是狂妄的欢喜，而是一种平静的自足。

  正是在这种心理状态下，我着手从分析记录中摘出一些片断，准备在本书中引用。主要是一位精神病医生、一位物理学家、一位医生和一位女精神分析学家的分析片断。关于本书中引用的这些分析片断，我想提出四点声明，其中若干点，我已经在《反婚姻》一书的引言中有所阐述：一、用来说明本书理论阐述中某一点的一段分析摘录可以出自不同的分析场次；二、某些摘录带有本书作者的风格，那是作者将原记录从英文、德文或意大利文译成法文时留下的痕迹；三、在本书的第二部分，读者会觉得某些引言过于冗长。作者故意保留分析记录的原始长度，以使读者了解在一场长时间精神分析中出现的高强度心理活动的过程；四、引用这些原始材料丝毫不说明作者赞成其中表达的科学、社会学或哲学的观点。

在这期间，还发生了一件奇怪的事情。不知道是不是弗洛依德曾与朋友们津津乐道的心灵感应在起作用，没有任何预先通知，接受过我分析的人从世界各地来到古外。他们就在我家里或村里及附近的小旅店里住下来。数月间，二三十位贫富不等、不同年龄的男女使我的家里充满了生气，他们中有医生、精神病医生、心理学家、精神分析学家、企业家、银行家、商人和大学生。

他们有的整理我的笔记（大约两万页，本书的每一章至少涉及五百页笔记），有的整理我过去关心的问题并把它们按主题编目，有的整理我弃置一旁的《精神分析学与微精神分析学词典》的数百个条目，有的把我过去写的书译成英文、德文、意大利文、西班牙文、日文……

他们每天都高效率地工作十六个小时。我很少见到他们，但是我能听见打字的声音，听见他们在我窗下玩滚球。有时，碰巧和他们一起进餐，我不时会因为他们过于殷勤而小题大做发脾气，他们总是很理解地微笑，表现出经过精神分析移情后所具有的宽厚与超然。我敢说，这种移情既平静又强有力。对于他们来说，我已成为一种"在场"，一种母性吉祥有益的在场；而我自己，尽管不断增长的体重严重妨碍我的行动，却在收获生活中随意播下的爱结出的果实。

他们中有一位物理学家。一天饭后，为了给我一些他曾经从我这里获得的力量，他对我说："依我看，您大大缩小了神秘的范围，和您的发现相比，剩下的未知都是次要的。"我早已过了专爱听奉承话的年龄，不过，听了他的话我相信，无论他说得对不对，这个我曾经深入其灵魂的人是经过深思熟虑后才这样说的。

法朗索瓦兹也来了。自从她……这么多年过去了，还是从头说起吧。那天，我刚刚向一位女士说过"再见"，她站起来，打开门出去。还没等门重新关上，另一位女士走了进来。她身高一米七五，体重四十五公斤，双手插在风衣兜里，左肩右挎斜挂着一个手提包。她站在那儿一言不发。我缩在沙发里，穿着厚厚的运动衫，好几天没有刮过脸。我已经连续进行了十个小时的分析，而且还准备继续进行。我没有站起来，仿佛透过云雾看着她，我听见她说："我从美国来。古外的人告诉我您在米兰，米兰的人告诉我您在尼尔维，原来您在这儿，我来了。"我听懂了，对她说："我们明晚十点开始。"她低声说："得谈谈钱的事，因为……"我重复道："明晚十点！"

她工作得多么出色！法朗索瓦兹，她在这儿，她又回来了！这么多年过去了！她读校样，轻轻地放好磁盘，看着窗外飘落的雪花。听不到的声音，除了听见她说："我给您送来了这个……我给您送来了那个……"可爱的、轻盈飘逸的法朗索瓦兹。没有人知道她什么时候来的，什么时候走的。有时她看着我，美丽的面庞上挂着晶莹的泪珠。

他们中还有十三岁时接受过我分析的阿尔贝蒂娜，我的"小仙女"。她在十六岁的时候，曾经面对图兰大学三百名心理学教授和大学生，就"什么是微精神分析"这个题目，即席发挥，做了一场具有历史意义的讲座。在不知疲倦地用打字机打了又打本书的手稿后，一天，她对我说："我不知道为什么，过去我还有一些情怨，现在一点也没有了。在我身上出现了一种不可打破的平衡，一种平平静静生活的幸福感。"说这番话时，她脸上露出一种几乎让我心酸的平淡和超然……

阿兰也在我的家里。他十二岁时在我这里接受了精神分析。一天下午，他走进我的房间，手里拿着他刚刚完成的图腾与禁忌一览表（这个表的对照分析部分简直可以说是出自一位经验丰富的精神分析行家之手）。看到我呼吸不太舒畅，他说："先生，您可以平静地死了。您给我们带来了这么多光明。"孩子口中无谎言，他的话简直让我哭笑不得。借这个移情的话题，我反驳道："蠢材！你为什么把禁忌放在左面，把图腾放在右面？重做这个表。记住，没有人强迫你颠倒一切！"出去时，他两眼闪着狡黠的光，调皮地说："人不可能一次把什么事情都做好……对吗，尝试本能先生？"他关上门走了。我仿佛看见弗洛依德在屋子的一个角落里看着我，他似乎觉得这一切很好笑。

引 言

精神分析学产生于无数次接连不断的尝试,弗洛依德的著作就是很有说服力的证据。他的全部著作由"不断的、往往是令人失望的、缺乏正确引导的尝试"所组成(E. Jones),这些尝试意味着"发现若干假性真理,随即将其推翻,进行修正和改进,使其复杂化"(J. Laplanche)。

弗洛依德一生都在不知疲倦地进行尝试。一九三八年,他讲话的声音中流露出脑力的衰竭,他自己称其为"赛马前的试跑"。几个月后,他告别了人世。可以设想,假如弗洛依德没有去世,他的研究将向什么方向发展。有一点似乎可以肯定:弗洛依德不会把潜意识视为心理现象的圣龛而止步不前。

超越潜意识,探求心理物质现象的本源与基础,这个愿望最早产生于我攻读医学和精神病学时期,它在我接受精神分析训练期间变得更加明确。后来,当我坐在沙发里,听接受分析者述说时,完全出乎自己的预料,我已经开始

在实现这一愿望。我逐渐意识到:

  人,

  从肉体到精神,

  是一个

  由很多尝试组成的

  尝试。

  三十多年间,我在世界各地进行精神分析,与五洲四海的人接触,慢慢地、不厌其烦地对比他们的感受,证实了尝试的概念,并确立了它的普遍性。当我像在组织学实验室里学会描绘切片一样,学会对人进行细致入微的分析后,我发现:

  尝试

  是

  中性动力的

  一般单位;

我们每一个人,从出生到生命结束,始终在尝试。

  刚刚来到这个世界上的婴儿活跃动作,试这试那,就像一个单细胞或一个白细胞,先向一个方向伸出一只伪足,然后把它收回再伸向别处。最初,婴儿在身体两侧进行的尝试是无组织的、不协调的、尚未适应外部环境的。他盲目地活动一只手、一只脚、一只眼睛和头;这一切毫无目的,却是必需的。

出生后的前几个月，幼儿同时进行其他尝试：触觉、嗅觉、视觉、听觉、味觉、语言与行动。他的身体就是一个试验场，任他"无目的地"考验自己的器官及其性能。这些尝试紧密衔接，相互交错，尽最大可能超越已经取得的经验。

进入成年期后，人不断进行大量的生存尝试，有意无意地将尝试与过去—现在—未来结合起来，构成尝试最常见的主题。中国的长城、埃及的金字塔、伊斯兰教的礼拜寺和天主教的大教堂是这一主题的体现，战争与革命是这一主题的体现，科学发现与社会新闻同样是这一主题的体现。

什么是艺术？难道不是以追求永恒为目的的尝试之梦？这就是为什么，今天，在世界各地，仍然有无数艺术家把自己的一生献给艺术，耗尽生命赋予他们的尝试之库以获得瞬间突发的完美。所以，在完成《地狱中的一季》之后，兰波[1]只得彻底休笔。艺术上的"成功"是死亡的近邻，我对此有过特殊的体验。一天晚上，我坐在克拉拉·哈斯基尔[2]旁边听她演奏，突然，她那超然自如的表演使我感到她再也没有什么可尝试的了，她生命的日子不多了。

尝试使人类的活动既神奇又脆弱，外科学的情况足以说明这一点。外科学每时每刻都在证明，生命依靠的是极微小的尝试，外科技术本身完全建立在这些微乎其微的尝试中的某些尝试之上。我的一位朋友是外科医生，他从费城给我寄来这样一张照片：他靠在手术室的墙上，双目无神,脖子上吊着口罩,工作服上和皮鞋上都溅满了血。照片后面有这样一段话:"我打开了。扩散性膀胱癌。听任患者死亡?装体外排尿器?装体外排大便器?我试试。"

医学研究不必嫉妒外科学,因为它的主要方法也是尝试。下面的四个例子出自医生每天收到的科研资料:

一、法兰西癌症研究学会简报上的文章题目:《试论细胞运动的合理组合》《试论同期细胞再生》《试论淋巴急性白血病的免疫疗法》……

二、美国的FDA(食品与药物组织)使用下列术语对治疗实验进行分类:"非限制开放性试验""限制性试验""限制开放性试验""单向限制性试验""双向限制性试验""外围性试验""体内试验""多元试验""定量试验""序列试验"。

三、一本药理学小册子上有这样一段话:"国际药典中的若干有效配方均是数百万次试验之结果,其中最有效的配方均为科研计划之外的偶然发现。"

四、一份实验报告这样介绍一个用于治疗精神病的安眠药的产生:"在进行了四万次实验后,我们保留了五种产品,其中唯一商品化了的产品产生于我们的实验计划之外,而发现它对精神起作用则完全出于偶然。"

通过最后两个例子,我们可以发现尝试具有运动性,其特点可以用偶然两个字来概括。尝试从本质上讲是中性的，它的向量轨道极具相对性。总之，尝试是偶然的。某一已知尝试的预定性只是表面的，当我们将这一尝试分解成若干基本尝试时，其预定性随即消失。因此，以中性为基础，以相对性为调制，

尝试

是

偶然的孪生兄弟。

当人被迫突然面对原始自我时，在全面开始严密的、训练有素的、有条件的系列尝试之前，他首先进行盲目尝试。于是，我们发现，在人的社会外表下，在社会契约的控制范围之外，人是由其所进行的尝试创造而成的；形势越严重，尝试越是以残酷的中性安排着人的命运：

一、我曾经目睹一家大商店失火的情景。很多顾客拥在一个出口处，在绝望和混乱的尝试中丧生于烈焰。其实，他们只需拉而不是推出口处的门就能够逃生。

二、我经历过数百次有数百架轰炸机的空袭。成年人和孩子们、正常人和不正常的人，还有动物，大家都在街上跑来跑去，一半人盲目地奔向死亡，另一半人盲目地奔向生存。

三、在日本、智利和墨西哥，我经历了不知多少次地震。这里，十三层楼上的一位工作人员冲进正在倒塌的建筑物的电梯，那里，昏乱的人群朝着海啸登陆的海岸狂奔。

下面是一位精神病医生在接受微精神分析时说的话

(本书中凡引用他的话，我将只注明"精神病医生")：

"……真奇怪，很少有人研究恐慌……个人的恐慌和恐慌状态中表现出的不可思议的恐惧……粗野的恐惧，……集体的恐慌和那害人的，丧失了体面、道德和责任感的溃逃……

……这时候，那些著名的理论都到哪儿去了？……那些安安稳稳坐在办公室里杜撰出来的理论呢？……那些理论有什么价值？……反射学、行为主义、现象学、结构主义、格式塔心理学……为什么在恐慌状态下，所有这些理论什么也解释不了？……一点用处也没有？……

……没有人知道为什么，一大群固执的思想家与另一大群固执的思想家进行斗争，在他们为自己的理论献出毕生心血后，他们的理论也一个个先后消失了……

……为什么至今没有发现一种能在尝试突然彼此间失去联系或以另一种方式相联系时依然有效的理论？……

（两分钟沉默，然后）

……是不是因为所有这些理论都不掌握尝试的概念？……

（两分钟沉默，然后）

……尝试在偶然中产生，……依照它自己的志愿……不以人的意志为转移，……哲学和思想意识在尝试之后形成体系……得到确认，而那个时候，尝试早就转移了……

……从繁文缛节的说教和诡辩中，人学不到任何东西，但是，尝试的概念却可以使人为自己找到适当的位置；……首先，它可以使人接受这样一个现实：人的存在只是各种各样尝试中的一个尝试……"

的确，偶然中的尝试、求生尝试、死亡尝试、爱的尝试、杀的尝试，各种各样的尝试造就了人。尝试的中性动力原则公正地支配着人，它对人、动物、植物、矿物一视同仁，不偏不倚；它作用于人就像它使分子、原子或粒子发生振动一样。

的确，今天，人已经能够在宇宙中行走，能够移植心脏、肾脏、头和灵魂，如果愿意，人甚至已经能够使自己长生不死。在当今之世谈什么

  人，

   像其他尝试一样，

   是一个尝试，

似乎不太合时宜。然而，假如人是全能的，那么所谓全能就体现在他的尝试中。人的强大来自他所进行的尝试；人常常怀疑自己的力量，不知道自己能够在多长时间内成功地维持这种强大。总之，

  人

  从没有比他能够创造生命以来

  更必然要死亡，

因为，人并非有意识地进行尝试，他所进行的尝试和反尝试是一种完全不以其意志为转移的、自动的生理蠕动。

因为，

> 人的存在离不开尝试，
>
> 但是，
>
> 尝试完全独立于人。

很少有人这样认识尝试，这并不奇怪，因为，在没有学会捕捉尝试时，一般人很难意识到它的表现。此外，人的潜意识中有自我保护条件反射，在它的作用下，人不愿意承认自己只是个脆弱而且瞬间即逝的中性尝试。请看下面这段分析记录（这段话出自一位接受微精神分析的物理学家之口，本书中我将以"物理学家"为名继续引用他的话）：

"……开始接受微精神分析时，……我有时觉得……您对我格外重视，……我觉得自己在您这里享有某种特殊的待遇……觉得您想把我培养成您的继承人……我承认，当时我很难接受您的态度，……您的态度让我很吃惊，我倾向于回避您……

……我尤其不能理解尝试的理论，……当您反复强调'日常生活是由尝试编织而成'的时候，我反感极了……真想走了，让您一个人去异想天开吧，……我当时认为，承认尝试的理论等于将人异化，……把人看成一个可以随意使用消耗的物体……

……不！我当时不同意您的观点，拼命试着不接受您的观点，……停止分析对我来说没有任何意义……可我又绝对不能接受您的观点……我真想发作，大喊'疯了！''救命啊！'……

（三分钟沉默，然后）

……我曾经多少次尝试推翻您的观点！……当我自以为达到目的时，我真的高兴极了！……唉！……要做多少次尝试才能推翻尝试的理论，反尝试性尝试的惊人数目迫使我一次次回到您的身边……

……这是六个月前的事了……

（两分钟沉默，然后）

……今天，我不再认为尝试是一种狂想，……离开尝试我什么也弄不懂……我成了尝试的俘虏，尝试就像一张巨大的蜘蛛网……

（十五分钟沉默，然后）

……噢，我用了六个月理解您……或者确切地说，理解我自己……换句话说，我用了六个月时间才终于进入了我生存于其中的那个茫茫的尝试之海。……这些尝试在不断地组成和分解着我……

……我终于明白，我是否同意您的观点，对于您来说实在无所谓。"

尝试的概念有某种令人难以接受的东西，多年来我对这一点已确信不疑。我已证实，个人与集体对精神分析的抵抗，首先表现为在潜意识中抵抗尝试和尝试的两个特点——中性与非目的性，随后才固定为口腔欲、肛门欲、尿道欲、生殖器欲和恋母-阉割情结；这些潜意识性欲的表现由大量可塑性极强的中性尝试组成，它们大大加强了个人和集体对精神分析的抵抗；因此，儿童期性欲只是个人和集体抵抗精神分析的第二道防线。

下面是一位医生接受微精神分析的记录摘要（本书中我还将以"医生"为名引用他的话）：

"……自从开始微精神分析以来，我对人的举手投足、眼神、……想法和感觉进行了研究……发现所有这些都是儿童期性满足尝试的重复……我还发现每个性感区域都由一组细胞组成……这组细胞……请您原谅我冒昧……就像中性尝试的心身微型发电站……

……对于口欲期的儿童来说，重要的是嘴，……儿童试着通过嘴获得食物，……进入肛门期后，儿童感兴趣的是肛门，……他试着保留或排出一部分吃下的食物。……进入阳物崇拜期后，潜意识提示儿童在他的两腿之间有个什么东西……于是，儿童试着在自己身上或父母和同学那里证实这个东西存在，了解它的功能……

（两分钟沉默，然后）

……根据尝试的观点，我终于完全把握住了儿童性活动发展不同阶段的动力学原理。其实，这些不同阶段相互竞争存在……它们不仅各自分别构成一个既可能成功，也可能失败的尝试，……而且，随着尝试对不同发展阶段关注程度的变化，它们之间相互跨越，……直到成年期……或者说假成年期……人的一生都在重复儿童期的性活动内容……"

尝试的观点逐渐在我进行的精神分析中产生奇特的影响，从一九五三年开始，我确定了一个专门捕捉、包围、解剖尝试的技术：微精神分析。所谓微精神分析，就是按照下列标准进行的精神分析：

（一）每一次分析都要进行数个小时；

（二）每周至少五次；

（三）每周平均分析时间不能少于十五个小时。

我称这种分析为长分析，它主要包括下列内容：1. 接受分析者根据自己的生活材料（自己生活中发生的事情）进行自由联想；2. 接受分析者根据日常生活材料（两次分析之间发生在自己生活中的事情）进行自由联想；3. 接受分析者依靠电子放大镜分析自己及家人的照片；4. 接受分析者分析自己的音像资料：电影、磁带……；5. 接受分析者分析自己的私人通信（可含工作通信）；6. 接受分析者分析自己为曾经居住过的地方画的草图；7. 接受分析者分析自己的家谱（包括自己描绘的家谱）；8. 接受分析者分析自己的分析录音，这些录音是分析者在接受分析者不知道的情况下录下的分析片断；9．接受分析者分析与自己有关的其他材料。

此外，在条件允许的情况下，微精神分析强调：1．分析者与接受分析者共同生活；2．当分析者需要到其他国家去时，接受分析者一同前往（他们在那里继续进行分析。下面是我从分析记录中整理出的，在一次微精神分析过程中，我与接受分析者到过的地方：古外、纽约、波多黎各、新奥尔良、洛杉矶、火奴鲁鲁、斐济岛、悉尼、新加坡、曼谷、加尔各答、古外；另一次的途经地是：古外、罗马、雅典、开罗、亚的斯亚贝巴、约翰内斯堡、阿比让、里斯本、古外）；3．分析者与被分析者同访后者生活过的地方；4．分析者对一个或几个接受分析者的亲属、朋友和同事进行分析……

微精神分析为接受分析者提供彻底自我解剖的可能（即使由于某种原因，接受分析者不可能满足上述全部条件），使接受分析者能够仔细研究自己过去及现在所进行的尝试，超越潜意识追踪或再现这些尝试的轨迹。这远远超过了瑞克(H. Racker)所谓的"精神分析的微观方法"，因为，

在微精神分析学中，

潜意识

不再是精神分析的

终极。

事实上，在长分析过程中，潜意识不仅看起来像心理尝试的调车站，而且它本身就可以作为一个尝试或一系列尝试成为分析研究的对象。

下面是一位女传统精神分析学家接受微精神分析的记录摘要（本书中我将以"女精神分析学家"为名，继续引用她的话）：

"……如果我没弄错，……精神分析学是意识与潜意识之间的桥梁……而微精神分析学则专注于生命开始之前及结束之后的事情……包括受精……胎儿期和出生……儿童期和成年期……衰老和死亡……

……潜意识和意识就在这一切中获得意义！……

（十分钟沉默，然后）

……通过对我自己生活中的每一个细节进行反复推敲和慢慢研究……通过建立和不断发现新的自由联想的触发点……我获得了自己的微精神分析素描……它就像我的尝试的断层摄影……

……当我分取一个纵剖局部……而不是一个横剖单位时，就可以看到从出生到今天的自己：尝试的沉积……这些尝试的总和以其持续时间的长短和独特的印记造就了我的个性。……尝试随时可能改变前进方向，假如我生活中的这些尝试曾经改变它们的方向，它们也许会造就另一个人……或者另一个物体……这真让人难以想象……

（十分钟沉默，然后）

……长分析和尝试的概念使我发现，我生命过程中的每一个细节都是一次尝试……是无数次尝试的出发点……但是，这些尝试和产生它们的尝试之间有什么共同之处？……和由它们而产生的尝试之间又有什么共同之处？……回答这两个问题也许可以解决复因决定问题……

（五分钟沉默，然后）

……噢！……我浑身发抖……什么是这些无限微小的尝试的发源地？……

……这些尝试来自潜意识以外的什么地方？……

……它们依附在什么上面？……"

这些问题的答案就是微精神分析学的基础，也是本书的主导思想。

注释：

[1] 兰波（Arthur Rimbaud，一八五四——一八九一），法国著名诗人，作品《地狱中的一季》（*Une saison en enfer*）发表于一八七三年。

[2] 克拉拉·哈斯基尔（Clara Haskil，一八九五——一九六〇），罗马尼亚著名钢琴演奏家。

(本书章后注及页内脚注均为中文译者所加。)

第一章 人的能量组织

第一节
虚　空

一、物质虚空

如果第一次在一本书中读到一切都是尝试,读者不禁会皱眉头;接下去读到尝试发生在虚空之中,读者会发出怀疑和嘲讽的微笑。读者的态度完全可以理解,但是,

　　虚空

　　确实是

　　尝试的发生地。

在用微精神分析方法研究尝试的过程中,我根据由尝试所构成的实体的结构,把尝试分为物质尝试与心理尝试,然后,又将与它们相对应的虚空分为物质虚空与心理虚空,

对于虚空的这一划分，可以说，完全是任意的。

我们先来看一下无限大中存在的物质虚空。下面是一位物理学家接受微精神分析的记录摘要：

"……宇宙虚空！……

……我们的银河系有一百亿个太阳……它们之间的平均距离是四十五万亿公里……

（三分钟沉默，然后）

……宇宙中的虚空！……在地球和一个离地球最近的恒星的行星之间，宇宙飞船往返一次就要用二十年时间……比如离地球六光年的贝尔纳恒星，……六光年就是六千亿公里……飞船前进速度要高于每秒十八万公里……用这个速度，飞船与太空中散在的微粒之间发生的碰撞可以造成一场毁灭飞船的原子爆炸……

（三分钟沉默，然后）

……宇宙虚空中的主要成分是电离氢……它的密度不超过每立方厘米几十个原子……就像在一个边长相当于从巴黎到罗马的立方体中浮动着的几十个一厘米直径的小球！……尽管如此，氢质子、少量其他正离子和电子还是构成了'物质的第四状态'……非常稀薄的、总的说来是中性的……所谓"等离子体"，这种状态的物质除具有活体的胶质特性外，还具有振荡特性……而且，质子与电子之间相互自由运动……

……那么，……宇宙虚空……真的是空的吗？……对这个问题，世界上有多少物理学家就有多少答案。……我认为存在一种可以根据物质的一定密度进行测量的宇宙虚空压，……这种压很小，但是可以测到……而且，我不得不承认构成这种物质的粒子同样是一些宇宙……不久将会发现这些宇宙中的虚空压……这种虚空压可以根据构成宇宙虚空的基本粒子的密度来测量……总之，可以根据一定的能量密度测量这种压……

（三分钟沉默，然后）

……宇宙中粒子星罗棋布……这些粒子中充满虚空，虚空中斑斑点点又有粒子……这些粒子充满带能量的虚空……"

宇宙虚空！

在这虚空中每发生一次能量凝结爆炸，就出现一个新的星体。这颗新星依靠自己的氢、氦储量可以存在数百亿年，随原子炭氢燃料不断消耗而逐渐变冷，随着构成它的虚空不断减少而缩小并逐渐加快旋转速度，而后变成一个脉冲星，即一个主要由中子组成的、以每立方厘米十亿吨中子为密度的、不断发出电磁脉冲波的星体。随后，当重力超出旋转力时，脉冲星塌缩并开始宇宙"原肠"运动，进入化石期。这时，环绕星体凝聚物的空间自我闭合，离开我们的宇宙，成为天体物理学家所谓的黑洞；黑洞的发展有两种可能：（一）通过物质-反物质作用变成光能；（二）排除我们的时空，变成一个新的宇宙膨胀的核。

宇宙学中有很多种关于宇宙产生的理论。"热大爆炸宇宙学"认为，高密度能核爆炸是宇宙诞生之源 [勒梅特（G. Lemaitre）和伽莫（G. Gamow）]，"稳恒态宇宙学"认为，世界"产生于混沌"，而且处于永无休止的创造之中 [邦迪（H. Bondi）、戈尔德（T. Gold）、雷伊尔（F.Hoyle）]。上述对于虚空创造作用的初步解释与很多宇宙诞生理论相吻合，我们将在分析虚空的突触作用时，进一步说明它的创造作用。

虚空不仅仅存在于星际空间。地球从表面上看是充实的，但是，如果除去那些构成地球的分子与原子的空隙，它的直径只有一百米，而不是一千三百万米。

看一看地球的结构可说明虚空是我们存在的组成部分；而且，地球的形态很像人的细胞 [托马斯（L. Thomas）曾提到这一点]：

（一）地壳是地球的膜，它虽然厚达十公里—四十公里，却充满孔隙。地球正是通过这些孔隙进行呼吸以维持矿物的新陈代谢，这一周期性的活动有时表现为灾难性的变化。我记得曾经在日本的某些地区，看到脚下的大地突然裂开，滚烫的水和热气从裂缝中涌出。我还记得攀登墨西哥帕特里古丹火山时的激动心情，我的骡子简直是在布满炽热岩浆的山坡上创造奇迹，我于十二月三十一日夜里到达山顶。那是一个史诗般壮观的元旦：痉挛中的火山口一会儿喷吐岩浆，一会儿向天空喷射大地之火——来自地球的火！

（二）地幔是地球的动质，它同时具有固体和流体特性；地球物理学家们对这一点百思不解；

（三）地心距地壳三千公里，是一种流体，它的主要组成部分是温度高达一万两千度的铁水；

（四）地核密度极高，而且，地震学研究发现它具有离心性。

微精神分析学强调宇宙和地球的虚空，以此帮助人找到自己在宇宙中和地球上的位置，发现构成人体自身的虚空。人的精神会对无限大的数字失去兴趣，这就像人在经过长分析以后，一旦发现自己是由虚空所构成的，就会感到"万事皆空"。如果将构成地球上四十亿居民的虚空除去，这么多人放进一个乒乓球里都不显多！虽然泽农·戴雷[1]和笛卡尔不会喜欢这种说法，但是事实的确如此。

（医生）："……几年前，我为一个从五层楼上摔下来的两岁孩子做过检查……除了有瘀血，没有任何创伤……既无内伤……也无外伤，甚至连放射检查都没有异样……奇迹！……现在我知道这奇迹就是虚空……

……在我们的身体中，虚空无所不在……正是靠着虚空的存在，我们身体的各个部分才能够正常运行……

……人体的关节……是由间隙构成的,我们正是靠这个有空隙的架子进行各种运动……关节发出的响声正是间隙中气泡爆裂的反映……

……人体骨质的空隙组织……使呈管状的骨骼比支撑金属或水泥结构的钢筋或胶状混凝土更能承受均压……用肉眼看,人体的骨骼是实的,但是,在显微镜和电子衍射下却完全是空的。人很难理解和利用构成自己存在的虚空,也许,这正是人的观察能力之所以有限的首要原因。……多么好的例子!……

……人体呈网状的骨髓、……神经和肝组织……它们那由不连续的内皮细胞组成的实状造血细胞……人体网状脂肪令人费解的新陈代谢……人体蜂房状的肺泡……人体的网状结缔膜……神秘的网状结构……毛细血管和淋巴管镂空的内皮……

……我从这一切中得出一个结论,人体是由虚空构成的……

……而且,人类的繁衍全靠虚空……阴茎靠海绵体组织充血而勃起,……子宫靠内壁形成的血窝保证妊娠……

(三分钟沉默,然后)

……总之,正因为人体是由虚空构成的,我才能够……在火化之后……被装进一个火柴盒里……"

为进一步阐述人体的生物虚空,有必要在此回顾一下人体的构成:(一)人体由一组协同作用的器官构成;(二)器官是人体的宏观生理单位,由一组协同完成同一生物机能的组织构成;(三)组织由具有相似的胚胎形成模式,相似的形态、结构及生物化学和组织化学机能的细胞构成。

器官停泊在颅腔、前后胸腔、上下腹腔和盆腔这些人体内部的大空隙中。器官本身同样充满空隙,有些肉眼可见,有些可以在显微镜下看到,还有一些则看不到,是潜在的。有的空隙很大。有些器官本身就是一个大空隙,如心脏、消化道、膀胱,甚至大脑。古时候专门有人用防腐香料保护尸体(这些人既不是教士,也不是医生,今天,没有任何一个教士或医生能达到他们的技术水平),这些人对人体空隙的分布了如指掌,他们防止尸体腐烂的办法就是把"永生之液"注入人体的空隙之中。

构成组织的细胞彼此间相距至少一百到二百埃(一埃等于十的负七次方毫米),在这些空隙中,"流动着"一种与组织液相通的流体。我们不仅放弃了所谓"细胞混凝结构说",而且还知道细胞膜之所以具有奇特的选择渗透性,就是因为它上面布满电化学孔(多孔的鸟蛋是矿物类中的一例)。这一点与已被普遍接受的"脂蛋白三明治说"[达尼埃利(J. Danielli)和道森(H. Dawson)]和"混合流体说"[辛格(S. Singer)和尼克尔森(G. Nicolson)]相吻合。细胞膜上有如此多的生物电孔,简直可以称其为假膜。

细胞是人体的解剖单位，它同样呈空洞状；而且，正是由于它的这一特点，人们才管它叫细胞。一六六五年，物理学家胡克[2]（R. Hooke）用显微镜观察一片很薄的软木切片，发现上面有很多六边形单位体，由于这些单位体很像蜂箱里蜂巢上的小格子，他便称它们为 cellules（cells），即拉丁语 cellula，小房子的意思。将近一百年后，植物学家史莱顿（M. Schleiden）和动物学家史曼（T. Schmann）才继生理学家迪陶士（R. Dutrochet）之后，建立了"细胞学"；维尔肖（R. Virchow）曾试图将所有疾病发展过程纳入他的"细胞病理学"中，他过于乐观了，没有意识到细胞只是生物的一个相当表面的层次。细胞与原子一样（希腊语"原子"atomos 一词的意思是：不可分）；现代物理学虽然可以从原子中分离出一定数量的基本粒子，但是，无论是今天还是过去，原子依然拥有很多人类未知的东西。

在电子显微镜下，物体可以被放大六万倍，细胞看上去很像一个东方国家供沙漠旅行队歇脚用的热热闹闹的庭院、集市或公共场所，它的内部结构非常复杂，其主要组成部分有：（一）以空隙为主的胶体基质；（二）细胞单元（包括胞核、细胞初浆或内质网、核糖体、高尔基体、线粒体、中心体、溶体……）是细胞的解剖单位，也可以把它们看成是，以空隙为主的分子组织构成的微型器官。

诺贝尔奖获得者玻尔（Niels Bohr）用天体比喻原子，

可以设想宇宙、地球及生物的虚空也存在于原子领域；用相对的眼光看，无限小的虚空甚至远远大于无限大的虚空；因为：

> 一个原子，
> 其体积的百分之九十九以上，
> 甚至百分之百，
> 是由虚空构成的。

人体正是由比其自身大很多倍的原子所构成。如果把一个原子核放大到足球那么大，那么，围绕原子核运转的电子与原子核之间的距离将超过五十公里。如果在一个顶针中放满原子核，这个顶针的重量将达数万吨；布风[3]曾经推测，这个顶针里面的"空隙远远多于充实物质"。

现已发现的二百多种粒子可以证实上述有关原子虚空的说法（世界上的加速器每天都在发现新的粒子）。夸克或部分子构成质子和中子，它们同样充满虚空。今西（B. Imanishi）的实验证明，一个原子核可以完好无损地穿过另一个原子核；实验将证明，构成质子和中子之间核能"胶"的兀介子和介子同样充满虚空；可以肯定，磁极也是如此：

（精神病学家）："……当我看到'一滴'电的照片时，不禁大吃一惊，……这个由二十万亿电子组成的微星云中的巨大空隙正是我的细胞的生物电之源……再想到'电'一词来自希腊语 elektron……意思是琥珀，我简直惊呆了……琥珀是一种球果植物风化了的树脂，三千万年之后经过摩擦仍具有吸引轻量物体的性能……

……听说电子可以利用绝缘体所谓不导电层的空隙，从一个导体跳到另一个导体，这真让人感到惊讶……物理学家们管这叫'隧道效应'，这不禁使我想到在看起来似乎是实心而且连续的细胞膜之间发生的交换……又想到正在硬化的动脉内皮上发生的神秘的血脂扩散……

（两分钟沉默，然后）

……这些发现证实了我在实验室里所做的工作，……这个实验室里充满惊人的……却又使人充满活力的虚空……我终于理解了雨果的想象，'一切都是原子，一切都是星体'……微精神分析学利用虚空与尝试的概念……使无限大与无限小相会合……使天文学家与微生物学家相会合……建立了天文学家与考古学家之间永恒的友谊……

（五分钟沉默，然后）

……微精神分析学使我懂得要重视物质……也许应该说重视构成人体自身的物质……重视构成身体结构、……构成形体、……运载人的能量的宇宙-原子虚空……

微精神分析学就是人……整个的人……包括创造人、包围人、使人得以生存的一切……包括决定人一生各种变化的一切……尤其包括人形成于其中并生存于其中的虚空……微精神分析涉及宇宙的、地球的、生物的、心理的人……

……既宽宏大度又狭隘平庸、既胆大妄为又崇高勇敢的人,它使人能够完成属于其能力范围之内的那一点点事情……

……一切都通过无所不在的虚空对人发生作用,……包括人的生存环境……因此,精神分析学家应该关心发生在物理学、化学、生物学领域的一切……既不忽略,也不特别重视任何一个领域……

……正确的精神分析方法应该同时涉及天文学和心理学……如果用精神分析的方法同样可以发现来自宇宙的原子,那么,怎么可能否认心理学与天文学之间的联系呢?……

……精神分析学家是不是可以建立自己独特的宇宙观?……弗洛依德在《新讲座》一书中对这一点仍然犹豫不决……不过可以设想,从科学的意义上说,微精神分析学家应该比弗洛依德更大胆……"

上面这段引言与其他很多学者的设想是一致的:

(一)索雷尔(Ph. Sollers)认为"科学通过研究分子而前进,精神分析学必须与科学合作,而不是反科学,才能发展自己"。

(二)莫兰(E. Morin)强调这样一种方法,即"重视存在中的一切,从微粒子到星体、从细菌到复杂的人"。

如果想更彻底一点(同时又要注意避免空谈),就必须有勇气接受上面那位接受分析者试图说明的三个内省发现,它们或许恰恰反映出泛灵-图腾记忆的恢复:

(一)从天体到原子,物质虚空普遍存在并具有延续性;

(二)构成人体的生物虚空

是

宇宙虚空的组成部分;

(三)物质虚空与心理虚空相互延续。

如果从定义上讲是断续的电能或电能承载的电磁能从无限大到无限小都是同一的话,那么,不言而喻,物质虚空具有延续性。星体数百万年来一直在准确无误地运动,这使牛顿认定宇宙中存在空隙,而且空隙中有能的振动,于是,他提出了宇宙虚空具有一定能量的假说。在牛顿以后,麦克斯韦尔证明所谓宇宙虚空中的能量振动,是电磁波以光速在空间的传播。

牛顿和麦克斯韦尔的假设不但已经被天文学所证实[只需参考彭齐斯(A. Penzias)和威尔逊(R. Wilson)有关"宇宙背景辐射"的理论],而且被我们用于临床。现已证实[希波克拉特(Hippocrate)[4]早就知道]月亮对人体有很强的生物心理作用;每年一千六百万次的暴风雨、每秒一百次、每次六亿伏的闪电对人体造成的影响直达细胞。于是,人们开始明白为什么肌肉对电位变化有反应,为什么在气压突然下降时,心肌梗塞、心绞痛、血栓塞、头痛、关节痛的发作率及事故的发生率会增高,为什么科罗里达的狂风会引起犯罪活动和酗酒行为的突然增多。为什么像焚风这种传带电离子的风会引起精神病发作、自杀或其他自残行为。

月亮、暴风雨、闪电、气候、风、……电磁场、电位、气压、……头痛、心肌梗塞、犯罪行为、精神失常、自杀……一些著名专家,如拉尔康(A. Larcan)和他在法国南锡(Nancy)的实验组,正在研究这些互感现象。我认为,如果精神分析学家对精神沮丧、犯罪、精神失常、自杀等问题感兴趣,那么,他们就应该关心月亮、闪电、气候……

越来越多的研究人员,如罗米罗·西拉(Romero-Sierra),认为"所有疾病均表现为发病器官或整个病体电磁场的变化"。临床医学正是根据这一原理,通过体外电磁感应,刺激伤口使其愈合或使断骨接合。人体内电磁场的变化依靠的是细胞内外液体中的空隙,所以,很难做出明确的临床解释。生物虚空主要存在于人的体液中。这绝不是什么内省的结果,更不是夸张。因为,仅细胞内外液(仅仅是游离水)就占人体总重量的百分之八十。

虚空的连续性、由它维持的能量运输及水与空隙的关系,这一切使电解液具有出人意料的生物和身心重要性。因此,最先进的临床医学非常重视人体中的虚空(完全无意识地！），治疗方法主要是增加细胞空隙中的电解液（治疗伴有高热的传染病、恶病质或手术后综合征……）、减少体内电解液（治疗肾虚、心脏衰竭及由心力衰竭造成的水肿……）或根据情况适当调整病人体内的电解液含量。

于是，虚空成了医疗的成败之母。宇航生理病理学亦不例外。一旦宇宙飞船的密封舱破漏，宇航人员直接与星体间的虚空接触，几秒钟后，就会因压力突然减少引起体内液体气化而死亡。在地球上，液体只有在达到沸点后才会气化，但是，在宇宙中，液体气化则意味着生物液变冷，温度可以降到冰点以下，造成气栓和细胞萎陷，甚至细胞结晶。

宇航医学以对虚空的研究为基础，揭示了虚空的一些物理化学和生物化学特性。如上所述，虚空中简单的压力变化足以改变物质的状态（这里所指的物质当然包括构成人体的物质）。因为，

　　物质的一定状态

　　符合一定的

　　虚空能量组织。

因此，恐怕除已知的四种物质状态（固体、液体、气体、等离子体）之外，还存在物质的其他状态。

电解液和负载细胞内外液的粒子产生一种弱脉冲化学电流，它通过显微空隙和超显微空隙在人体中运动，形成

人体四大循环系统——血液、淋巴液、脑脊液、神经——之外的第五循环系统。

针灸已有数千年的实践经验和批评史,第五循环系统正是针灸学的基础。在中国的医院里,我亲眼看到电子监测仪随进针穴位的不同而变化。虽然我不可能对这一方法的临床价值发表任何看法,但是我证实了自己一直感兴趣的东西:代表"天轴"的金属针能沟通人与宇宙之间的能量;对人体的治疗完全可以建立在哲学、甚至形而上学的思考之上,或者,从精神分析角度讲,建立在超验心理认识之上。很难想象能超越中国的针灸学对心理物质虚空进行更微妙的开发!直到我熟悉了中国人机敏的才智,直到微精神分析学开始确立虚空的位置,我才不再对针灸感到那么惊讶。

(物理学家):"……我开始明白虚空的意思了……对不起!……不应该说虚空的意思,应该说虚空。……它和多利切利(Torricelli)[5]、帕斯卡尔(Pascal)[6] 所说的虚空相差太远了!……

……和您提出的关于虚空的理论相比,格里克(Guericke)的气泵,还有他改进的抽气机……斯伯朗格尔(Sprengel)发明的泵……伽埃德(Gaede)对泵的旋转部分进行的改良……分子涡轮泵……所有这些尝试都差得太远了!……

……今天，不用泵就可以制造真空……用电离子吸收器……可以制造十的负十一次方（torr）的真空……但是我们还不满足……因为它每升仍含有数千分子……而且由于很难维持，不可能商品化……

（两分钟沉默，然后）

……如果物质的状态随虚空的能量质量而变化……那么，生命的质量随着，而且将随着我们对虚空和物质状态的利用而变化……

（两分钟沉默，然后）

……微精神分析能使我更好地认识构成我的存在的虚空吗？……宇宙虚空，美国国家航空航天局（NASA）的天体物理学家帕特里克·撒迪厄斯（Patrick Thaddeus）所说的宇宙虚空……斯坦福大学的癌症物理学家在实验室里，毫不犹豫地把他们在细胞内诱发的微原子核爆炸称为'星体构成'……

（五分钟沉默，然后）

……总之，

> 虚空
>
> 造就了星体，
>
> 星体又造就了我……"

言归正传。对神经突触的研究揭示了细胞生物电与虚空能量之间的关系，这一点无论从微观、超微观或模拟角度讲都是不可置疑的。突触同时构成：（一）人体最能揭示虚空的部分；（二）虚空创造力的原型。

"突触"一词原意是"像搭扣那样相接"(sun-aptein)。一八九七年，诺贝尔奖获得者谢灵顿（C. Sherrington）提出用它来表示两个神经细胞之间的"接合面"。今天，生物学、细胞学、生物化学和药理学研究表明，"接合面"一词不再适用于神经生理学。因为，两个神经元接合处的结构非常复杂，它包括前突触器、后突触器和二者之间的突触间隙或突触空间：

（一）前突触器属于第一个神经元，位于轴突的终端（神经体主要的胞质外延，无被膜或包在一个鞘里），由以下部分组成：1. 含载并能储存化学神经传感器的突触小泡，2. 线粒体，3. 神经细胞膜增厚。有时，前突触器位于树突上（神经体次要的胞质外延，多少呈树枝状），这种情况下，可以发现一个前突触器与一个后突触器并列于同一个树突上（相互突触）；

（二）后突触器属于第二个神经元，一般位于神经体内（轴-体突触）、树突末端（轴-突突触）或轴突的末端（轴-轴突触），由以下部分组成：1. 区域性神经细胞膜增厚，2. 下层胞质加密，3. 由微小管道和纤维组成的网；

（三）在电子显微镜下，前突触器与后突触器之间的突触间隙，或曰突触空间，平均宽二百埃。神经生理学承认突触空间的存在，提出从一个神经元到另一个神经元进行的电传递大约需要千分之一秒的"突触时限"。如果神经传导速度是每秒十米——一百米，那么，在这千分之一秒内，神经冲动可以跑完一到十厘米的距离。直到发现

  生物领域中

  最奇异的现象

  就发生在

  细胞间隙之中，

神经突触所需要的时间，或曰突触迟缓，一直令人惊讶不已。因此，突触（而不是神经元）被视为神经系统的功能单位。

  生物学已经对以同一电子化学原则为基础的很多种神经突触进行了描绘，每一种都有其独特的神经传感器：乙酰胆碱、单胺（去甲肾上腺素、肾卜腺素、多巴胺、5-羟基色胺）、r甘油三丁氨基酸、谷氨胺酸、天门冬氨酸、甘氨酸、组胺和牛磺酸。如果承认每一个神经元只分泌一个同样的神经传感器［根据一九三五年诺贝尔奖获得者戴尔（H. Dale）提出的理论］，那么同一个神经元不单可以对自己那个固定的传感器做出不同的反应［根据一九六七年诺贝尔奖获得者康戴尔（E. Kandel）提出的理论］，甚至可以对数个传感器做出反应［根据格神费尔德（H. Gerschenfeld）一九六九年提出的理论］。所有这些突触媒介也许只是不久

将发现的神经字母表的化学符号,而未来的发现将进一步揭开虚空所具有的压倒一切的重要性。

现在我们来看一下周围神经系统神经结胆碱能突触的过程:

第一轴突膜去极化(通过纳钠放钾过程)——在前突触器末端的一些突触小泡中出现乙酰胆碱浓缩——后者被释放到突触间隙中——随后固定在后突触器膜上——引起后者离子渗透性能的改变——第二轴突膜去极化(通过纳钠放钾过程)——胆碱酶(一种产生于细胞的间质酶)将乙酰胆碱分解成胆碱和一组乙酰——胆碱返回第一轴突——后者的膜重新极化(通过纳钾排钠过程)……

通过上述神经元传递过程,我们可以看到突触所具有的转化与整合机制:神经元内外的"电能差"先转化为一种"化学"传导,然后又在突触间隙中转化为一种"电"的现象,引起人体极细微的代谢反应。

微精神分析学发现,在心理范围内同样存在上述转化过程,把它与尝试能相结合可以解释一般现象,从而证实了下面三个既令人目瞪口呆,又让人无可非议的观点:

(一)我们依靠发生在虚空中的

    电—化学—电反应过程

  而生存

(换言之,虚空的能量组织决定着人乃至一切生命的存在);

（二）一般来说，

　　　　　　　生命产生于虚空并回归于虚空

（因此，生物起步于神经突触间隙，非生物的虚空决定着生命的诞生）；

（三）有机

　　　　产生于

　　　　无机的虚空。

其实，上述第二三点并不像看上去那样惊人，它们来自微精神分析学对生物学和生物化学提出的突触功能的解释。的确，有机体的所有细胞交换都符合突触的原则。在超显微镜下，任何一个细胞都可以向我们展示无所不在的"拉链"生产线。例如复制，它是最初级的生物特性，负责脱氧核糖核酸分子（DNA）的自体再造，DNA是人体各部分生长的关键，氨基酸正是在双键DNA的双螺旋的空间中形成的，因此，发生在具有创造力的虚空中的分子突触就是DNA的复制原理。

此外，一个或数个电子结合形成原子之间的化学关系，可以说原子突触是分子结构的基础。在此基础上，可以设想，原子的形成同样以突触为基础。温伯格（S. Weinberg）认为，将夸克从强子（与中子和质子相似、具有很强间质作用的粒子）中分离出来，很有可能"在空隙中创造一组新的夸克-反夸克"。

弗洛依德在《科学心理学计划》一书中阐述的观点，距离微精神分析每天面对的这个难以规范的问题并不太远。他提出的神经元的理论，尤其他对神经元 phi 与神经元 psi 的区分正是建立在"接触障碍"的思想之上，而这一思想与今天所谓的原生质或其他生物体的突触很相像。不过，由于弗洛依德不了解只有通过长分析才能发现的虚空，所以最终未能推进他的研究，而认定必须"放弃该计划"。任何微不足道的事情都会使我们称赞不已，为什么不对微精神分析学对突触的解释表示惊讶和赞叹？为什么不对微精神分析学下面的这一发现表示惊讶和赞叹？

> 虚空
> 是
> 生命之源。

这一发现不仅给微精神分析学提供了自信、基础和权威性，而且还告诉我们，没有微精神分析学的世界观，一切，甚至人的知识，均无意义。

（精神病医生）："……我正躺在这张沙发床上发现……发生在虚空中的……突触……

……这一发现把我彻底打翻，摔了个仰面朝天……

（两分钟沉默，然后）

……生理学家还在用突触一词描绘神经系统的间转……不过他们中间的很多人已经开始用这一词描绘肌

肉神经的接合……为什么仅止于此?……为什么不把连接神经元和光滑肌纤维或腺细胞的植物神经结也称为突触?……为什么不包括连接受感器和神经细胞的感觉神经结?……为什么不包括具有双向功能的侧前庭核电子结?平滑肌纤维也有这种电子结,不过,平滑肌纤维不属于神经系统……

……当然!其他突触器不一定都像胆碱突触的突触器那样复杂……所以才更不容易发现……当然!找到一个完全符合神经传递器标准的化学介质往往很难……怎么办呢?……神经生理学家声称,Corti 氏器纤毛感觉细胞和耳蜗神经最初的神经元之间靠化学反应进行传导……

(十分钟沉默,然后)

……这简直不可思议……

……我记得……在耳鼻喉科专家的术语里……Corti 氏器被称为'听力视网膜',那么,是不是可以得出这样一个结论,在视网膜的感觉细胞和视觉神经的双极神经元之间也是通过化学反应进行传导的呢?……

(十分钟沉默,然后)

……也许……从突触间隙出发……可以设想

  电化学突触

  是

  最古老、最原始的

细胞接合模式……

……伪足彼此之间进行最初的尝试性接触时……还没有自体再造功能……没有细胞膜,……所以,那时伪足上的膜叫伪膜……

……费什巴赫(Fischbach)……在美国柏色大(Bethesda)的实验室里……用鸡胚胎进行实验证明了这一点。……他观察到神经细胞生出很多分枝,……这些分枝彼此相互寻找……寻找横纹肌纤维运动板……目的是进行从神经元到神经元或从神经元到肌纤维的突触……

(五分钟沉默,然后)

……我……我不知道……

……突触使我发现,属于一个组织或任意一个器官的细胞首先自成一体……然后才以突触形式彼此相联……这就是细胞社会学的基本法则……现在,我终于明白,为什么我们至今没有在人脑中找到一个负责学习的总控制中心……人至今只开发利用了自己大脑的一小部分……所以,我们学点儿东西才那么费劲……要想综合所学的东西就更难了……

……更重要的是,我明白了……首先是充满空隙的细胞……然后,而且是偶然地……才是充满空隙的细胞系统……构成了我……"

可以说,血液循环系统的产生和发展过程最能证明虚空的存在及其所具有的创造力。血管生成(=胚胎血管的发生)和血的生成(=胚胎中血的发生)表明,母子之间最初的(也是最终的)有机关系是以突触方式实现的。我称其为胎儿-母体突触。在"子宫内的战争"一节中,我们将看到这一接合远远不是相依为命的共生关系。传统精神分析法不重视胚胎-器官发生期,只注意躺在沙发床上的被分析者,所取的材料太晚,实在太晚。总之,每开始一次微精神分析,我都发现,人(即使是医生)既不知道自己是由什么组成的,也不知道构成人体的不同组成部分是怎样结合在一起的。接受分析者漫无边际地给自己提出很多问题,但是,没有一个问题涉及人体的运行功能:

(医生):"……只要不涉及自己……不涉及自己的出处,不涉及构成自己的物质……人什么都想知道……奇怪!……如果人什么都知道,就是不知道自己从哪里来的,那还不是等于一无所知……

……要想在医学院考试时为难考生太容易了,……只要提一两个胚胎学的问题,就够了……

……我不知道自己为什么对胚胎学感兴趣……不过我发现,我对胚胎学的研究从来不是很正规的……

(两分钟沉默,然后)

……可以说胚胎学专家们没有给我们提供什么东西……对于人的诞生的研究从来就是令人难以想象地大胆任意……要想知道胚胎生长过程……专讲胚胎生长过程中

第几个星期发生什么变化的书多的是……有关组织发生过程的论述烦琐得要命！……

（两分钟沉默，然后）

……为什么人总是拒绝认识自己的形态发生的过程？这后面肯定有深刻的原因……

……人是不是害怕知道在母亲和胚胎之间发生的事情？……或者说人害怕知道在母亲和自己之间发生的事情？……这难道是因为人永远不可能完全摆脱胚胎状态？……或者说，是因为翻看悬在虚空中的胚层……实在让人难以忍受……难以接受？……"

胚胎血液循环的形成过程如下：

（一）血管产生于间充质，形成于胚胎之外（参见本书"消化功能"一节），来自：1. 绒毛膜绒毛间充质，即由具有形成胎盘之特殊功能的接合细胞组成的营养胚的指状外延，2. 腹蒂或曰胎蒂间充质：脐带的最初状态，3. 卵黄囊或曰卵磷囊：人类胚胎的附件，营养功能不太强；

（二）胚胎血液最初同样形成于胚胎之外，它由上述间充质细胞的脉管内部分化而成。

因此，最初的血管和红细胞的形成均发生在胚胎之外，在胚胎和子宫壁之间的空隙里，或者，更确切地说，在胚胎-母体的突触间隙里。正是在这虚空中，生命通过偶然尝试而形成。

当胚胎外血管网形成脉管"桥"时，以心脏（第四星期开始搏动）为中心的血液循环系统开始形成，但是，直到第六星期（肝形成），甚至第七星期（脾形成），血液的生成始终是在胚胎外的血管内。现将胚胎血液循环的形成综述如下：

（一）在生命的最初六个星期里，

> 我的血细胞
>
> 既不是我自己的，

（二）也不是我母亲的；

（三）而属于我和母亲之间

> 一个无所依属的空间。

生命发展的每一阶段都是，在已经实现的尝试的基础上，做进一步的尝试。因此，人必须进行无数的尝试才能摆脱那个赋予他生命的、无名的虚空，才能超越这样一个现实：

> 生命之初，
>
> 人一无所有，
>
> 甚至连血液也不属于自己。

这就是我在引言中提到的微精神分析学的三要素之一。

二、心理虚空

以上我们从微精神分析出发，分别从无限大和无限小两个方面讨论了物质虚空,把对人的研究推进到了细胞微观结构和构成人的物质尝试层。

下面,我们将通过微精神分析学,进一步深化传统精神分析学的若干概念,最终接近人的微观心理结构,并通过研究随意构成人的微观心理结构的大量尝试,进一步把握人的微观心理结构。

我认为有必要在此再次强调:物质虚空与心理虚空的划分以尝试及其结构的划分为基础,完全是任意的(参见本书"尝试"一节)。因为,事实上:

虚空

是连续的;

发生在虚空中的尝试

无物质与心理之分。

在进行长分析时,无论是涉及生命本身,还是涉及日常生活,分析者与接受分析者不可避免地要面对心理虚空。

(精神病医生):"……很容易在日常生活中观察到心理虚空。……注意听一个人讲话,……就会发现在每个字之前……都有一个难以捕捉到的空歇,……这种空歇并不反映词的产生和它到达前意识所需要的时间,……它是记忆突触造成的延迟,……因为在潜意识中发生的一切都不受时空的限制。……

……人们一般认为,在初学讲话的儿童身上,比较容易观察到这一现象,……其实,它在人的一生中都存在。……比如,据斯皮尔斯(Spears)元帅讲,戴高乐在准备讲话的时候,头会微微摇动……

(两分钟沉默,然后)

……现在,远程通信专家利用他们所谓的'语言无休止的微观空歇',……用一种可以自动填充电话交谈空歇的机器,……可以节省网线能量的百分之五十以上……

……人的听力和注意力也是这样……统计数字表明,我们在注意听广播时,几乎每三十秒就空歇一次,……每一次空歇的时间不均等,……

……那么……为什么在肌肉运动、感觉和精神活动中不是如此?……"

和我一起工作的伙伴们,在研究我的笔记和分析录音资料时,把来自不同文化、不同社会阶层和不同年龄的接受分析者所说的一些近乎相同的话归成一类,称其为"反复出现的句子"。这类句子可以使我们具体感受到心理虚空。本书中,我将以这类句子为例解释很多问题。读这类句子不能心急,正如女精神分析学家所说:"……每一个反复出现的句子都是接受分析者加进集体无意识大洋般茫茫虚空中的一滴焦虑……"例如,接受分析者通常用下面这类句子结束第一次分析:

(反复出现的句子):"……好啦,就这些!……"——

"……我都说了……"——"……我没什么可补充的了……"——"……这就是我的生活……"——"……您现在全都知道了……"——"……为什么还要再说？……"——"……还有什么可说的？……"——"……我从来没有这么详细地谈过我的生活……"——"……我都倒空了……"

不仅微精神分析学家明白，而且，接受分析者通过长分析也会逐渐发现：

> 在没有体验过自己的虚空之前，
> 无论学问大小，
> 接受分析者
> 都不知道自己在说什么，

接受分析者在空谈虚空：

（反复出现的句子）："……我不知道自己刚才在说什么……"——"……我不记得刚才说什么了……"——"……咳，刚想起来，又忘了……"——"……我驾驭不了自己的头脑……"——"……我知道一些事情，其实什么也不明白……"——"……我很诚恳，……但是，我说的全是假的……"——"……要是立刻抓住我刚才说的话不放，您会认为我是骗子……"——"……刚才不是我在说话……"——"……我考虑问题时用的不是自己的脑袋……"——"……我想要思考时，脑子准不转……"——

"……我一思考就碰壁……"——"……我思考的时候,没有一点儿思想活动……"——"……不思考的时候倒好些……"——"……我应该在自己意识不到的时候思考……"

这类句子与意念飘忽毫无关系。因为,人在处于意念飘忽状态时,潜意识中的思维活动很快而且不可控制,给人的感觉十分痛苦;反复出现的句子则是被自由联想搞乱了的心理虚空的显现。随着微精神分析的推进和心理虚空的逐渐暴露,这类句子逐渐减少并最终消失。

空歇只是虚空的多种心理表达方式之一,既不应该把由虚空造成的空歇与不专心、疲劳、激动、高强度心理活动和移情诸原因造成的空歇相混淆,也不应该将其与接受分析者,在进行下列三种尝试时,说话中表现出的空歇相混同:(一)试着理解一种解释,(二)试着把握分析中正在使用的方法,(三)试着承受分析者提供的母亲般的照顾。换言之,由虚空造成的空歇是人更原始的自卫表现,它更能体现象的伊德振荡。当分析者感觉到接受分析者"喜欢"这种空歇,发现造成这些空歇的直接原因正是具有连续性的虚空时,分析者绝对不能介入。即使这种空歇持续数小时,也不能打断它。规定的分析时间一到,分析者只需起身向接受分析者说声"明天见"。在接受分析者听分析录音时,分析者再指出这些由虚空造成的空歇,引导接受分析者回忆自己在空歇时间内的思想活动。

一九五二年以来,我把录音手段引入精神分析,使其成为微精神分析的主要方法之一。接受分析者知道我会对分析做一些录音,但是不知道我什么时候录。在整个分析接近尾声时,我和接受分析者一起听录音,建议他(她)选其中一段慢慢听,一定要慢慢听。这样,接受分析者又回忆起无数细节,开始重新解释自己的过去与现在;通过听自己的微精神分析录音,接受分析者变成了自己的分析者。

在进行这项工作时,经常会发生这样的现象:接受分析者在听自己六个月前的分析录音时,中间关掉录音做一些解释,然后又接着听,这时,他(她)往往会发现,自己刚才所做的解释说明六个月来分析并没有停止,而是一直在继续。如果,同一个人在十年后重复这项工作(微精神分析学称此为重复性分析;在完成微精神分析后,只有当接受分析者提出要求时才进行),同样的现象会重复出现。多么神奇!到哪里去找比这更有说服力的例子!它说明我们每个人一生中精神活动的储备是多么有限!

听这些录音的时候,接受分析者先是不肯相信,再是惊讶,随后才逐渐发现:(一)充斥自己个人生活、家庭生活和社会生活的那些长篇大套的废话最终消失了;(二)自己的一生可以归结为一些记忆(这一点尤其重要!),一些散落在茫茫虚空之中的记忆:

(反复出现的句子):"……我的记忆的世界……说起

来也就那么两三句话……"——"……我已经走到了生命的尽头……这一辈子不过就是个可怕的虚空……"——"……一套填补虚空的东西……"——"……虚空……争来争去……还是虚空……"——"……一没的可讲了,我就肚子疼……"——"……真气人,想半天也就想起这么点儿东西来……"——"……我这一辈子闹来闹去老是这些东西……"——"……都说我想象力丰富,……可是我怎么说来说去老是这一套……"——"……多没劲!……我还以为自己能说出点儿动人的事儿呢!……"——"……从知识角度讲很丰富?……我一直在不停地重复……"——"……什么东西比我受的教育更能导向虚空?……"——"……那时候,我居然在写书……我怎么还敢写书?……"——"……我是著名艺术家?……这么贫乏的精神活动?……"——"……过去,别人还都说我机灵呢!……"——"……不听这录音,我绝不会相信自己这么愚蠢……"——"……叨唠来叨唠去……老是这两三件事……"——"……这就是我来来去去说的那点儿事……"——"……我那时真的就这个样子?……简直是个可怜的笨蛋!……"——"……您怎么能好几个小时听这些废话?……我那时不说出来不行,受不了啊……"——"……多么大的耐心!……您真有耐心啊!……"——"……关了机器吧,……求求您关了机器吧!我不想再听了……"

微精神分析告诉我们，伟人的一生之所以感人，就在于它最终可以归纳为三两分钟的录音。归纳为"几个少得可怜的秘密"[法国作家安德烈·马尔罗（André Malraux）[7]语]，余下的都是没用的废话和谎言。这不禁让人想起，古时候有一位国王，他下令让人为自己的统治撰写一部历史。一部十卷本的史书写好了，国王没时间看；作者把史书缩编成五卷，国王还是没读完就死了。他的统治最终缩写为："他诞生、生活、死亡。"就连这几个字最后也消失了。

物质虚空不会给人带来快乐，心理虚空让人感到恐惧，我并没有因为证实了这一点而感到轻松。

（女精神分析学家）："……科学家和思想家历来就对虚空感兴趣，……但是他们一直在尽力使虚空不涉及自己……

……我有过这种体验……我越对虚空感兴趣，就越抓不住它……我和同行们有过长达数小时的交谈……没有任何结果……我写过数百页有关虚空的东西……后来又都扔了……当虚空影响我的研究时，我就把它放到一边……

结果，它的表现比过去更强烈……

……怎么办？……承认自己错了，试着去认识它？……承认自己无知？……自己嘲笑自己？……

（两分钟沉默，然后）

……虚空，……这个太空……宇宙的潜意识……这个令人痛恨讨厌的词……听到它，我只好苦笑……我能通过虚空和潜意识的一些表现感觉到它们的存在,……或者说,是我那不忠实的意识让我以为那是虚空和潜意识的表现……

……虚空……潜意识……不忠实的意识……剩下的还有什么?……

(三分钟沉默,然后)

……尽管如此,我还是强迫自己去抓住它……终于好歹重新抓住了它……可以说,我费了很大力气……因为,只有在无知无理……一种'前理解'状态下才有可能体会到虚空……

……它慢慢地……非常慢地开始控制我……让我感到它的存在……体会到它的重要性……它开始一阵阵地……幻觉般地……有了力度……

……啊!当虚空得到你的允许……来抓住你时……

(三分钟沉默,然后)

……因为,虚空是第一位的……

……不管我对它是不是重视……不管我是不是利用它做什么,都对它没有任何影响……因为那纯粹是我的事……与它无关……我付出了很大代价……终于很不情愿地明白:

> 从根本上讲,
>
> 虚空做出的反应,
>
> 还是虚空……

（两分钟沉默，然后）

虽然我不能完全把握虚空……虽然我不能确定它在什么地方……但是……我还是穷追不舍……

……在进行微精神分析的关键时刻，甚至可以说是戏剧性时刻……多亏对虚空的认识……我才没有失去中立和自制……才没有到不可自拔的地步或者半途而废……我敢说，干您这行的，必须把握虚空才能继续生活……才能不时帮助其他人继续生活……而又不至于像布劳尔（Breuer）给安娜（Anna. O）[8]做分析一样，使人陷入恐惧之中……

……在一场令人筋疲力尽的长分析中……微精神分析学家……了解接受分析者从精神到肉体正在经受的一切……所以才能发现他（她）的虚空……

（两分钟沉默，然后）

……接近虚空比探索潜意识遇到的阻力更大……所有为了解虚空而进行的尝试都肯定会调动人的机体防御机制……引起一种内在的身心应激……因为虚空使身心之间的界限模糊不清……我不禁想提一个问题……我认为这是一个关键性的问题……人一次次从身体或心理角度对虚空进行尝试性进攻，应激是不是正是由这些进攻中受到的挫折所构成的呢？……

（两分钟沉默，然后）

……这一切难道不令人回味？……难道不像敲响的警

钟，提醒我们不要涉及虚空？……这一切难道不让人想起浮士德[9]？……"

我每天都在通过长分析发现：人之所以不了解虚空，是因为在潜意识中对于正视自己的心理生物虚空怀有恐惧。微精神分析揭示出的这一深层恐惧使我们能准确地理解精神病学中所谓的"内冲击"。莱因（R. Laing）于一九六〇年提出"内冲击"的概念，认为"失去最基本的安全感"是"内冲击"的主要特点。这一说法有相当的局限性，与虚空相比，"失去最基本安全感"可以说是次要的。这主要因为所谓"失去最基本安全感"：（一）不过是对让内（P. Janet）提出的"不完全"概念和弗朗克（V. Frankl）提出的"存在虚空"概念的描写；（二）仅以精神分裂症研究为中心［根据布劳勒（E. Bleuler）一九一一年提出的理论，schizophrenia一词是由 schizein＝分裂和 phren＝精神两个词构成的］；（三）是害怕在进行填补情感虚空的尝试中遭受失败的反映。

发现心理虚空和随之而来的潜意识恐惧会引起接受分析者的强烈反应。一位十五岁的接受分析者说的话让我非常关心，当时我尽力克制自己才没有离开沙发去拥抱他：

"……他妈的！……人不光是尝试……还是虚空……也就是说人是空尝试！……没道理！……您还没折腾完这点儿事儿？……我爷爷说人可以既是医生，又是笨蛋……依我看，人可以既是精神分析学家，又是笨蛋……您觉得怎么样?……您明白我的意思吗?……

(两分钟沉默,然后)

……白痴也许会相信您的话……正常人肯定会狠狠教训您一顿……因为这简直难以想象,不可思议,没法儿让人相信……您的这个理论够您喝一壶的……一回被推翻,您就再也甭想起来了……地上趴着去吧……尤其是您还死不认错……好像靠虚空能写出第一本《新约》、第二本《新约》来似的!……

(五分钟沉默,然后)

……见鬼!只有实体才可能存在嘛!……说我来这儿做分析是为了尝试,OK!……说这些尝试都有偶然性,OK!……但是,说这些尝试本身是空的,而且发生在虚空里……这我就闹不明白了……再说……要说精神分析是虚空,这虚空可真够价儿……

(三分钟沉默,然后)

……我信,因为是您这么说……不过,您要是敢在我们学校讲这个,人家肯定会起哄……别人会让您拿出证据来……详细的证据……要是您回答说,证据本身也是空的,那您可跑不了喽,非倒大霉不可……"

对虚空的恐惧一般通过阉割情结进行代谢。在长分析过程中,阉割情结往往表现为一种恐惧,接受分析者总害怕全身的能量从身体的某一出口跑光。儿童,尤其是处于

性潜伏期的儿童有这种恐惧,新生儿、成年人和老年人同样有这种恐惧。这种恐惧还出现在我们的梦里,就像虚空引力的最初的表现:

(反复出现的句子:)"……我一滴一滴地小便,一想到它会不停地流下去,我就全身发抖……"——"……过去,每次小便我都怕把自己尿空了……"——"……那时候,我最怕小便,怕我尿完了,它还止不住……"——"……头几回排精,我真怕连精囊都排出去……"——"……一想到精液会止不住地往外流,简直怕死了……"——"……好像我整个人是用精液做成的,它会不停地流下去,直到把我流死……"——"……每次排精我都吓得要死,忍不住大叫:'妈妈,快让它别流了'……"——"……每次来月经,我都觉得全身被流空了……"——"……早晚有那么一天,月经会把我流干……"——"……一想到月经会没完没了,再也止不住,我就吓得要死……"——"……大便的时候,我总控制自己,免得把自己拉空了……"——"真怕大便把我全身的能量都带出体外……"——"……拉稀的时候,最让人难以忍受的,就是清清楚楚地感到身体在被拉空……"——"……是不是由于害怕被拉空才会大便干燥?……"

这种恐惧同样会表现为性兴奋受阻,男性女性均如此:

(一位男性接受分析者):"……我勃起正常,但是一到关键时刻,就拒绝享受快乐……因为我太怕了,怕极了……害怕排精把全身的力量排空……怕就这么死了……怕就这么完蛋了……于是,我控制自己……在最后一刻撤下来……如果她问我怎么回事儿,我或者根本不理她……或者编一个借口……

(两分钟沉默,然后)

……有件事我一直很奇怪……每当发生这种情况时,我都特别想小便……到洗手间……一尿就是好几公升……

(两分钟沉默,然后)

……阳痿让我感到很痛苦……但是,和排精给我带来的恐惧相比,这真不算什么……怕排精,那种感觉就像马上要跳进死亡的深渊、堕入虚无……对……虚无大概是最合适的词……今生有数的几次排精……我都觉得像被人从一万米高空的飞机上推下来一样……"

(一位女性接受分析者):"……我很怕性享乐,所以干脆不合作……为了不失控,我边做爱边吃苹果……我丈夫很讨厌我这样……一次,他发现我心不在焉地看着他,停下来把我臭骂了一顿……另一次,我突然在他兴奋的时候笑了起来……他狠狠地打了我一记耳光……

(三分钟沉默,然后)

……相当一段时间以来,我的恐惧达到了顶点……我对自己控制得太厉害……开始小便失禁……小便流得很慢……但是总不停……我丈夫很讨厌这个……他再也不碰我了……不久前,他告诉我,他和另一个女人有性关系……我宁愿受这种折磨……宁愿离婚……让孩子们不幸……宁愿失去他们……也不愿意体验对性兴奋的恐惧……经受那种好像整个人都在液化……流空的体验……"

梦最能揭示心理虚空,我在后面还会做进一步的论述(参见本书"睡眠-梦的活动"一节):

> 梦创造生命,
>
> 它在虚空中进行
>
> 是虚空中心理物质能的再现。

因此,在没有从心理生物角度体验和理解虚空之前,无论是分析者,还是接受分析者,都不可能彻底明白梦是怎么回事。下面这个析梦的例子表明,幼年时一个没有被吸收或没有得到发泄的、与虚空有关的性发现有可能导致阉割焦虑:

(一位女性接受分析者):"……这里,梦很清楚……当时最让我感到惊讶的是平滑的皮肤……两腿中间……朝前的地方……平平的……什么也没有……我明显地感到缺点儿什么……好像什么东西被割掉了……

……然后,梦变得很模糊……我记不太清楚了……缺什么东西……

……然后,我看到我弟弟……更确切地说是我妹妹……一个假小子……我很害怕……就醒了……"

两个小时以后（由一件与上面的梦看似毫无关系的事情开始），接受分析者开始进行联想，在她自己完全没有意识到的情况下，她开始解释上面说的那个梦：

"……我最喜欢的娃娃有很多假发，好几套男装和女装……我可以随便改变它的性别……

……在玩过家家时……我当爸爸……站着撒尿……

……十岁的时候，我听说男人可以进到女人身体里……我不明白从哪儿进去……有什么秘密通道……

（五分钟沉默，然后）

……一天，我在自己两腿间放了一面镜子……看了看……什么也没有，感到很奇怪……我原来以为可以发现什么……结果什么也没看见！……只有皮，上面有些细细的毛……有个像皱褶样的东西……像个小缝……

（两分钟沉默，然后）

……第一次性交，我还以为是男人给我捅了个洞，那里本来什么也没有呢……我不停地问他：'您在哪儿？在哪儿？'……

……很长时间……我都不知道女人还有个阴道……一直以为我只有一个洞……后面的那一个……夜里，听到母亲呻吟……我一直以为是父亲分开她的两腿……在撕开一条通道……

(两分钟沉默,然后)

……很长时间,我一直以为孩子是从肛门生出来的……唯一让我百思不解的是……如果孩子是从肛门生出来的,那么为什么只有女人能生孩子?……"

只要使用长分析的方法,无论在进行分析时,还是在平时,都可以或多或少地观察到,心理虚空随着它的能压的变化而变化:

(反复出现的句子:)"……当我很活跃的时候,我对虚空没有什么感觉……"——"……生活一紧张,我就和虚空失去了联系……"——"……为生活而骄傲就会拒绝虚空……"——"……真奇怪……我一会儿很讨厌虚空……一会儿又很喜欢它……"——"……不承认虚空的人从来没有体验过真正的疲劳……"

接受分析者体验虚空的方式与程度是测量潜意识焦虑的存在和逐渐消失的最佳尺度。经验告诉我们,对虚空的认识:(一)取决于天然禀赋,即人与虚空之间自然的心理物质关系(参见本书"心理状态"一节);(二)直接与心理素质成正比;(三)可以因丧失某一器官、机体或心理的某一功能或感情破裂而得到加强。事实上,任何身心障碍(参见本书"机体微精神分析"一节,哪怕是极微小的身心障碍,都会引起人的内在虚空的振动。所谓内在虚空,既是人的生命的发源地,也是它的目的地(参见本书"死亡冲动-生命冲动"一节)。

我为几位盲人做过分析,在笔头交代完最初的注意事项后,我就再也没有办法介入了。其中有一位的分析很难做,但是却给我留下了分析生涯中最激动人心的记忆。一个人通过磨炼自己的虚空重新获得了精神力量,而我是这一切的见证人。

天生失明的人比我们更能直接感受到心理物质虚空和它的能量组织:

"……我全靠感受物体的气行动……靠超音虚空反射到我的雷达……或声呐上的信息行动……看不见东西让我感到很苦恼……不过……要是看见并不像一般人所以为的那样呢?……要是你们看见的都是错的呢?……我宁愿看不见,也不愿意看见丑恶……听人说丑恶无所不在……让你们感到恐慌的东西,正是给我带来希望的东西……我在黑暗中一步步找到自己的路……

……有时,在一个十字路口,我会走进一个充满阳光的客厅……强烈的光线让你们感到刺眼……你们可能觉得这是寒光……可这强光能使我看见……给我温暖……我是个盲人……你们看见的东西,我一个也看不见……但是,我看见的东西,你们也看不见……我能通过身体感受到事物的振动……

……只有在无限的虚空中,人才能看见(抓住)光……

……而且，我能在虚空中确定自己的位置……你们却会在虚空中迷失方向……这就像你们本来已经拥有一切，甚至已经过剩……可是你们还想要更多的东西……积累……储藏……想用更多的东西来填充你们的虚空……

（两分钟沉默，然后）

……为什么没人知道虚空？……真正的虚空……不是人杜撰出来的虚空……而是确确实实存在的那个虚空……

……如果大家都能明白

> 虚空
>
> 是
>
> 生命的延长号，

那该有多么美好……"

对虚空的强烈感受（有时完全是由某种顽固的预感所致）和由此而产生的一阵阵焦虑形成一组症候群，我称其为虚空综合征。由于它往往被一种身心疾病所掩盖或以自杀告终，虚空综合征很难识别，但是，有这种综合征的人却相当多。虚空综合征可以在人生的不同阶段出现；值得引起我们注意的是，有这种症状表现的人的年龄越来越小，虚空综合征已经成为年轻人要求进行精神分析的原因：

（一位二十岁的接受分析者）："……我不知道是我总在找虚空……还是虚空一直在找我……这是一种我根本控制不了的自然吸引……很小的时候，我就常常要从桥上或是阳台上往下跳……而且一点儿都不害怕……大人不得不老抱住我……

（两分钟沉默，然后）

……我现在明白了，我和虚空谁也没有必要找谁……因为，我就是虚空，虚空就是我……要让我试着说说它在哪儿……它好像从那儿开始……从腹腔神经丛开始……像皮肤一样布满我的全身……唯一不同的是，它和周围世界相通……给我带来一种美妙……真实、轻快、新鲜的感觉……因为

> 虚空
> 活在我的身上，
> 我的身体
> 就是虚空的模子……

……它不停地、自由自在地使我的精神……肉体和周围的一切相会合……我再也不会有孤独或失落感……我感到自己是大自然中一个不可分割的组成部分……我完全融进了大自然中，被它接受了……我不再评价自己，不再要求自己做不可能的事……没有了傲气，不再排斥自己软弱和脆弱的一面……我是在您这里……在人生难得的时刻……在我完全是天然自我的情况下……才认识到了这一点……"

（一位二十二岁的接受分析者）："……为了认识虚空，

我甚至愿意……出一次车祸……我经常骑着摩托车跟在汽车或卡车后面……有时候都挨上了……那时候心里发紧，有一种头晕目眩的感觉，我很喜欢这种好像马上就要被吸走的感觉……好像在穿过一个危险的隧道……

（五分钟沉默，然后）

……好像有什么东西在召唤我……不去不行……尽管这么干会使我变得很难适应社会生活……我还是经常这么干……不这么干就难受……

……从开始微精神分析以来……我发现那个召唤来自我的身体内部……来自我自己的虚空……唯一解脱的办法就是跟它和解……和它交朋友……学会和它共处……接受它的各种细微的差别……不同的格调……它的不可数计的反应和欲望……为它效劳……

（两分钟沉默，然后）

……一种平衡感……找到重心感和惬意……一种充足感和准确的空间感……

……过去我感觉不好完全是无知造成的……可是

> 一般说来，
>
> 无知总在欺吓虚空。"

虚空日益成为微精神分析研究的加速剂（《精神分析新杂志》第十一期是虚空专号），但是，微精神分析对虚空的研究并不是整体化的，虚空只是一个局部的，甚至可以说是思辨性的象征性概念。尽管如此，上述例子表明，分析者在进行分析时离不开虚空，因为它是人的心理物质尝试的基础；而且我们对分析者的三个基本要求（中立、自制、注意力似有若无[①]）完全符合分析者自己的尝试需要，他（她）可以通过这些尝试使自己的虚空与接受分析者的虚空同步。

传统精神分析学家也会无意识地在分析过程中利用虚空，但是微精神分析学家则：（一）知道自己的虚空与接受分析者的虚空是连续的；（二）能够测量人对虚空的亲和力和吸引力（参见本书"心理状态"一节）；（三）了解虚空屏幕及其作用（参见本书"象"一节）。因此，

> 在微精神分析中，
>
> 分析者完全没有可能
>
> 影响接受分析者。

而且，万一有影响也会很快消失，因为在长分析过程中，潜意识层的大量工作会使接受分析者的感觉与思维越来越清晰，并通过不断接触虚空达到新的心理平衡。

因此，微精神分析学的理论与方法均以虚空为基础。通过反复研究产生自由联想的尝试，我发现所有微精分

---

① 微精神分析学要求分析者尽可能放松自己，不受日常各种牵扯注意力的因素的干扰，听任自己的潜意识活动自由进行。

析都会经过下面三个阶段：

（一）从以虚空为基础的大量尝试出发，探讨物质虚空与心理虚空；

（二）理解尝试和人的心理物质能的相对性与不连续性；

（三）意识到虚空的恒定性并进而意识到它的连续性。

如果本书的论述必须具有科学的特色，那么可以说，微精神分析与科学不仅将日益接近，而且将融为一体。这一新的世界观将给人以生存的希望，因为一旦掌握它，一切都会更新，包括人本身。所以，我们毫不夸张地认为：

虚空

是对神秘

近乎难能的解释。

（精神病医生）："……绝妙的虚空！……绝妙的长分析！现在我不停地和虚空打交道……这对我过去所知道的一切……我的工作和研究……简直是最大的讽刺！……

……怎么回事？我为什么没能早点儿跟这个魔鬼一样的虚空接通？……早点儿……它一直就在那儿嘛……在我身上……像一盏从不熄灭的……长明灯……

……因为……因为我那时候还没有掌握抓住它的办法……它太难抓住了……我跟它玩儿过多少回捉迷藏！……居然自己一点儿都不知道！……

（两分钟沉默，然后）

……做第一阶段分析的时候,我很害怕……我承认……后来,害怕变成了一种莫名其妙的恐慌……这是虚空的干扰……它发生在接受分析者已经告别了过去……但是还没有成为新人的时候……

为了发现虚空那数不尽的反应……我多少次把它吞下去又吐出来!……差点儿要了我的命……不过当时我很清楚……只有坚持到底……才能找到生活的意义……才能告别儿时的世界……对未来的信心才会驱散往日的情与怨……一切才会成为现时的……

(五分钟沉默,然后)

……虚空肯定也曾经把您折腾得死去活来!……不是所有人都能有这个勇气跟虚空打交道……如果我们承认……接受虚空能给不走运的诗人……给苦行僧带来光明……那么,虚空就应该获得它应有的地位……"

第二节
虚空的能量组织

一、虚空中性动力

根据长分析中表现出来的心理生物运程,可以将虚空能量组织设计如下:

(一)我把虚空中最基本、最持久的能量基质(与心理物理现实不同,参见本书"伊德"一节)称为基本能量,其特点是:

1. 弥散、无穷尽、永远处于新生状态(statu nascendi);
2. 天然中性,其自身无目的性;
3. 其内在的同质性和自由与其天然的成粒特性不相矛盾。

（二）基本能量成粒是虚空能量组织的第一阶段。这是一个自动催化反应过程。基本能量自我刺激引起自体凝聚，更确切地说是自体固化：

1. 由此产生的能量微粒构成我所说的

   Dnv

   或曰

   虚空中性动力；

2. 虚空中性动力的微粒本身就是能量，它保留了基本能量的特点：中性和无目的性；

3. 这些微粒与心理或物质（物理化学意义上的）无关。

（三）虚空中性动力微粒有自己独立的动力：

1. 它们在虚空中自由移动并且随机碰撞；

2. 随机一词这里应该按其原意理解为纯粹偶然，而不应该按考尔莫高洛夫（Kolmogorov）[10]随机数学理论的定义去理解；

3. 随机碰撞增大微粒负荷并使其活化。

（四）微粒活化是虚空能量组织的第二阶段：

1. 产生一切或什么也不产生，这就是活化的机制；

2. 当虚空中性动力的微粒随机达到一定阈能时，它们立即活化；

3. 从心理物质现实角度看，活化就是获得无穷无尽的尝试潜力。

(五) 各类科学实验最终总能在实验对象中发现虚空。从这一点出发,无论活化与否,虚空中性动力微粒都可以被看成是唯一的实体。

有关生命起源的研究成果可以较好地揭示虚空能量组织的最初阶段和基本能量的微粒化。一九五二年,米勒(S. Miller)在芝加哥秘密完成了一项历史性的实验。他先用一个极普通的化学实验设备制造真空,然后,将一个由水蒸气、氨水、甲烷和氢组成的混合物放入真空中,再加上六万伏高压电。一个星期后,他在分析通过实验获得的凝聚物时居然发现,他偶然合成了原生蛋白质的好几种氨基酸。后来,其他研究人员在重复进行该实验时发现,无论怎样改变实验用能源的种类:电(米勒)、gamma 射线[帕什卡(Paschka)、张和杨(Chang et Young)]、太阳能聚光[巴哈杜拉(Bahadura)],都不会影响氨基酸的形成。

一九六一年,美国航天医学办公室主任斯图拉格霍尔德(H. Strughold)肯定了上述前生物学实验结果,同时认可了欧帕里纳(A.Oparine)提出的设想。欧帕里纳专门研究宇航员在太空中面临的危险,他提出这样一个设想:三十亿年前,来自太空的某些宇宙射线曾经接触到地球两极附近的大气层,引起一次持续大约数百年的短路,这一场神奇的风暴把地球表面变成了生命培养基。

基本能量和虚空中性动力独立的力量可以简单概括为四种自然力和它们的场（引力、电磁力、强作用力和弱作用力）及与其相应的粒子（引力子、光子、gluon-介子和玻色子）。可以说，这些物理的力场就是基本能量网，参加交换的粒子是虚空中性动力微粒。

中微子幽灵般地在物质中活动，似乎与物质无关，但是，它同样有助于对虚空中性动力的理解，帮助我们弄清楚为什么虚空中性动力微粒构成最基本的、不变的中性负荷。事实上，每秒钟有数百亿中微子穿过人体，它们分裂为无数碎末，无论这些碎末的运动是否符合引力规律（它们向四处分散，就是不向下落），是否逐渐远离磁场，中微子动力的中性特点丝毫不会受影响。

这一来自虚无、来自意识尚未形成前的动力，很像欧洲核能研究协会（European Council for Nuclear Research）的物理学家们最近研究发现的中性流，类似在电磁场和弱作用力场中起桥梁作用的 Z 玻色子。

在纽约，布鲁克哈文（Brookhaven）利用同步质子加速器分离中性粒子，在加利福尼亚的斯坦福大学和罗马的弗拉斯加地大学，有人用电子加速器进行同样的研究。这些研究可以更好地揭示虚空中性动力的活化。分离出的中性粒子的数学定义需要一个新的量子数，于是产生了粲数，进而又产生了粲数系统。这个系统有很多"能级"，分为

"基态"和"激发态",然后,根据"激发态"的数学特点就可以发现新粒子。简而言之,从高能物理的一些现象出发,形成一个数学假设,再由这个假设发展出一个能量模型,这个模型不仅能够证明原始假设,而且可以使人发现未知的物理现象。

我们从这一过程中看到,中性动力将粒子、"共振"(即基本粒子的激发态)、物理学符号、概念及精神活动联结在一起。因此,我们要大声疾呼:

> 物理学正处于
> 符号、概念与精神活动阶段!

物理学的未来很值得探讨:

(物理学家):"……我真不知道当代物理学的发现会把我们引向哪里……

……物理学家不再局限于研究正的质量和能量……而是超越现实去研究负的质量和能量……借助数学研究'虚构的'质量和能量……这个虚数的平方值是一个负的实数……

……数学与物理学这一奇特的结合至今还在不断提供令人惊讶的成果……一九六三年,杰尔曼(Gell-Mann)[11] 借用詹姆斯·乔伊斯(James Joyce)[12] 的夸克一词,当时仅限于数学假设范围……结果,夸克这个概念居然慢慢变成了现实……最近,费尔班克(Fairbank)、赫巴(Hebard)和拉尔纳(Larne)[13] 好像已经通过实验发现了夸克的存在……

……psi-3105 也是一样，……它本来属于矢量介子物理学，却引起了数学家对基本粒子分组对称理论的重新研究……四个夸克对称代替了传统的三个夸克对称……第四个夸克的引入和它所具有的粲数特性引起了新粒子的产生……产生一词并不夸张……物理学家们正在分离这些新粒子……

　　……中微子的产生也是一样……它本来是波利（W. Pauli）[14] 在三十年代时为了解释 beta 放射过程中能量丢失现象虚构出来的……我个人对虚空中性动力的理解使我不得不重复波利当年说过的话……'我不该提出不可证实的东西'……结果，二十年后，雷恩斯（Reines）和考安（Cowan）在佐治亚州的汉弗（Hanford）的巨型反应堆中发现了中微子……

　　……天文学也不例外……不靠直观，用数学方法准确计算出的星体……最后差不多都能找到……而且和原来计算出的数据差距不大……

　　……瓦莱（Vallee）远不是为了方便夸克一词的使用才提出协同理论，……也就是产生于中微子的电磁能的普遍性……这是一种弥散的能量，在它聚集达到一定的波动频率时就会产生物质……这些我都同意！……再接着往下搞呢？……虚空呢？……偶然呢？……相对性呢？……

　　（两分钟沉默，然后）

　　……很明显……没有微精神分析，物理学就会走进死胡同……卡隆（J. Charon）[15]的神秘主义思辨证明物理学已经走进了死胡同……谁能想到伟大的物理学会落到这一步！……

（五分钟沉默，然后）

……我曾经对尝试的观点很有抵触……但是对虚空一直很感兴趣……虚空中性动力更让我着迷……是不是因为在物理学中可以找到很多和虚空中性动力有关的模式，我才觉得它比较容易理解和吸收？……我知道很多同行会指责我……因为虚空中性动力属于未来科学……属于另一个世界……它实在很难让人理解……我是想说，在我来到这个世界之前……甚至在物理学产生之前……虚空中性动力就已经独立存在……但是我离不开它……我不知道是不是可以通过微精神分析以外的其他途径对这一切做出判断……"

最后，我们可以通过黑洞，进一步解释在连续性虚空中，虚空中性动力微粒所具有正的能量的概念。黑洞以高密度物质（可重达数千吨，而体积却不超过一个原子，所含能量相当于一千万个一百万吨级的氢弹）为核心，主要由空隙组成，完全是另一个时空。

上述生物学和物理学的例子不仅简明扼要地再现了基本能量和虚空中性动力，而且给我们提出了与生存密切相关的同一性的问题，这就使我们不得不承认虚空中性能量规律同时存在于：1．太空中的每一个星系和星体，2．人体的每一个细胞和细胞单元，3．物质的每一个原子和粒子，4．我们的精神活动及其产物。因此，虚空中性动力（Dnv）同样可以被称为：宇宙中性动力、人体中性动力、细胞中性动力、分子中性动力、原子中性动力、粒子中性动力、心理中性动力……事实上，上述各名称分别表示同一个现实的不同层次。微精神分析学所说的层次，即虚空能量组织的能阈。我个人认为还是虚空中性动力一词比较合适，因为从精密科学和实验科学角度讲，它更有代表性。

也许有人会对我用一个模型表述虚空能量组织不以为然，这种指责不太成立。因为，该模型完全可以融入科学对心理物质现实的各种描述，而且，无论从时空角度讲，还是从个体和集团角度讲，都很难找到比它更基本的模型。

二、伊德（Ide）

我们在上一节介绍了基本能量的成粒与活化，现在必须补充虚空能量组织的另外两个阶段，才能看清虚空中性能量的无穷尝试潜力向实际心理物质尝试过渡的过程，使我们的虚空能量组织模型趋于完善：

（一）微粒"生泡"（bubbling）是虚空能量组织的第三阶段，其特点如下：

1．微粒"生泡"与微粒活化一样，是由微粒之间随机碰

撞产生能量而引起的,但是,从总体上讲,它不是一个阈值;

2．微粒"生泡"反映处于活化状态的微粒其张力逐渐增大(通过不同的阈值);

3．从心理物质现实角度讲,"生泡"使活化的微粒所含的尝试潜能的若干部分成为可实现的。

(二) 所谓伊德 (Ide)

或曰

尝试本能 (instinct d'essais)

的介入构成虚空能量组织的第四阶段,其特点如下:

1．伊德以能量振荡的形式释放微粒的"伪足张力"(tension pseudopodique),尝试于是从能量振荡中产生,因此,伊德是微粒"生泡"和能量振荡的不可逆反点;

2．换言之,伊德拥有微粒"生泡"筛选出的全部尝试潜力,它在微粒的随机碰撞中偶然实现其中的某一个尝试潜力;

3．从微粒"生泡"到伊德,尝试潜力逐渐减少,最终触发某一相对个别的心理物质实体。

(三) 伊德是微粒"生泡"的临界线,它把虚空能量组织分为两部分:

1．基本能量的微粒组织,我们在上一节已经介绍了它的四个活动阶段,我称其为初级运作;

2．伊德振荡的心理物质组织属于二级运作(参见本书

"尝试"一节)。

(四)虚空中性动力指的是无数微粒,而不是一个单独的微粒,同样,伊德指的是与处于"生泡"状态的一组微粒相联的一组基本尝试本能。

伊德处在"生泡"的临界线上,它是心理物质现实相对特殊的、永久的动力源;伊德与虚空中性动力之间紧密的能量关系决定它是一个不受任何外界干扰、具有恒定效力的动力源。伊德的基本作用力受一定的微粒"生泡"所释放的能量的限制(无论后者是在十亿分之一秒内还是在十亿分之一年内完成),处于"生泡"状态的微粒不断产生大量的、逐渐消逝的基本尝试本能,伊德正是这些基本尝试本能的总和。由此看来,说伊德长生不死并非乌托邦式的幻想。

虚空中性动力并不主动向伊德提供能量,似乎是伊德偶然从虚空中性动力那里获得能量,然后又奇迹般地把它转换成心理物质能量,而虚空中性动力本身却不会因此而减弱。这是因为,伊德只汲取微粒之间随机碰撞产生的过剩能量,而不改变微粒本身的能量。

简而言之,在虚空中,虚空中性动力是内在的,活化的虚空中性动力是超验的,伊德完成质变,尝试产生而后又消逝。换言之,虚空中性动力是存在,伊德创造,虚空是存在—创造赖以实现的连续。虚空能量组织模型对我们

很有启发,可以用它来解释人生的相对性:

> 我依赖虚空-虚空中性动力而存在,
> 通过伊德实现自我。

虚空—虚空中性动力—伊德构成人生死存亡的基础。伊德以虚空中性动力为基础,创造最初的能量原料,在此基础上,死亡-生命冲动随机制造心理与肉体、生命与死亡以满足虚空的恒定(参见本书"死亡-生命冲动"一节)。

伊德的表现形式千变万化,但是它唯一的本质不会改变。无论它是否限定被限定物,它永远是使一切成为可能的动力。一切从伊德开始。总的来讲,伊德是出发点,是我们的活动的标志。它自由自在,完全不受人的躯壳的限制,它既可以通过人起作用,也可以不通过人起作用,既可以在人体内起作用,也可以在人体外起作用。所以说伊德给我们提供了天下第一奇闻:

> 人
> 产生于
> 非人的东西。

我曾经多少次通过长分析证实了这一点!我曾经走遍印度。在那上下求索的年月里,我曾经多少次面对大小路旁燃烧的尸体,听着烈焰中发出的响声,反复推敲这个道理!印度,规模巨大的尝试!印度,人、人的创造和神性的规模庞大的实验室!它告诉我们没有任何东西比伊德更能通向永恒：

（女精神分析学家）："……伊德给我带来了我最需要、也最害怕的东西……一个包罗万象的总的概念……这是我唯一从来不会接受的东西……

（三分钟沉默，然后）

……也就是说现在，我在这儿说话的时候……如果我的虚空中性动力的某些微粒不再释放伪足张力，我的伊德振荡就会减弱……从中冒出的数十亿尝试就会消失……我也就会不存在了……如果我的伊德振荡减弱到人类特有的振荡级以下，那就意味着身心死亡……我的身心的死亡……我的肉体的死亡……我的本我—自我—超我的死亡……而不是我的基本伊德的死亡……它还会留在微粒上，无所不渗透……它将在我的遗骸上生根……然后重新活动于矿物和植物中……动物和人体中……这是不是就是琼斯（Jones）在作品《噩梦》中预感到的？……

……当我的伊德再也没有足够的力量维持我的生命……在我死的时候……伊德仍有足够的力量控制我的肉体的分解……或燃烧……在完成这最后一个有机活动之后，伊德还存在……好像……在我死了以后，它临时从过去一直承担的工作中退出，……但是它自己却无生无死……随时准备把我重新引入永恒的偶然，它是不停运动的偶然的程序设计师……或者更确切地说，是它的仆人……

（三分钟沉默，然后）

……我的生命取决于伊德……伊德似乎是生命，但不一定是我的生命……它是生命之爱，但不是生命……它同时是生命与死亡的潜在能量……永远处于二者的平衡之中……永远无拘无束，它不会死……它提供养料……伊德永存，其他的都会死亡……它遇火不燃，却能使火燃烧……没有它，就没有会动的东西……也不会有自然……火也会熄灭……

（五分钟沉默，然后）

……有了伊德，才谈得上人的永恒……伊德与虚空中性动力相通，使人可以在进入无机状态后继续存在……而且重新做人……"

（一位十五岁的接受分析者）："……从很小的时候起，我就总在想，我死了以后会变成什么……没来您这里之前，我以为自己不过是一堆物质构成的东西……觉得这太惨了……好像有点儿害怕……现在我知道，我死了以后，我的肉体会消失……构成我的物质会消失……但是，构成我的能量的一些东西不会死……知道了这个，我很高兴……因为我不再害怕了……"

虚空中性动力发出中性能量，伊德构成连接原生动物与后生动物的索链。前有效酶作用于细胞内外空间，伊德成为细胞和细胞系的共同基础。伊德向我们揭示出大量生

物学发现的真正意义,比如,在药学领域:

(一)人们刚刚开始注意到联合疫苗(在抗白喉—破伤风疫苗、抗白喉—破伤风—百日咳疫苗、抗白喉—破伤风—伤寒型副伤寒疫苗)的真正效力,它们的抗原互补特性、它们对提高免疫效率所起的作用和它们提供的新的合成疫苗的可能。

(二)四十多年前,戈尔德布莱特(M. Goldblatt)和冯·欧勒(U. von Euler)同时发现了前列腺素,这是一种活跃脂肪酸。在中性尝试本能的作用下,这种活跃脂肪酸不仅存在于所有细胞膜中,而且集各种功能于一用:环型腺苷-磷酸(AMP cyclique)使磷酸酶活化,后者正是参加细胞新陈代谢的主要的酶。

(三)一八五三年,杰哈德(C. Gerhardt)[16]发明了阿司匹林或曰乙酰柳酸盐,它那难以数计的药理性能(如止痛、解热、消炎、抗风湿,也许还有抗凝、抗转移等)至今令人目瞪口呆,阿司匹林若干药理性能的尝试本能中心环节与周围因素最近才被揭示出来,即前列腺素合成酶。正是因为阿司匹林能够抑制前列腺素合成酶的生长,即减少前列腺素分泌,所以它才成了"万用药"。

如果说我们身体中的每一个细胞都是一个独立的个体,有自己的内质网系统、自己的线粒体呼吸系统及自己的溶酶消化系统,那么伊德就是它的能源。从受精到死亡,伊德主要体现细胞的自然发生规律，它总在最大潜力与最小潜力之间振荡，是每个人的生物电容器。

洛杉矶加利福尼亚大学的研究人员通过实验记录下了大脑的"悄悄话"，它最能说明伊德具有基本而连续的能量。造成大脑"悄悄话"的磁场非常微弱，它在解剖学已经发现的传导路（轴突—接合—神经元体或树突—轴突）之外漫延，把人体的一百五十亿脑神经元置于一个真正的"能量网"中。加利福尼亚大学的研究人员发现的这些微乎其微的电流正好与伊德振荡相吻合，可以帮助我们进一步认识：

（一）大脑的某些电磁特性。例如，大脑的神经元产生的电具有下面两个特点：1. 很容易被识别，脑电图的发明（H. Berger）已经证明了这一点；2. 很容易变成声音符号。

（二）大脑的某些解剖生理特性。例如，1. 为了增加彼此间的电接触，中枢神经细胞形成一个总长相当于地球周长的网，使每个神经元都可以与另外五千个神经元处于接合状态；2. 为了接收—选择—记忆各种信号，大脑的信息容量（二乘十的三十亿次方）远远超过最先进的电脑；3. 为了满足这一高强度的电代谢，大脑需要耗掉人体吸进的氧气总量的五分之一，而大脑本身的重量只占人体总重量的百分之二。

当然，伊德的作用不仅仅限于大脑。我在神经外科当助手时，有一次亲眼看见主治医生在给患者穿颅后，一边和没有麻醉的患者说话，一边用小勺从患者大脑里取出东西扔进一个桶里，我当时看得目瞪口呆。这是给骄傲的人类的一记多么响亮的耳光！人类一直以为只有自己的大脑是永恒的，但是请不要忘记：1．人类胎儿的大脑皮层从第二十八周才开始运行。2．法律只承认怀胎八个月以上出生的婴儿，这一规定并不以大脑的成熟为标准，而以心脏的成熟为标准。3．神经元在胎儿九个月时达到最高数目，随后逐渐减少。普罗多姆（L. Prod´hom）因此认为人的神经老化在尚未出生前就已经"开始了"。4．中枢神经细胞远比大多数其他细胞"耐劳"。5．从二十五岁开始，人每天丧失一万个神经元，四十岁以后，人每天丧失十万个神经元。6．神经元一旦死亡，不会再有新的神经元产生。

神经系统没有专门的伊德。普利纳·朗西安（Pline l´Ancien）[17]搞错了，神经系统既不能控制人，也不能控制人的周围环境。坚持他的观点，就等于认为，人类与其周围的一切无关，是一群完全与周围环境相隔离的、封闭的生物，等于继续为人类病态的狂妄付出代价。况且，无论人类有多么高贵，生物电并不只存在于神经元胶质中，它同样存在于神经胶质中（所谓填充结缔组织，中枢神经全靠它进行传导工作）和人体的所有细胞中，甚至，保存在试管中的细胞仍然会在数月内继续收放电信息。

伊德的中性特点永远不变，这一点在组织和器官的更新过程中表现得最为明显。在人的一生中，细胞一直在自我毁灭和相互毁灭中不断地死亡（参见本书"过激行为"一节），只要它们的伊德振荡不打乱冲动系统（参见本书"冲动与共冲动"一节）的心理生物范围，新的细胞会接力般地不断产生，否则，就会引起组织、器官，甚至整个肌体的死亡。

靠人工维持的细胞也是如此。卡雷尔（A. Carrel）曾经在鸡胚胎培植试验的基础上，提出细胞不死的论点。现在我们知道，细胞的寿命在人体内和试管内完全一样。这完全符合伊德动力学，是伊德动力的相对特定性决定着细胞的遗传程序、寿命及分裂次数。

血液学使我们可以测量人体的细胞更新。每一立方毫米的血液中平均含有：1. 五百万个红细胞［斯瓦麦尔丹（J. Swammeradm）[18] 于一六五八年在青蛙血液中发现，一六六〇年马尔皮基 M. Malpighi [19] 在人的血液中发现］，2. 七千个白细胞［罗文霍克（A. Leuwenhoek）[20] 于一七二二年在乳糜中发现，休森（W. Hewson）于一七七〇年在血液中发现］，3. 三十万个血小板［休森（W. Hewson）于一七七三年首次发现］。也就是说，人体血液中含有二十五万多亿个细胞，这些细胞连接起来总面积可达三千平方米以上，它们那蜂拥的伪足或者说阿米巴菌状的拥挤正是涌动的伊德的典型体现。而且，更重要的是，人体内每天都有二百亿个红细胞死亡，它们立即被从骨髓中源源不断产生的新的红细胞所代替。可以说，血液再生过程是对永不疲劳的伊德最绝妙的描绘。

伊德调节新陈代谢中的吐故纳新，它控制着DNA并通过后者控制着RNA。DNA和RNA是两种核酸，它们共同设计母细胞的遗传程序，决定未来的生命是老鼠、大象或是人，因为，老鼠、大象和人的卵子（受精后）的DNA不但展开长度相等（一米至两米，根据不同的实验报告而异），而且重量也相等（三百万至五百万分之一微克，根据不同的实验报告而异）。此外，受精卵子DNA的含量及其生理化学性能与人成年后每个细胞中的DNA的含量和生理化学性能完全一样。这一切表明，伊德是遗传的本源，细胞遗传具有中性特点，遗传中不存在决定论。

伊德拥有无限的、先于染色体而存在的尝试潜能，

> 伊德
> 是全能的、
> 无所不做的。

伊德掌握真正的遗传密码，基因的作用仅限于翻译和执行这一密码的心理物质法则。即使考虑祖上拼拼凑凑的家谱和内含子（控制基因表达的DNA中不编码的部分），一个人也远远不是基因的总和，而是伊德潜力的总和。伊德潜力的总和才是第一重要的，

基因，

只在一切都已经完成后，

才发生作用。

此外，DNA 与 RNA 之间不仅仅是单向遗传的关系，它们构成一个有大量中间素和酶参加的反馈系统。哈佛大学的生物化学家卡法多斯（F. Kafatos）、艾弗斯特拉蒂亚斯 A. Efstratiades）、马尼亚蒂斯（T. Maniatis）、马克侠姆（A. Maxam）利用诺贝尔奖获得者特曼（H. Temin）和巴尔蒂莫（D. Baltimore）发明的反转录酶（reverse transcriptase），成功地给 RNA 设下了一个陷阱（非遗传的），强迫它制造 DNA（遗传的）。结果，人工获得的 DNA 与实验开始时使用的 RNA 完全一样。他们还用同样的手段成功地合成了制造血红蛋白的基因。由此，我们不无惊讶地发现，

中性的伊德

不区别

产品和产品的制造者！

迪米肖（Demichow）一九六二年在莫斯科和怀特（White）一九七二年在克利夫兰进行的研究工作十分清楚地揭示了伊德的中性特点，他们通过实验证明，

无四肢、

无肺、

无心或者双心、

> 无头、双头或者三头,
>
> 人体照样可以生存。

像验尸术开始出现时一样,这种通过破坏自然产物寻找人类生存途径的尝试引起了强烈的抗议。今天,很多科学实验仍然在继续遭到谴责,例如,利用质粒(DNA中染色体外可转换的部分)或者工具酶[如诺贝尔奖获得者阿布尔(W. Arber)发现的限制性核酸内切酶(restriction end-onucleases)]引起染色体的变化。这类实验一般以下列名称作为掩饰:"遗传工程学""遗传外科学""人工遗传杂交"或"试管遗传合成"。

上述新生科学的确为人类未来提供了令人难以想象的前景,然而,微精神分析提供的资料告诉我们,这些新生科学所能实现的,不过是伊德所拥有的梦—过激—性潜能中极小的一部分(参见本书"睡眠-梦的活动"一节)。与伊德的创造性相比,乌托邦主义者、未来幻想小说家和科学幻想小说家最疯狂的想象均显得幼稚可笑。目前来说,换颅手术不仅不会影响人的正常生活,而且不会影响人脑继续工作,此外,人还可以利用染色体制造活的怪物,了解这些使我们不得不正视下面这一不容驳辩的事实:

> 细胞的能
>
> 并不以细胞本身为最终目的。

自从传统的细胞移植与"嵌合"术(cloning 一词来自

希腊语的 klon＝幼芽，表示在某一单个细胞上像植物扦插一样靠人工培养出的后生动物）似乎可以制造并设计活人以来，这两种实验同样受到了强烈的谴责。

一九五二年，布里格斯（Briggs）和金（King）用美洲豹蛙首次进行了细胞核移植试验。他们人工活化一个未受精卵（ovule），取出单倍体核（含有一半遗传物质）或者把它破坏掉，然后，用同种胚胎的任何一个细胞的二倍体核（含有全部遗传物质）代替原来的单倍体核。

在原肠胚尚未形成之前，取掉移植进去的细胞核，细胞分裂正常进行，一只青蛙会正常形成。因此，直到原肠胚形成之前（人的卵子在受精后的第十六天—第二十天形成原肠，进入"器官发生"阶段），胚胎的胞核是等值的，"不仅完全相等，而且是全能的"[多兰德（A. Dollander)]，也就是说，从伊德角度讲，它们准备进行任何尝试。

一九六〇年，古尔顿（J. Gurdon）将细胞移植技术大大向前推进了一步，他通过实验证明，人工分裂成年蟾蜍细胞，用分裂后的细胞核代替蟾蜍卵子的细胞核，经过"嵌合"的卵子仍然可以长成一只正常的蟾蜍。这就意味着不仅精子可以使卵子受精，而且任何一个细胞（比如皮细胞）都可以使卵子受精。因此，完全可以说（我知道这类假设会引起什么样的反应）：

任何一个细胞

都可以使另一个细胞受精。

上述实验对于理解微精神分析学是非常必要的,它们不仅可以从生物学角度证实伊德的中性特点,而且可以使我们科学地认识到

生物的发生

并不以生物本身为最终目的。

当我们还以为大脑、心脏和肺是生存必不可少的器官时,当我们还以为繁殖离不开精子时,所谓最终目的性是成立的。但是,人们今天完全可以知道人类的繁殖与消失、生命与死亡、健康与疾病、善与恶都是无偏私的伊德之所为,那么,真正从事科学研究的人都应该承认最终目的性不存在;无论以一米为空间长度,还是以一小时、一光年或者铀^{235}的一个周期为时间长度,无论从物质角度、心理角度或者从二者共同的角度看,最终目的性都不存在。的确,认识事物的无目的性不是一件容易的事,甚至可以说它是一个人从事科学研究的关键。因为,一旦认识到事物的无目的性,自然而然就会承认事物的偶然性,并通过事物的偶然性认识虚空。我们不应该忘记格洛迪克(Groddeck)险些因为拒绝事物的偶然性而丧命!弗洛依德所谓的心理现象的目的性只涉及潜意识到意识之间的过渡阶段,然而,这一阶段中的一切都是充满偶然的初级运作通过本我的涌现(参见本书"从本我到潜意识"一节)。微

精神分析学家:

(一) 通过长分析证实:

在无目的性的虚空中,

无目的性的伊德

是无目的性的虚空中性动力的

表现方式,

它既无线性目的,

也无总体目的。

(二) 澄清了偶然这个难题:

1. 虚空能量组织的前两个阶段完全属于纯偶然范围: 成粒是基本能量本身的特性, 无须任何其他因素; 活化是虚空中性动力的微粒随机碰撞的结果, 它的机制是产生一切或不制造任何东西;

2. 从"生泡"开始, 偶然成为相对的。因为, 虽然微粒张力增大是它们彼此随机碰撞的结果, 但是张力增大本身却是通过相互依赖的不同阶段而实现的。这些彼此相关的阶段代表一定的能量参数; "百里挑一"筛选出一个伊德进而实现它的全部潜力都取决于这个参数;

3. 越过"生泡"临界线, 人的心理物质尝试属于相对偶然范围:

(精神病医生): "……了不起的偶然……达尔文承认偶然……拉马克[21] (Lamarck) 否定偶然……泰依亚 (Teilhard)

[22] 又提出偶然,想把前面两位的观点合二为一……这个历史上声名狼藉……使人名声扫地的偶然……您找到了它的老窝儿……它从那儿……像乐队指挥一样……用很长的指挥棒每天都在指挥我……指挥着我生活中大大小小的歌剧……

(两分钟沉默,然后)

……即使我不可能指挥它……这个怪物……能知道它在什么地方……从什么地方指挥我……指挥那些使我时起时落的相对尝试……这也很不错了……"

伊德除保持基本能量和虚空中性动力的中性与无目的性这两个特点外,还有它自己的特性:即相对性。如上所述,

> 相对性
> 产生于
> 微粒"生泡"

在伊德的作用下,能量振荡与干扰,振荡中产生的尝试,尝试彼此间的组合,随之而产生的尝试群组,这些尝试群组在由心理实体、物质实体、心理生物实体构成的冲动系统影响下形成的结构,这一切均具有相对性的特点。

在伊德振荡的每一个心理物质组织层,越过"生泡"临界线后伊德能不断增长的特定性与基本能量和虚空中性动力的稳定性之间的动力关系是相对的。换言之,相对性

是三者之间动力关系的基础。我们可以把这一相对性归纳为下面既彼此相关又相互独立的五个方面：

（一）相对于具有无限尝试潜能的虚空中性动力而言，具有特定尝试潜能的伊德是相对的；

（二）相对于基本伊德而言，特定伊德（即一个特定的心理物质单位的伊德）是相对的；

（三）一个特定伊德相对于另一个特定伊德而言，其特定性是相对的；

（四）一个特定伊德得以实现的尝试潜力相对于其未能实现的尝试潜力而言是相对的，相对于另一个特定伊德得以实现的潜能而言也是相对的；

（五）一个尝试相对于与其共有同一伊德或不同伊德的其他尝试而言是相对的。

我们把尝试任意分为两组，在此基础上，相对性也可以分为心理相对性和物理相对性。但是，正如我在"虚空"一节中已经指出的，这种划分完全出于教学的需要，而不是出于科学的精确性，因为，

只存在一个相对性：

伊德的相对性。

从根本上讲，相对性来自能，根据它所属的尝试的特点被称为心理相对性或物理相对性：

（精神病医生）："……微精神分析学很有可能在不久的

将来推进相对论的发展……

……哪个物理学家或数学家能想到物理学相对论的定律……来自统治我们的潜意识……来自那个控制人的……初级运作？而且还只是对初级运作规律不太高明的发挥？……他们谁能想象只有通过微精神分析，才能真正理解事物的相对性？……应该说只有通过微精神分析的长分析……因为只有通过连续几个小时的分析……好像是自由联想出现了向量转移……相对性才会显露出来……物理相对性……心理相对性……二者合为一体的相对性……

（五分钟沉默，然后）

……不管怎么称呼，物理的也好，心理的也好……只有一个相对性……就是伊德的相对性……

伊德与虚空中性动力相通……每一个特定伊德都是一个无限相对的坐标系……它的尝试潜力随机确定一切物理现象或心理现象的瞬时准确数据……"

微精神分析学提出的相对的概念及随之产生的相对特定的概念构成伊德遗传的力学基础。

我们可以用卵子作为最初的心理生理单位，将伊德遗传（与达尔文的"微芽"理论无关）的要点简述如下：

（一）受精卵子的伊德（参见本书"子宫战争"一节）包括精子和卵子的伊德所含的全部尝试潜力；

（二）精子的伊德携带父系的尝试潜力；

(三)卵子的伊德携带母系的尝试潜力。

基因遗传或心理遗传是通过固定生物化学单位或相应的复现表象来实现亲子代之间的传递,与此不同,

> 伊德遗传
>
> 是
>
> 将具有相对特性的尝试潜力传给子代。

伊德是相对能阈之间的变异联系,它不识别作为独立个体的亲代(即作为心理物质存在的亲代),而是把他们作为具有相对特定伊德的虚空中性动力微粒来识别。以这种方式传给子代的微粒不具备最终稳定性和目的性,因为,

> 虚空中性动力微粒之间的随机碰撞
>
> 是伊德遗传的唯一规律。

因此,个人的伊德是受精卵子和人体每个细胞中数十亿父-母系先辈的基本伊德运动的结果。所以,个人的伊德,从卵子受精的那一刻开始,一直在不停地运作,

> 无论现在、将来还是过去,
>
> 个人的伊德永远是
>
> 祖先集体的混合物。

通过伊德变形虫式的反射性遗传,每一个人都是自己所有前辈与后辈的总和,是他们的分身和统一。与人类的伊德潜力一样(中性的伊德不区分制造者与产品),每个人与自己的前辈和后辈之间不存在任何区别。从这个意义上讲,后生动

物与原生动物之间同样没有区别，因为，原生动物的子细胞与母细胞完全相同（比如，海绵就是一种难以分类的后生动物，它是由以原生动物方式独立运作的细胞所构成的）。

是伊德，而非其他因素，使人具有人的特点。伊德是相对的，它有一个特定的前辈-集体尝试潜力参数，然而，这并不意味着这个参数就是人类的伊德。因为

> 人类的伊德
>
> 产生于人类出现之前。

这就是微精神分析学三要素中的第二点。人类的伊德所含的尝试潜能同时是矿物的、植物的和动物-人类的，它不断地实现这些潜能，也就是说，它不停地进行生理细胞杂交。伊德进行的细胞杂交远比露西（J. Lucy）和克金（T. Clking）、杜迪（D. Dudits）和利玛·德·法里亚（A. Lima-de-Faria）的实验要微妙得多。前两位于一九七五年成功地进行了植物与动物的细胞杂交，后两位于一九七六年成功地进行了植物与人的细胞杂交。

在前辈-集体尝试潜力的作用下，人作为物种与动物、植物、矿物之间的区别是非常微妙的。事实上，因为：（一）人的伊德具有矿物—植物—动物—人类尝试潜力，（二）人的虚空中性动力具有无限的非特定尝试潜力，（三）虚空具有连续性，所以人是万物衍生的自然界不可分割的组成部分：

（一位接受微精神分析的医生）："……没有比物种更相对的东西了……

……我相信这一点，只要想一想在胚胎期……也就是说一秒钟以前……我还是一个像鱼一样的东西，在长鳃反射弧……这和细菌或鸟的器官发生没有任何区别……然后，一旦离开母亲的肚子……我就开始重复人类从南方古猿到能人、从直立人到爪哇直立猿人、再到智人的进行过程……

（两分钟沉默，然后）

……没有比物界更相对的东西了……

……我的骨头……的生长和矿物的生长完全一样……钙盐和磷的沉淀保护骨骼的生长……就像钙结石产生钟乳石和石笋一样……这不禁让人想到星体靠吸积而生长……地球靠凝聚而形成……

……我的血液……是矿物与有机物之间的桥梁……铁元素是我的血色素呼吸的关键，它属于矿物……我的血红蛋白的结构与植物的光合成素——叶绿素的功能结构完全一样……它们的关键部分同样是一种矿物：镁……

……我的胆色素……胆红素和胆绿素的产生全靠我的血红蛋白代谢的减弱……它们在失去呼吸及矿物和打开分子核的同时，获得消化功能……这很像藻类的红色素和蓝色素……藻红素和藻蓝蛋白……这些色素完全可能具有性的功能……

……我的细胞……靠细胞色素呼吸……有了细胞色素，才形成电子交换，才会有生命不可缺少的氧化还原……细胞色素的核和血红蛋白的核完全一样……起主要作用的元素都是铁……它们被小心翼翼地保存在我的肺细胞里……在细菌、酵母……和所有动植物的细胞里都有这样的线粒体……

（三分钟沉默，然后）

……好像出现了幻觉，我看到……

……我看到……我的线粒体……我的所有线粒体……正在独立地……与细胞分裂毫不相干地……进行自体繁殖……它们收缩、伸展、分裂……像细菌一样……它们的基本结构和细菌的基本结构完全一样……都有丝状环形DNA……

……我突然想起波尔迪埃（Portier）[23]的'共生'理论……根据这一理论，线粒体是被迫在细胞内共生的细菌……

（两分钟沉默，然后）

……所以……

> 在我的细胞内起决定作用的细胞，
> 我的线粒体，
> 有可能是一些细菌……

这些有三十多亿年历史的单细胞……把植物和动物结合在一起……它们中有一些专门负责把不同生物阶段的有机残余……我的或者您的……变成矿物……然后回收能量……再把它不加筛选地放回永恒的物质流动之中……

(五分钟沉默，然后)

要不是微精神分析，我绝不敢想象能这样描绘人的遗传谱系……毫无疑问，如果我对伊德有更深刻的认识，这个谱系还会更完善……我会把每一个成分减到最小……谁知道……也许我会发现一个至今没人知道的、偶然形成的遗传规律……"

伊德遗传是心理和形体遗传的中性基础，它使复现表象—情感"组"和基因型—表型"组"具有相对性，这一点对人文科学与自然科学具有不可估量的深远意义，它使我们看到：

（一）社会为造就一个正派人所付出的努力是注定要失败的，因为，人是一个奇特的、由前辈—集体组成的、矿物—植物—动物的混合物，远比斯宾诺莎和格洛迪克所描绘的要复杂得多，这就使伦理学与美学彻底成为空想。从伊德遗传的相对性角度看，无论是穷人还是富人、异教徒还是上帝的使徒、西方人还是东方人，总之，对于人来说，真与美的标准没有任何根据。

（二）人们一般以为父母对子代具有很重要的生物或心

理生物遗传作用，事实并非如此。父母的精子与卵子只能为子代提供一定数量的尝试潜力，而真正的伊德遗传则来自前辈中的任何一个人、任何一个细胞或细胞产物，所以，老实讲，所谓"你应该为父母争气"从来就是行不通的。

（三）器官移植术与输血术前途无量，因为，造成免疫系统不协调和人体各种排斥现象的主要原因，不是异体之间伊德潜力的不同，而是振荡干扰和受生存需要控制的尝试。因此，最终有一天，医学会找到解决这些问题的办法，比如取消血液这个抗体与免疫细胞的载体，最近，美国辛辛那提的克拉克（L. Clark）已经通过实验证明，这一设想完全可以实现：他用液化氧取代狗体内血液的百分之八十，狗的生存丝毫不受影响。哈佛大学的格叶（R. Geyez）走得更远，他专门研究用某种人工液体彻底取代血液。

伊德不可触犯的中性不断分化为无目的性，它的相对性同样存在于伊德遗传之中，因此，

> 伊德使
>
> 本能——这个历来众说不一的概念
>
> 获得了它真正的意义。

长期以来，对于本能的研究从来未找到令人满意的答案。

弗洛依德与他同时代的人一样，他用本能（instinkt）一词表示某一物种特有的、先天的、预先形成的、有一定目的并且一定会实现的倾向，用冲动（Trieb）一词表示一

种并非直接与遗传有关的本能的反应，尽管他多次提到在澄清二者之间的关系，但是，他最终未能实现自己的诺言。拉普朗什（J. Laplanche）和彭达利斯（J. B. Pontalis）认为："尽管'冲动'与'本能'之间的对立关系对于理解精神分析理论十分重要，但是，弗洛依德从未明确提出二者之间的关系是对立的。"

皮隆（H. Pieron）从弗洛依德的基本思想出发，提出本能是"假设在本我后面起作用的力量"，由于对自己的定义不太满意，他又进一步补充："人们还在用本能一词解释一些比较具体的自然倾向，如进攻本能、逃跑本能、游戏本能、模仿本能、交配本能、哺养后代的本能！"拉朗德（A. Lalande）则认为本能是"一组复杂的、有一定目的并为适应该目的而做出的外显反应"。维奥（G. Viaud）似乎更有灵感，他认为本能是"纯放电"，不过，他解释"放电"是出于某种"需要"，人意识到这种"需要"就会出现"贪欲"，并最终导致"泄欲"，这就不免又落入了俗套。

雷西（N. Reich）似乎认为本能是享乐的发动机，那么，这个发动机的启动、加速、减速和停止运转又是怎么造成的呢？弗尼歇尔（O. Fenichel）认为本能产生于激素的状态，那么，激素的状态又是怎么产生的呢？怎么解释难以数计的个体差异、不合逻辑的反应（某种激素，在应该增多时，反而减少或不再产生）、适当放电造成的相反后果、同一人为刺激造成的不同反应?

总之,"大部分作者都不再使用本能一词,这个概念已经失去了它过去的含义,难以用来解释人的行为"(Encyclopaedia Universalis),包括认为本能是原始初级智力的人本主义者科卜(C. Cope)、法卜勒(J. Fabre),用反射与趋向性解释本能活动的机械论者勒伯(J. Loeb)、摩尔根(C. Morgan)和把所有适应系统发育的行为模式都看成是本能的客观主义者洛伦兹(K. Lorenz)、坦伯根(N. Tinbergen)。

微精神分析学为本能正名,提出下面的假设:

伊德

是

唯一的本能。

我说唯一的,而不是原始的或第一重要的,否则会使人以为过去讨论的本能都是次要的。事实上,从微精神分析角度看,人们以往所说的本能,依据它们各自不同的、受心理生物程序控制的、通过基因传递的目的或对象,分别与共冲动系统的某一部分相对应。

伊德从来就是人类的恒量,它既造就人的复杂本性,也成全这一本性最不引人注意的表现,它形成人与人之间、集体与集体之间的接合点,并通过这些点使人类与其他物界相联。伊德与虚空中性动力相通,以虚空为媒介,它从

根本上阐明存在,是认知过程中充满活力的第一步:

(女精神分析学家):"……一想到思想的绝对必然性,我真想冲上帝和他的使徒们吐舌头……对他们说:'绝对必然一个屁!'……他们一定会觉得我说得很对……

……在哲学界、思想界和神学界……没有不成立的观点……你可以持这一种或那一种观点……或者持两种观点……有多少哲学家就有多少家哲学!……有多少思想家就有多少思想体系!……而且家家都是权威,个个都是顶峰……

……这类玩笑该停止了!……不该再把哲学、思想、神学和精神分析混在一起……尤其不该把它们和微精神分析混在一起……大家都应该知道所有经过思考、组织、表述、传授、修正、改动、改造……然后定期被抛弃的思想体系……都只不过是伊德暂时的、多变的间接表现……

(两分钟沉默,然后)

……开始我还觉得伊德这个概念太笼统……太单一……说真的,人从来就害怕'一'……这种恐惧往往导致科学的瘫痪……

……越了解伊德,……我越觉得它像阿拉伯数字里的0……sirf最初的意思是虚空……有0才会有十,它是通向无穷的最终接点,一切概念都在这里化为乌有……0……虚空再也没有离开过我……无论在生活中,还是在工作中……0，就像拉普拉斯[24]说的'深层意念'（id´ee profonde）……要是没有这个神奇的工具，人类今天还会停留在屈指计算的阶段……

（三分钟沉默，然后）

……当达尔文在所有生物之间建立起联系时……他所做的不仅仅是把生物系统化……

……同样，数学家汤姆（Thom）[25]用微分拓扑学研究生活中的现象，他也在寻找一个'统一'的概念……他提出用灾难说解释各种活动……他的理论可以解释气候的变化、家庭风波、海浪运动和树的生长……

……普里高吉纳（Prigogine）[26]因为提出了一个类似的概念，获得了诺贝尔化学奖……他提出的'适应性结构'的概念打破了化学、工艺学、物理学、经济学、生物学和社会学等学科之间的界限……由于受奖人提出的只是一个研究假设，有人惊呼'这是个奇怪的诺贝尔奖'……但是，真正对生命起源感兴趣的学者们都非常满意，认为'这是诺贝尔奖历史上最好的一次！'……

（三分钟沉默，然后）

……有人说格洛迪克提出的本我的概念太单一……我不明白为什么！……难道说小溪里的水和池塘里的水都是由氢和氧构成的也太单一吗？……难道说一朵花上的不同颜色出自同一个花根太单一吗？……正是因为格洛迪克非

常了解多样化是事物的本质,他才能提出一个简单明确的概念……

……那么弗洛依德呢?……他之所以是弗洛依德,不正是因为他最终能用死亡冲动这一概念来概括一切?……他离伊德只差一步……他一辈子都在找这个东西……

……死亡冲动……就是虚空能量组织中伊德的原动力……这么看来,弗洛依德不是已经离他的希望之乡不太远了吗?……"

我很难分享这位未来的微精神分析学家的热情,因为她试图把伊德看成一个包罗万象的概念。当然,

伊德

是

万物永恒的

启动器,

代表万物永恒的自动性。但是,我们不应该忘记,伊德首先是相对的,它的相对性表现在:1.伊德与虚空中性动力所含的无限尝试潜力的关系是相对的;2.伊德特有的内在能量是相对的;3.伊德多形态的心理物质活动的动力是相对的。

此外,由于伊德具有相对性,而且是虚空能量组织的动力,它完全有可能成为某种变化的第一步,比如,导向对宇宙的不同的理解与解释,这一点已经在微精神分析学

对自然科学和社会科学的研究中显露出来。

对于我个人来说,伊德是我的指南针、我的第一参考标记、我个人作为实体与宇宙的吻合点、我与他人之间必不可少的中继器。有了它,我才知道什么是自己生命运动的源泉,理解自己和他人思考和行动的原因与方式,明白为什么这个世界上的人会是这个样子(包括他们对这个世界的不理解),明白为什么世界仍会像以往一样,在情天恨海之中,在合情理与不合情理的幸福与不幸之中,继续不断地自我毁灭,然后又再生。有了伊德,我才找到作用力—反作用力的原因,才明白为什么会有所谓客观与客体。

简而言之:

> 有了伊德,知;
>
> 没有伊德,猜。

在认知过程中,如果缺少这一环节,人只会推算,一切都是模糊的,人类个人与集体数千年的所作所为永远是个谜:

(精神病医生):"……如果伊德存在,它教给我们的……除了那些没有人不知道的、意义不大的规律外……像二加二等于四,加点儿这个,再加点儿那个,就能造出不知道什么东西这类法则外……伊德首先告诉我们的难道不是必须重新考察所有的科学……重新考察所有科学最基本的定义?……

……我想说……或者伊德不存在,或者伊德存在……

如果它存在……就必须重新考察一切……

……我终于明白为什么有的研究人员不知道自己在研究什么!……不了解伊德的科学家不可能把他的研究和基因产生前、生物产生前的一切相联系……可这才是未来科学……所有人文科学……的必要条件……

(五分钟沉默,然后)

……为了弄明白这些东西,我把自己搞得筋疲力尽……现在……我知道……有了伊德,精神分析才是一门科学……上帝!……见鬼了……我真想大喊……因为微精神分析学发现了伊德,所以:

微精神分析学

是

唯一的科学……

……可以说……您肯定会笑话我!科学的一神论时代到了……就从微精神分析学这里开始……"

好了!对于我来说,关键在于伊德这个概念(如果我们可以称创造我们的源泉为概念),它使我能够在自己所从事的职业中不迷失前进的方向。没有伊德,我就会感到不踏实,感到束手无策,处于某种有悖于自己的职业责任感的、有害的平庸状态,尤其在进行精神分析时,接受分析的人立刻就能感觉到我们的工作停滞不前。

至于虚空能量组织的模型,我自己很清楚它的弱点，就像弗洛依德很清楚他的《梦的解析》一书中的"二千四百六十七个错误"一样。我曾经先后使用过很多模型，后来又都放弃了。最后，之所以保留这一个，是因为它能在微精神分析实践中得到证实。

虚空—虚空中性动力—伊德这一模型使微精神分析学充满活力。有了它，不再有什么高于一切的问题。对于接受微精神分析的基督徒或犹太教徒来说，原罪失去了悲剧性，赎罪丧失了崇高意义，经过微精神分析的解剖，我们看到二者均属于人类早期非戏剧性的尝试，与佛教徒或印度教徒分析资料所提供的局部-进化尝试完全一样。

事实上，我不得不和一些朋友，甚至过去曾经给我很大启发的作者分手，才走到今天这一步。现在，我有时想起他们，不禁自问：这些人在用尽全力进行了各种尝试之后，怎么才能得到解脱？他们有勇气在前人不惜牺牲一切追求真理的道路上继续前进吗？我，一个人类系统发育中微不足道的个体，无棱无角，既不信上天神曲，也不信地狱魔鬼，我仍在这条路上继续前进。

三、尝试

尝试的世界

从微粒"生泡"的临界线开始。

根据虚空能量组织模型，可以将尝试产生的过程简述

如下:

伊德是基本尝试本能(或曰基本伊德)的总和,从整体上讲,它是微粒张力增大进入临界状态的特点,它通过变化的,但又相对保持各自特性的振荡干扰使"生泡"放电,干扰造成的条纹表现为无限多样化的心理物质尝试。

简单地讲,我往往忽略伊德振荡,把尝试看成是伊德的直接产物,但是,这并不意味着伊德振荡不重要,恰恰相反,越过"生泡"的临界线,伊德振荡相当于基本能量:

(一)它是尝试彼此间的能量联系,并因此而成为二级运作全过程中的能量联系;

(二)它保留基本能量的两个特点:中性和无目的性,并使尝试也具备这两个特点;

(三)它表明某一特定尝试不仅仅是某一特定伊德潜力的具体实现,而是很多基本伊德的潜力振荡干扰的结果。由此可见,所谓因果概念完全是任意的,因为,一个结果是由无数相关的因素造成的,而这一结果本身同时又是造成无数相关结果的原因。

在伊德—尝试关系的基础上,我初步为尝试定义如下:

尝试

是

伊德任意的、偶然的心理物质现实化。

根据不同情况,所谓"心理物质"指心理与/或物质,一般来说，应该把它看成一个不可分割的整体，是"伊德振荡的心理物质组织"的同义语。

伊德在与其完全不同的虚空中性动力的促使下，在基本能量微粒组织的间接作用下，实现自己所含的相对尝试潜力，换言之，不存在任何强迫伊德实现其全部相对尝试潜力的因素。在微粒能达到一定"激发"极限时，伊德就把它转换成不连续的振荡列，类似原子发出的"能束"[普朗克（Planck）]或构成光的"光子束"[爱因斯坦（Einstein）]。伊德将不连续引入连续的虚空能量之中，这一点非常重要。尝试不连续地从振荡干扰条纹中产生，这一不连续的能量是连接心理运程和生理化学运程的基础。

我在引言中已经指出，任何一个尝试都可以分解成一组尝试。换言之，任何一门科学的任何一个尝试都相当于一组在不同程度上心理化或物质化的尝试。由此看来，伊德是尝试的基本动力，在此基础上，现在可以为尝试下一个较为严谨的定义：

尝试
是
伊德振荡中
心理物质组织的
能量模量。

尝试在未分化之前，只有一个共同的特点，就是它们各自的振荡干扰条纹的相对能量；只有在随机分组后，不同的尝试才会分别具有心理的或物质的特色：

更确切地讲，尝试从负载它们的虚空中穿过，随机相互作用，形成群组，在群组内部互相交换能量，形成各群组的共同能量，在达到一定极限时，向心理或物质方向转化；从这时开始，各尝试群组服从潜意识或生理化学的能量守恒规律，开始心理物质实体的结构化。

处于心理物质实体结构化过程中的尝试群组由基本尝试与尝试组成，这一区分远远不止是理论上的，我们将会看到：

（一）基本尝试使用尚未心理物质化的能量，这一能量不仅仅是微精神分析学所谓的人类三大主要活动的背景：1．睡眠-梦（参见本书"睡眠-梦的活动"一节），2．过激行为（参见本书"成人战争"一节），3．性活动（参见本书"性与过激行为的关系"一节），而且是虚空中各种心身或身心转换的初级向量（参见"身心状态"一节）。

（二）尝试群组及其心理物质结构化使用的能量服从虚空恒定规律，受冲动与共冲动调制（参见"冲动-共冲动"一章）：1．死亡冲动引起伊德能量的心理物质变化；2．死亡-生命冲动引起心理物质实体的结构化；3．共冲动保证二者的心理生物组织。

长分析和它对虚空的影响（参见本书"成人战争"一

节）表明，在不久的将来，我们完全有可能弄清基本尝试的原理并对它的中性能量施加作用。但是，目前来说，无论有知识的人还是无知识的人，大家都仍在沿着构成生命和宇宙的数万亿相对尝试中的任意一个尝试的运动曲线前进，这是一场疯狂的竞赛，因为一个尝试可能有的运动曲线比一个打进泡室的粒子可能有的运动曲线还要多，更何况每一个尝试都可以分解成很多个尝试；但是，这又是对智慧的考验，因为，一旦意识到尝试的特点，人将使自己和自己的创造回归到万物的相对性中去：

（医生）："……为什么不管在欧洲、亚洲、美洲还是澳洲……不管是过去，还是现在……人和人之间……无论是最出色的人，还是一般的人……就从来没有意见一致过？……

……为什么思想家，不管是科学的、泛科学的、宗教的，还是政治的，从来就不能达成一致？……为什么他们没有一分钟不在争吵？……为什么精神病医生、心理学家和精神分析学家从来就没有过一个共同的看法？……哪怕是形式上的呢？！……

……为什么只要时间允许，所有的哲学家都会否认自己？……比如晚年时的萨特[27]……难道是良心使他们推翻自己……撤回了过去所说的话？……

……为什么同一个人，同一件事，但是处理方法会不同? ……为什么最新的研究成果表明,一个人,在一生中,从来不会用同一种方式说同一个句子?……

……总之,为什么……一个人不仅仅有一个矛盾的自我……而是一千零一个?……

(三分钟沉默,然后)

……依我看,这正是我们的随机尝试……是这些尝试彼此相通、不停运动的证据……

(两分钟沉默,然后)

……尝试这个概念很迷人……又能使人平静……有了它,再也不会责怪谁……或对谁感恩戴德……谁也不欠谁什么……对什么都会既不反对,也不拥护……就会明白,人的一生都在尝试……试着做什么事……随便什么事……随便什么人……

(两分钟沉默,然后)

……每一场微精神分析都揭示出我们的尝试……所以,

 微精神分析
 是学习相对论和人道主义
 的学校……"

尝试内在的中性和无目的性受其相对特定性控制,然而,尽管如此,尝试的运动曲线仍然是不可预测的,无论在独立运动状态,还是在与其他尝试相互作用、相互交叉、重叠、联系的状态。无论它们相互增强,还是相互抵消,尝试永远处于彼此加速—减速—吸引—排斥—结合—分裂的运动之中。因为，伊德在实现它的彼此相互作用的尝试潜能时，完全不考虑它正在改变的微粒能的动力及心理物质发展趋向。伊德随意从尝试中抽取一个，完全不在意自己从虚空中性动力的临界线已经悄悄开始进行的一切。尝试如同离弓（微粒"生泡"的临界）的箭，而持弓的射手（伊德）却完全是盲目的。

因此，具体、明确、精心安排的计划总会以意想不到的方式发展。我听到最有学问和最有权力的人重复同样的话："发生这样的事情完全出乎我的意料，我从来没有安排事情这样发展。"既然伊德对自己的所作所为无所谓，人又如何能知道自己在做什么？如何能提前很长时间预见自己将要做的事情？所以，未来学家对七十年代和八十年代所做的各种预测，没有一个实现的。

即使您不相信上述观点（有人会说"无论如何还得活着呀！"），既然尝试本身是任意的，其后果就不可能不是任意的，所以，

人

完全是

无责任的。

一个人，因为偷一个苹果，受到社会的惩罚，这种惩罚无济于事，因为等这个人发展到偷一车皮苹果时，反而不会

受到社会的惩罚。法律也是一个相对的尝试,同样受伊德振荡干扰的控制,所以它总是随机应变。人内心的公正同样是相对的,它以偶然对偶然,似乎掩盖了尝试的随机性,向行动—反行动的心理物质规律提出了挑战,然而,微精神分析可以使它现出原形:所谓人内心的公正,不过是一些不由自主进行"惩罚"或"专门负责偶然惩罚"其他随机尝试的尝试,它们具有伦理道德和借鉴的特点。

尝试从产生到暂时结束,没有任何偏私,与任何唯心的、唯物的、道德的、反道德的观念都没有任何关系。一个人一生中所做的尝试,有的是建设性的,有的是破坏性的,微精神分析比较不同的人所做的尝试,发现不存在一个人的尝试比另一个人的尝试更成功之说,因此,毫不悲观地讲:

希望人不断完善自我
是毫无根据的。

尤其是:

(一)严格地从伊德角度看,

成功的尝试
与
失败的尝试
没有任何区别;

(二)从心理物质相对性的角度看,所谓成败之论完全是一种对事物过于主观、拙劣的看法：

1. 当一个尝试能与另一个预先存在的条件处于心理物质交流状态时，它就是成功的；

2. 当我们主观考察某一尝试，找不到它的客体或客观的对应联系时，这个尝试就是失败的。

如果说，不存在彻底成功或彻底失败的人，那是因为伊德既不知道什么是完善，也不知道什么是不完善。伊德随意地、无记忆地、完全不以人的意志为转移地运行。人类历史上残酷而又不可避免的重复证明了这一点，它告诉我们，为过去与未来的奥斯维辛或广岛[28]而哀号完全是徒劳的。

从这个角度看，尝试结构化很高的产物——心理物质实体，终于暴露出了它们的真实面目：它们是一些自身并不重要的、完全受冲动与共冲动控制的随机变量。然而，正是在它们的影响下，人才会有这样或那样的行为（选择不同的职业、宗教信仰、政治信仰、神经官能症等），并且千方百计、通过各种极不稳定的条件反射维持自己的选择。可怜的人啊！

如果没有尝试的概念，怎么可能理解沃森（J. D. Watson）对行为所做的过于简单的解释？怎么可能理解那些拥护或反对他的观点的人？怎么可能理解始终在应激与集体性灾难之间徘徊的巴甫洛夫？不明白行为与条件反射是靠共冲动连接并固定的尝试群组（参见本书"共冲动"一节），自然很难理解沃森和巴甫洛夫。

从尝试的角度讲，可以将一个人的内在、外在及相关性尝试分为三类。第一类由个人主体内在尝试组成，即只与主体相关的、发生在主体内部的尝试；第二类由主客体相关尝试组成，即从主体出发，相对于客体的尝试；第三类由客体相关尝试组成，即由客体出发，相对于客体之客体的尝试。不了解尝试的概念，最多可以掌握主客体相关性；了解尝试的概念，就可以把握客体相关性，即主体的客观性，它是从事精神分析必不可少的。无论想解释风趣话和神话的产生，还是想弄明白人们一直以为出自本能的各种表现均属于行为，尤其是，如果想认识到尝试本能现象学最具有分析性（既无偏见又无意向性）、最能够使现实归复为假-现实，主体的客观性都是必不可少的。

正是因为人的尝试具有二级运作令人目眩的相对性，我们才明白为什么"最好的人"也不过是尽其所能罢了。如果一个人，在个人或社会意识压力下，试图缓和自己的尝试，那将是徒劳的，因为，他的努力不可能对他自己的矿物-植物-动物伊德潜能产生任何影响。伊德始终在忙于自己的事情，对二级运作及其由冲动系统调制出的特定性（参见本书"冲动-共冲动"一章）一无所知，它在实现了自己的相对潜能后，听任尝试沿着它们各自的心理物质曲线前进，听任它们即兴创造个体或种类。伊德不仅不在三个物种之间设立界限，而且使三者处于无条件的、永恒的、相互依赖的关系之中。

二级运作不断从四处向四面八方爆开，它的每一个阶段既是终点，又是无数相关尝试的始点。因此，从局部看，它是运动的，但是从整体上看，它是静止的。二级运作在其自身内部进行，无所谓进步，也无所谓退步，最终是无产力的（a-productivite）。二级运作过程中发生的变化与变异、退化与再生、选择与消失，都不过是拉马克或达尔文式的附加现象，不足以改变伊德赋予它的无位移性。

即使尝试和心理物质实体，数百万年间，在宇宙中不断重复出观，即使它们有固定的周期和严格的结构，它们的复现仍然是相对的、暂时的、局部的。从伊德角度看，所谓心理物质实体、重复、周期、结构，不过是一些极为拙劣的用语，它们只能描述瞬息万变的基本尝试中极小的一部分。特恩迪克（A. Thorndike）曾经提出，用"尝试规律"来解释行为的目的性与稳定性；然而，尝试完全依靠偶然，而不是依靠他所提出的规律，保持其自身的平衡和相对稳定。关于二级运作，亚卡尔（A. Jacquard）有一段令人赞叹的话，说明真正的学者能够凭直觉感受到初级运作，尤其是虚空中性动力的无穷潜力：

"我们观察到的世界是未完成的；它没有必要一定是完

成的。现实世界每分每秒都充满无数的可能；所谓'发展规律'，它的作用就是使每个可能获得或多或少的可实现性。无数可能中，只有一个可能将脱颖而出，而它之所以能够得到实现，则完全出于'偶然'；而且，这一变为现实的可能，并不一定是无数可能中可实现性最高的一个。"

综上所述，我们可以将虚空能量组织，即初级运作与二级运作过程归纳如下：基本能量—虚空中性动力—伊德—尝试。这一过程在虚空中并不是环状的，而是点线状的。一个基本尝试，在耗尽振荡干扰条纹提供给它的能量时，立即终止；说它返回虚空，不能说明任何问题。其实，它就像一束光，光源耗尽时，光自然会熄灭。当基本尝试赖以存在的振荡不再能够从伊德那里获得能量时，尝试自然终止。严格地讲，只有在涉及尝试群组（作为整体的群组）和心理物质实体（作为实体）时，才谈得上返回虚空。但是，所谓返回虚空也不是绝对的，我们下面将看到，它与死亡-生命冲动相呼应，而死亡-生命冲动则与具有创造力的虚空紧密相联。

第三节
冲动-共冲动

一、死亡冲动-生命冲动

一些精神分析学家不承认死亡冲动,认为冲动不可能属于死亡,我称他们为不可知论者。由于我非常了解这些人,所以我知道,拒绝承认死亡冲动并没有给他们在事业上和生活中带来多少便利;更何况,死亡冲动很能应付那些不承认它的人。

另一些精神分析学家,根据不同情况,对死亡冲动时而接受,时而排斥;他们在试图解释死亡冲动时,总是感到十分困惑。

能够完全接受死亡冲动这一概念并且努力发现它的理

论含义和心理动力效应,这样的精神分析学家绝无仅有[这里仅举美国多培加的梅宁格(Menninger)学派和伦敦的梅拉妮·克兰(Melanie Klein)学派为例]。

仔细研究精神分析学家们对待死亡冲动的三种不同态度,可以发现死亡冲动的确很难理解。弗洛依德提出的死亡冲动的概念,无论从文字本身,还是从抽象意义上讲,的确不是很容易理解。必须懂德语,才能准确把握弗洛依德所说的死亡冲动的意思(德语原文:Todestrieb,其中Tod=死亡,Trieb=冲动,后者来自动词treiben=推动),在弗洛依德比较熟悉的民间用语中,treiben指表面静止的、具有惰性逆向运动特点的力。比如,一个人心不在焉、游手好闲,就可以问他:"Was treibst du?"意思是:"你干吗呢?"潜意是:"你在那儿闲着干什么?"只有抓住逆向、惰性和静止这三个特点,才能理解死亡冲动(Todestrieb)一词微妙的动力学含义。

语言不是理解弗洛依德的唯一困难,还需要在精神分析学的世界观中(德语原文:Weltanschauung)重新确立弗洛依德理论的诸观点,只有彻底摆脱自己潜意识中的焦虑,才能最终理解死亡冲动,否则,焦虑—压抑—无知的恶性循环会降低人的洞察力。这正是很多精神分析学家排斥死亡冲动、滑向不可知论的原因。压抑的特点就是缺乏具体行动,在它的作用下,一些精神分析学家甚至否认死亡冲动、梦、俄狄浦斯情结和潜意识。对于这些人来说，还有什么是可知的？这是一个十分严重的警告。精神分析不给作假的人留有任何脱身之路，

> 人，可以在一切领域中作假，
> 唯独不能与精神作假。

弗洛依德的伟大之处，既不在于他提出的潜意识的概念或著名的俄狄浦斯情结，也不在于他的释梦理论，而在于他能够正视来自死亡冲动的压力。斯皮尔雷（S. Spielrein）于一九一一年提出死亡冲动的概念，最初，弗洛依德的态度非常保守，后来，他不但完全接受了这一概念，而且经过加工，使它成为精神分析学的主要思想，赋予其不可估量的重要性。与个人或小团体常有的悲观失望的表现不同，阿哈斯维鲁斯（Ahasverus）[29]，这个精神流浪汉，到了晚年，已经再也没有什么犹太人的特性了，他已经能够明确提出他的摩西和一神论的最终意义及实际重要性了。

认识死亡冲动与认识梦一样（这并不奇怪，因为梦的漩涡中心正是死亡冲动），刻意求之反而不得，急于求成更无济于事。一个终日忙于功名的精神分析学家注定不会理解什么是死亡冲动，这是因为死亡冲动不会在任何脑力劳动交易中让步，只有在无为状态，在夜读后那难以名状的疲倦中，在入睡和醒来时的昏昏之中，在极谦恭的、全身心的、缓慢而无直接目的的沉思中，才能认识它。必须花

时间，耐心等待，远离喧嚣的生活和极有教养的朋友，一个人独处，等待

  死亡冲动在它认为合适的时候，
  主动揭开自己神秘的面纱。

有时，经过连续五个小时，甚至更长时间的分析（那时分析室内的气氛难以言状），死亡冲动开始小心翼翼地冒出头来，像是来自虚空之海深处的涌浪，吸引着接受分析者：

（物理学家）："……认识死亡冲动就像了解一个城市……

……那些白天朝前行驶的人永远不会了解它……他们只顾飞速地向前……向前……向前……要是问他们开这么快去哪儿，他们回答不上来……

……我呢，我夜间行驶……而且倒行……周围静悄悄没有一点声音……我关掉所有的灯……慢慢地……倒行……去熟悉那些最不起眼的街道的隐蔽的角落……

……没有人能把车速放到最慢……没有人能倒到头……真怪，人天然害怕倒退……这种恐惧是不是和对虚空的恐惧有联系？……怕退回虚空中去？……但是，虚空本身并没有前后之分……它原地不动……因为它无所不在……

（五分钟沉默，然后）

……得要多么大的耐心才能和死亡冲动沟通！……才能理解它的逆向性……理解它和虚空的关系……在这之后，要有多么大的勇气才能从科学角度重视它！……因为，逆向思维使我们不得不重新考察科学中的条件问题……

……比如，以一件小事为例……还要多少时间，我才能在看宇航员拍摄的地球升起的照片时，一眼看出那不是月亮升起？……还要多少时间，我才能找到自己的位置……根据地理物理数据，而不是从我所在的位置出发，去观察世界……让数据来判断我……而不是我去判断数据？……

（五分钟沉默，然后）

……死亡冲动无所不在，无影无踪……无穷无尽，无始无终……周而复始，好像从来什么都没有发生过……

……就像正在形成的沼泽，沼气产生火……那是来自虚无……来自几乎是虚无的磷火……它把一切重新带回非有机状态……"

微精神分析学将生命冲动纳入死亡冲动之中，阐明情欲（Eros）与死亡（Thanatos）的关系，提出了一个对死亡冲动较为严谨的解释，其核心思想如下：

  虚空恒在规律

  是

  死亡冲动的基础。

不应该将虚空恒在规律与经典的恒定规律相混淆，更不应该把它和弗洛依德所谓的涅槃规律混为一谈。弗洛依德借用罗（B. Low）提出的涅槃规律代替他自己提出的神经元惰性规律，目的在于用它来说明心理机构具有使其自身张力趋于零的倾向。虚空恒在规律不考虑系统、机制、调制、身体或心理内环境稳定性、快乐与痛苦等诸如此类的概念，在微粒"生泡"临界线两侧完全等值，是身体和心理原则与规律的基础。因此，虚空恒在规律：

（一）来自连续的虚空，即，无所不在、无始无终的虚空；

（二）揭示虚空能量组织的动力（而非其布局）；

（三）具有伊德中性和无目的性的特点，尤其在生与死的问题上；

（四）自身不具备相对性，因为它只以虚空为参照，但是，可以根据能量或心理物质背景及死亡冲动在这一背景中实现的虚空的程度，假设它是相对的；

（五）如果只考虑二级运作，虚空恒在规律告诉我们，尝试群组（包括通过结构化产生的心理物质实体）趋于恢复全部原有虚空，即恢复它们形成于其中的虚空或曰构成它们的虚空。

然而，正因如此，作为虚空恒在规律的第一后项，

死亡冲动

> 是
>
> 返回虚空的倾向。

不过请注意！这一倾向本身是惰性的，它没有任何离心力或向心力，没有任何向前或向后的运动。请允许我再次强调，和人们一般想象的不同，它不是一个倒退的倾向。

在心理物质组织中，虚空无所不在，因此，

> 死亡冲动的力
>
> 是
>
> 静态的力。

这一静态的力是无所不在的虚空所固有的，它更像无时空的潜意识所具有的力（参见本书"从本我到潜意识"一节），而非物理学所研究的力。它产生的冲力非常大，甚至可以干扰正在相互作用的尝试，影响它们相互交换和将在心理物质实体中形成结构的能量，只有正在实现其尝试潜力的伊德能与其相匹敌，尽管如此，死亡冲动与伊德不同，它本身并无任何能量。可以说：

> 死亡冲动
>
> 同时是
>
> 强大的伊德和无—能量
>
> 的原型。

死亡冲动完全遵守虚空恒在规律，扮演虚空能量组织原动力的角色，但是，这并不意味着它的作用是限制性的或者是负的。恰恰相反，从全能的伊德和它那些充满二级运作的尝试的角度讲，死亡冲动的作用从根本上讲是建设性的：

（一）在微粒"生泡"过程中，死亡冲动造成的能量涡流对伊德的可实现—已实现潜力具有调制作用，即：使尝试多样化，进而提高伊德的相对性；

（二）对于基本尝试来说，死亡冲动的影响不大，产生基本尝试的振荡干扰点上的能量坐标决定着基本尝试的动力的相对性；

（三）对于尝试群组和心理物质实体来说，死亡冲动为实现虚空的突触能力提供相对条件：1. 促进基本尝试之间的相互作用，2. 促进新的能量关系的形成，3. 启动或加强基本尝试的心理化、物质化，甚至生物化过程（参见本书"从本我到潜意识"一节）。

因此，死亡冲动远远不是造成"死寂"的熵的趋势，恰恰相反，

死亡冲动

是

生命之源泉。

经典理论中所说的分裂、结构崩溃、简单化、解体、无组织化、矿物化、非有机化，即使这些现象暂时反映某一结构化实体的死亡，它们不过是死亡冲动作用的附属后果。

简而言之，长分析表明，死亡冲动以具有创造力的虚空为动力，它不属于死亡，在伊德振荡的心理物质组织化过程中起着根本性的作用。现在，我们终于明白情欲和死亡之间的关系有多么密切：

> 死亡冲动
>
> 孕育
>
> 生命冲动。

更确切地讲，生命冲动始终潜存于尝试群组和心理物质实体中，当死亡冲动在尝试群组和心理物质中造成的虚空达到一定程度时，生命冲动就会自发地、以突触接合的形式从死亡冲动中涌出。换言之，生命冲动是死亡冲动反跳的偶然结果，从心理物质角度看（甚至可以说从心理生物角度看），死亡冲动的反跳如同一个不连续的爆发力，它消除一切暴露虚空、返回虚空的可能。这种冲动啮合告诉我们：

> 生命冲动
>
> 是
>
> 逃避虚空的倾向。

没有死亡冲动，就没有生命冲动；前者是永久不变的，后者则是暂时的、相对的。生命冲动是死亡冲动的一个变量，死亡冲动以虚空恒在规律为动力，它永远是二者中最重要的一个。

弗洛依德认为，死亡冲动与生命冲动构成一组矛盾，这个矛盾只有通过矛盾双方的"具体显现"才能得到缓和。微精神分析学则提出，死亡冲动偶然暴露出伊德振荡的心理物质组织中的虚空，然后自然反跳，形成生命冲动。因此，尽管死亡冲动自己毫无这种内在需求，它却出人意料地孕育着昙花一现的生命冲动并与其协同作用。所以，从微粒"生泡"临界线开始：

死亡冲动

其实是

死亡-生命冲动。

共冲动不仅仅是由生命冲动所构成的，而是由死亡-生命冲动生发出的，它是人的每一个心理生物功能的驱动器。死亡-生命冲动与共冲动实现的动力系统，我称其为冲动系统（参见本书"共冲动"一节）。

死亡冲动与生命冲动不是一组对立的矛盾，不是情欲（Eros）等于生命，死亡（Thanatos）等于死亡。在虚空中，Thanatos以冲动的形式孕育Eros并在整个二级运作过程中支持它，直到共冲动的最终交会处。Eros要实现其追求完美的愿望就离不开Thanatos，因为后者可以使它与宇宙中的万物相协调并使人的心理生物共冲动处于阴阳球接状态。

因此，从微精神分析学角度看，严格地讲，所谓死亡冲动应该被称为死亡-生命冲动。我之所以一面继续使用传统的说法，一面又不时将死亡冲动与生命冲动区分开来，主要用意在于：1. 阐明二者各自与虚空的相对特殊关系；2. 强调在共冲动运作过程中，二者中有一个始终起主要的动力作用。

从科学意义上承认虚空—虚空中性动力—伊德，提出死亡－生命冲动说，就使生与死的概念彻底摆脱了伦理的束缚。这是非常重要的，因为，西方人从来都把生命看成是好事，是成功的尝试。而把死亡看成是坏事，是失败的尝试，

   在西方人看来，

    永恒也有一个开端，

他们甚至认为，永恒也有终止。总之，西方人往往怀着狭隘的伦理观念离开人世：

（医生）："……谁能评判生和死？……生……死……谜……如果没有微精神分析，谁也不知道这一切到底是怎么一回事儿……

……其实，生命的每时每刻都是幻影……但是，一般人还是死死抓住生命不放……对命中注定的最后期限尽可能避而不谈……与生死有关的话和念头总让活人感到惶惶不安，但是，也许死人听了会觉得很可笑……因为……能肯定死人真的死了吗？……总之，古希腊人认为，人死的时候面向自己的过去……

（两分钟沉默，然后）

……我从来没有像今天这样坚信，一切现存的东西都与死亡无关……甚至，连死亡本身也不属于死亡……诗人们从来就是这样歌颂的……里尔克（Rilke）[30]认为死亡非常强大，我们每个人都属于它……达理（Dali）[31]说他自己身上带着死亡的影子……莎士比亚是使死亡复活的大师……

……疾病和健康同样属于生命……自从医学成为一门科学以来，生与死始终是一个纠缠不清的问题……用来区分生理与病理的标准比以往任何时候都更靠不住……而且，重新研究这些标准完全有可能导致令人难以想象的发现……

（两分钟沉默，然后）

……我已经记不得曾经帮助多少婴儿来到这个世界上……看着多少病人离开这个世界……但是，只有通过长分析，我才学会认识生与死……噢！一点儿一点儿地……理解虚空—虚空中性动力—伊德……最后，终于明白了对于人来说，死亡-生命冲动是虚空—虚空中性动力—伊德的变阻器……

（五分钟沉默，然后）

……受精与死亡是生命的两个极限……两个中性极限……无所谓好坏……它们相互平衡……表明

　　受精带来生命，

　　　　却最终被它孕育的死亡

　　　　所战胜……

而……

　　　　获得胜利的死亡

　　　　又被它孕育的生命

　　　　所战胜……

（五分钟沉默，然后）

……就这样，我发现了虚空的创造作用……现在，我相信，接受虚空的人永生……"

在本书的"伊德"一节中，我曾经指出，伊德不加区别地同时产生趋向死亡或生命的尝试，不再能够维持生命的伊德振荡最终会让位于死亡。如果说伊德是全能的，那么，它和死亡-生命冲动相比，究竟谁是生死的总调度呢？伊德与进入二级运作的尝试没有任何关系，完全不关心它们的命运，所以

　　　　生命与死亡

　　　　是

　　　　死亡-生命冲动的副现象，

或者，更确切地讲，由于死亡冲动在虚空恒在规律中是第一重要的，所以，

　　　　生命与死亡的阿基米德杠杆

　　　　掌握在以虚空为基础的

死亡冲动手中。

从虚空和它所具有的创造-毁灭作用的角度看，生命与死亡完全是等价的，而且它们永远处于相对平衡状态。一个尝试群组的出现及结构化，总是伴随着另一个或其他数个尝试群组的消失，只需想一想胚胎在其发展过程中，需要不断排除细胞层，就可以明白这一点。

正像生命冲动离不开死亡冲动一样，生命与死亡紧密相联，之所以这样讲，是因为生命-死亡最初的搏动来自孕育并产生生命冲动的死亡冲动。生命的每一个表现都是来自死亡并趋向死亡的运动，而死亡本身又是通向生命的跳板。因此，以死亡-生命冲动为核心：

（一）死亡

是

生命之轴；

（二）生命

是

死亡能量受阻造成的偶然。

现在我们终于明白为什么希罗多德（Hérodote）[32]声称："既不存在没有死亡的生命，也不存在没有生命的死亡。"为什么吉拉尔（R. Girard）把死亡看成是"一切生命的长姊，甚至是生命之母"，为什么继达尔文之后，奥伯里纳（A. Oparine）将生命看成是新生命产生的主要障碍，为什么拉巴杜（La Batut）认为"化石是动物的胚胎，煤中可见的叶痕是森林的胚胎、是正在变成植物的矿物"。

因此，认为死亡是无可挽回的、否定的，这是一种不科学的看法，是神经官能症的表现，其根源是死亡焦虑，而对死亡-生命冲动的无知必然导致死亡焦虑的加剧。我在前面已经讲到，只存在一个潜意识焦虑，就是由虚空造成的焦虑。人在潜意识中对死亡的恐惧直接来自由虚空造成的焦虑，它是死亡-生命冲动趋势与虚空二者之间张力状态的反映。凡是在长分析过程中感觉到这一张力状态的人都知道，

死亡焦虑

通过死亡-生命冲动，

从虚空中

点点涌出

与虚空造成的焦虑相比，死亡焦虑是其他各种焦虑的核心中继站，当虚空成为危险—客体时，死亡焦虑构成恐惧：1. 随着虚空在潜意识中的"客体化"，形成对死亡的恐惧；2. 随着对死亡的恐惧的客观化，害怕自己会死亡。

在长分析过程中，接受分析者表达死亡焦虑的方式不同，不同年龄期形成的死亡焦虑，其表现方式亦不同：

（以"……在我小时候……"为主调的重复句：）"……小时候，我害怕闭眼，怕一闭上就再也睁不开了……"——

"……小时候,我总是睁着眼睡觉,因为我实在害怕一闭上眼就再也睁不开了……"——"……我小时候不敢闭眼睡觉,怕一闭眼,眼前的一切就都没了……"——"……小时候,我每次睡醒了先睁一只眼,然后再睁另一只,小心地看周围的一切,不知道自己是不是还活着……"——"……小时候,我睡觉总是睡得很沉,醒的时候就像刚死过一样……"——"……小时候,每次睡醒觉,我都觉得自己好像刚从坟墓中走回来一样……"——"……小时候,我睡着了的时候,我父母还以为我死了呢……"

如果死亡焦虑形成于童年期的后期,接受分析者往往把它描绘成对被遗弃的恐惧:

(以"……当父母晚上出去时……"为中心的重复句:)"……我一直处于戒备状态,直到他们回来……"——"……一点儿小动静都让我感到是他们回来了……"——"……我多么希望听见钥匙开锁的声音!……"——"……当灯突然亮了的时候,我的心跳得很厉害……"

死亡焦虑一旦形成,有时可以表现为施虐-受虐型报复心理:

(以"……我多想为……而死"为主题的重复句:)"……让我父母伤心……"——"……惩罚我的父母……"——"……报复我的父母……"——"……使父母生病……"——"……羞辱我的父母……"——"……杀死我的父母……"

成年人的死亡焦虑往往表现为拒绝承认自己在明显衰老：

（重复句：）"……我还和过去一样……他可变多了……"——"……从这张照片上看，他可老多了……"——"……是她老了十岁，不是我！……"——"……看看她，跟过去比差多了……再看看我，我比她的变化小得多……"

死亡焦虑在成年人身上有时会表现为对生命本身的怀疑：

（重复句：）"……有时，我好像觉得自己早就死了，不过是假装不知道……"——"……我也许已经死了，只是自己还不知道……"——"……我还那么想活着吗？还能使自己相信我还活着吗？……"

或者正相反，死亡焦虑有时也会表现为对死亡本身的怀疑：

（重复句：）"……要是有一天，我妻子成了寡妇，我就可以再结一回婚了……"——"……要是我们两人中有一个死了，我就搬到乡下去住……"——"……火化后，我自己保存自己的骨灰……"——"……总之，我无所谓……不过，在地下过的头几夜一定很可怕……"——"……死后，我想要一个露天的坟墓……"

人的一生都在尝试摆脱死亡焦虑或由它衍生出的其他焦虑，但是死亡焦虑却总是不依不饶：

> 没有焦虑的人
> 并不能摆脱
> 死亡焦虑,

对死亡焦虑一无所知的人尤其难以摆脱死亡焦虑,否认死亡焦虑者更甚。只有微精神分析能够将死亡焦虑暴露无遗,帮助接受分析者将死亡焦虑现实化并超越一般对死亡的反应,即库伯勒·罗斯(E. Kubler-Ross)通过观察五百位临终患者的表现,总结出的人面对死亡的一般反应:否认、狂怒、讨价还价、迷信、消沉、接受。此外,微精神分析追踪死亡焦虑的情感形成过程直至虚空临界线,因此,它能够:1.降低虚空焦虑的原始强度,2.相对平息死亡焦虑,3.消除潜意识中对死亡的恐惧和意识中对死亡的惧怕。

虚空中性动力—伊德—使虚空充满活力的死亡-生命冲动,这三者构成的再生轮回使人从科学上战胜死亡,死亡焦虑由此而丧失其存在的意义。即使死亡焦虑不肯彻底退场,微精神分析学超越快乐原则对冥府的解释也能够给人带来很大的安慰。这与信仰无关,微精神分析对生死问题所做的解释与神话、宗教或神秘主义没有任何共同之处。

二、共冲动

伊德似乎是不由自主地产生相对特定尝试,这些尝试之间随机相互作用,偶然形成若干尝试群组,这些尝试群组有可能结成心理物质实体。的确，尝试完全依赖伊德，但是，尝试的相对动力及群组结构化却产生于以虚空恒在规律为基础的死亡-生命冲动；共冲动以突触形式延续死亡-生命冲动，

> 共冲动
> 是心理生物实体的
> 运动单位。

心理生物实体就是心理物质实体，只不过是从更深的冲动层看，即从共冲动层看。之所以称其为心理生物实体，目的在于强调心理物质实体中的某些尝试群组具有生物特点。

表面上看，共冲动与弗洛依德所说的个别冲动（破坏冲动、侵犯冲动、性冲动、自卫冲动）完全一样，但是，实际上，它们的来源有着根本的不同。弗洛依德所谓的个别冲动或来自死亡冲动（如破坏冲动和侵犯冲动），或来自生命冲动（如性冲动和自卫冲动），而我们所谓的共冲动则是死亡-生命冲动主干上生出的枝条。这是因为，共冲动：1. 相当于死亡-生命冲动在心理生物实体层的分支；2. 随着虚空恒在规律在布局上的变化而多样化（弗洛依德的所谓守恒规律、涅槃原则、快乐原则和现实原则正是虚空恒在规律的局部变化）。

"共"字正是为了强调：共冲动以突触形式利用死亡-生命冲动的瓣阀功能，与死亡-生命冲动紧密合作。共冲

动形成一个运动的网，在虚空和心理生物实体之间及后者彼此之间建立起永恒的联系，这就使共冲动能够根据虚空恒在规律，

调整心理生物实体的紧张状态

并保证它们能够得到不断调适。

在此基础上，我们可以进一步明确经典理论中冲动的四个特点：

（一）冲动借助客体，使冲动源与冲动目的相联系，它是同一的、中性的，因为它是返回-逃避虚空倾向的心理生物表现；

（二）冲动源同样是中性的，它是死亡-生命冲动虚空瓣阀的具体的心理生物表现；它属于一定的心理生物实体，这一心理生物实体中的某一尝试群组特有的心理或生理结构决定它的表面的特殊性；

（三）冲动客体只有在与冲动源相吻合并能服务于冲动目的时，才会参加共冲动活动。无论它是心理的、物质的，还是生理的，从根本上讲，冲动客体是变化的、可替换的，它随冲力的变化而变化，而且极易受社会文化标准的影响；

（四）冲动目的始终是中性的，甚至近乎僵固，它使来自冲动源的紧张状态直接面对冲动客体，以此实现心理生物紧张代谢。

共冲动的上述基本中性特点使我们能够深入到共冲动的伊德层，认识它的相对性。乍一看，这样讲似乎有些不合逻辑，因为共冲动不是尝试，而且它们所依赖的虚空恒在规律也不是相对的。但是，事实上，只要分析共冲动的特点就不难发现，共冲动是在死亡-生命冲动的影响下，偶然形成于结构化实体群中的相对尝试的接口、汇合与分支处。

微精神分析学对冲动的再研究具有重要的理论和实践意义，仅举以下三点为例：

（一）死亡-生命冲动是共冲动的背景，在此基础上，每一个共冲动的特定性是极为相对的，它是由某一冲动源或由临时客体刺激而形成的间接冲动目的偶然决定的（参见本书"成年期战争"一节）。这就远远超过了弗洛依德所谓"大量局部冲动"说和阿德勒（Adler）用于描述同时诉诸同一客体现象的所谓"冲动交错"说；

（二）冲动源、冲动客体与冲动目的可以是心理的或身体的，因此，共冲动概念不再以三者的单向区分为基础（即，冲动源＝身体、客体与目的＝心理），而是建立在心理生物实体无导引的、二极的基本动力之上（参见本书"从本我到潜意识"一节）。这就意味着，共冲动的出发点、中继站和终点既可以是心理的，也可以是身体的，或是二者兼而有之。由此看来，共冲动的概念打破了弗洛依德所谓冲动是"身心分界线"的说法；

（三）冲动源与冲动目的之间的关系并不像经典理论所说的那么密切。冲力在任何情况下都是中性的，不会形成封闭的反射弧，即使从满足-发泄角度讲，冲动目的与冲动源相吻合，即使冲动目的纯粹趋向于消除冲动源，冲力的运动曲线仍然是矢量的（参见本书"成年期战争"一节）。此外，与无所不在的虚空和惰性的死亡-生命冲动一样，共冲动的动力也是静止的。

上述共冲动中性特点和共冲动诸特点的相对性远远超过了经典理论中有关冲动的四五个假设和传统派提出的十个或十八个冲动防卫机制，可以将共冲动的消长过程归纳如下：

>每一个共冲动
>自体充电、
>充电、
>然后自体放电。

然而，这一过程的细节却是多种多样的、灵活多变的、复杂的。共冲动的客体与目的产生于尝试间的偶然相互作用，它们是间接性的、不确定的，共冲动正是在它们提供的无数方法与轨道的偶然作用下实现的。共冲动消长过程中表现出微妙的不择手段和无限多样性，这两个特点同样体现在共冲动根据死亡-生命冲动的倾向从虚空中引发出的心理生物实体的、心理实体的、物质实体的和生物实体的变化之中。

我们完全有必要从共冲动和死亡-生命冲动的角度重新考察冲动的两个心理表现——复现表象与情感。如前所述，冲动系统传载的信息，经过虚空恒在规律编码，在伊德振荡的心理物质组织中调制尝试群组与虚空的关系。共冲动系统以下述双重代理为控制基础：

共冲动

是死亡-生命冲动

在心理生物实体中的代理；

复现表象与情感

是共冲动通过本我

在潜意识中的代理。

第一个代理是动力的；第二个代理是能的，它表明，在心理生物实体能中存在着由共冲动引入的印刷电路。更确切地讲：

共冲动根据虚空恒在规律和死亡-生命冲动的动力，激发在心理生物实体中起作用的能，在这些实体所在的尝试群组中引起能的运动，尝试群组则通过改变尝试之间的组合来吸收冲力。

从这里开始，复现表象与情感由下面两部分构成：1. 本我中，留在心理生物实体中性背景上的能印，这些心理生物实体中的若干尝试群组有可能形成心理实体；2. 潜意识中，根据初级运作的程序继续结构化的心理实体（参见本书"从本我到潜意识"一节)。

从根本上讲,复现表象与情感是无意识的、能的,它们的相对独立性建立在一个共同的基础之上,即,它们通过各自不同的方式表述共冲动的某一特点:

(一)复现表象主要与冲动源和冲动客体有关,它在潜意识中翻译并记录,在共冲动发生、经过本我最终到达潜意识的过程中,由外在因素或内在因素引起的心理或身体的变化及客观化或客体化的代谢情况。虽然复现表象最初是质的,但是,它主要是量的结果(目的、事物、词的复现表象),有表现为质的倾向;

(二)情感主要与冲动目的有关,它在潜意识中翻译并记录,在共冲动发生、经过本我最终到达潜意识的过程中,心理生物实体的张力状态。情感始终是量的。构成情感的中性"能流"[雅克布逊(E. Jacobson)],只在当它在前意识—意识中与若干复现表象相结合时,才会有质的色彩。情调是情感的特点,其实,情调是很外在的东西,甚至可以说它是主观的产物。

由此看来,复现表象在本我的心理生物实体中经历第一次由质到量的变化,随后在浮出意识层时经历第二次由量到质的变化;而情感,从共冲动发生到心理或身体放电,始终是量的。二者分别与冲动的不同部分相联,在潜意识中所起的作用各有不同,这些差异决定,复现表象比情感更容易掩盖。

然而，尽管如此，由于复现表象和情感均与共冲动的四个特点有关，所以，二者之间的差别实际上很小（参见本书"象"一节）；更重要的是，二者具有一个共同的本质：它们都属于能。因此，潜意识工作的不同阶段充满二者之间相互转换与合二为一的现象。唯一不同的是，情感与共冲动的动力之间的关系比较特殊，而且情感本身具有中性能量量子作用，这就决定，与复现表象相比，情感和虚空中性动力—伊德之间的关系更为紧密，情感比复现表象更为原始。这就是为什么，即使采用长分析的方法，情感也能在相当长时间内让人感到它神秘莫测、很难琢磨，而复现表象却很快就会缴械，暴露出它的联想环节：

（女精神分析学家）："……情感这个东西真让人难以理解……它把所有线索都搅乱，让人迷失方向……这是因为它排斥理性……排斥它本来应该从事情中吸取的教训……

……它反反复复不停地冲击我们的身体和灵魂……它的冲击像暴风骤雨，能使人的智力降到最低点……动摇结构化程度最强的复现表象……怎么才能预先知道这类冲击的到来呢？……

……我认识一些从事精神分析的人，尽管他们非常了解情感，到头来还总是被情感最弱的信号搞得惊慌失措……还有一些专门研究神话和文明史的精神分析学家，他们居然一参加宗教仪式就控制不住要流眼泪……我参加过一位国际精神分析协会主席临终的宗教仪式……我真不知道墓碑上刻着的'他安息在此'是不是就是他为驱除情感所做的最后一次神奇的尝试……

（五分钟沉默，然后）

……多么矛盾！……这个不合理的、无情的情感，没有它，精神分析学家什么也干不了……可有了它，他们又会和接受分析者一起陷入其中而难以自拔……

（两分钟沉默，然后）

……在长分析中，虽然情感最终可以得到宣泄……但是很难发现与其相应的……揭示共冲动内容的复现表象……

……总之，在自由联想中，永远是复现表象向情感伸出手……试着抓住它……这是一件很难的事……因为情感像鳞屑一样难以捕捉，像诱发情感的共冲动的强度一样难以捕捉……

（十分钟沉默，然后）

……我突然想提一个问题……一个我一生中从来没有想到过的、令人难以平静的问题……

……万一情感和我……和我们没有任何关系呢？……

……万一情感不一定专属于人类呢？……

（三分钟沉默，然后）

……万一，在潜意识中，情感相当于处于心理物质组织化和心理生物结构化过程中的尝试呢？……相当于透过死亡-生命冲动和共冲动传来的具有创造力的虚空的气息呢？……"

共冲动的概念决定复现表象与情感在微精神分析实践中具有决定性的意义，因为，说它们是能印也好，说它们是心理实体也好，复现表象与情感是：

（一）衡量冲动动能的唯一标准，尤其是检查衡量共冲动诸特点单独作用或相互作用情况的唯一标准；

（二）尝试和尝试群组的心理生物动力，即本我之动力，最确实的证据；

（三）潜意识的基础结构，也是潜意识能量运作过程最忠实的反映；

（四）了解由它们长期维持的本我-潜意识关系的最佳途径。

就是这样，微精神分析学使弗洛依德的冲动说脱离了想象，不再是一个研究中的假设。微精神分析学家以心理生物为背景，通过复现表象与情感研究共冲动，对于他们来说，共冲动就像物理学中的引力和化学中的化合价一样真实。共冲动与弗洛依德提出的冲动一样"伟大而壮观"（弗洛依德语），唯一不同的是，共冲动没有了"神秘的"色彩。

第四节
伊德过渡心理学

一、从本我到潜意识

相互作用中的尝试彼此交换能量,冲动系统(包括死亡-生命冲动与共冲动)在尝试彼此交换的能量中造成涡流,这些涡流不仅暴露出虚空,引起心理物质与心理生物实体的变化,而且使尝试群组的中性能量达到一定的密度限,造成这些尝试群组本身的心理或物质变化,改变它们的运动方向,甚至引起心理实体、物质实体或生物实体的结构化。

因此,心理物质实体、心理生物实体、心理实体和生物实体是下面两项活动的结果:(一)伊德产生尝试;(二)死亡-生命冲动根据虚空恒在规律而动,形成共冲动。这两

项活动揭示出的本我与微精神分析学为本我所下的定义完全相同,即:

> 本我
> 是
> 伊德能与冲动动力的
> 绞合部。

本我将伊德振荡的心理物质组织与根据虚空恒在规律而动的冲动系统相结合,所以

> 本我
> 是心理物质实体与心理生物实体的
> 联系熔炉
> 和
> 心理实体与物质-生物实体的
> 遗传熔炉。

然而,尽管如此:

(一)如果没有伊德-尝试系统,就不可能有本我。因为,是伊德在本我中振动并使本我发生振动、浮动、波动,就像心脏靠它打出的血液使血管壁发生运动而形成脉搏的变化一样,伊德通过尝试使本我发生振动并产生无穷的、难以预料的、频繁的变化。不同的是,伊德完全不在乎本我的存在与否,不在乎尝试及它们之间的组合。

(二)如果没有冲动系统,本我同样不可能存在。因

为，是死亡-生命冲动与共冲动，根据虚空的创造—毁灭指令，控制着本我中尝试群组的心理物质与心理生物的结构化—非结构化。正像脑干网状结构的上行束不断地、有选择地刺激大脑一样，冲动系统利用死亡-生命冲动的虚空瓣阀不断刺激本我。然而，即使死亡冲动由于直接与虚空和虚空恒在规律有关而完全独立于本我，生命冲动与共冲动却只能在本我中进行。

微精神分析学对本我的解释，不仅使本我从弗洛依德局部狭隘的框架中走了出来，而且为格洛迪克有关身心问题的思考提供了科学的依据（参见本书"身心状态"一节）。其实，可以想象本我是一个伊德—冲动坐标系，

  本我

  基本上是

  前心理、前身体的。

它的作用像胎盘，一头将伊德与潜意识—前意识—意识相联，另一头将伊德与细胞相联，早期的胎盘靠指状树突与胚胎直接接触，本我就是以同样的方式渗透和浸泡着人的心理与身体。本我的胎盘作用告诉我们，在进行微精神分析过程中，理解本我意味着接受分析者正在从探索潜意识（这是经典精神分析的最后一步）向探索虚空—虚空中性动力—伊德之能过渡：

（女精神分析学家）："……可以把一次微精神分析的

过程概括为几个大的阶段……一开始，接受分析者认为是他自己决定自己的命运……但是，他很快就会发现，自己的意识依赖于自己的潜意识……有一个在他出生之前就已经开场的闹剧一直在捉弄他……于是他陷入俄狄浦斯情结中不知所措，然后逐渐认识到，自己的潜意识来自一个集体……由此进入寻源现象学……这是死亡冲动在本我中发生作用引起的系统发育活动，它造成压抑……如果接受分析者能够坚持下去，那么，他就会发现自己的本我完全超出自己的潜意识的范围……而且，他自己原来一直就是靠本我在生活……这一发现令人难以接受，但是，它又可以给人带来一定的安慰……因为，本我至少给人造成一种对话的幻觉……而微精神分析学所说的本我最终指向伊德，伊德可不会造成这种幻觉……我说微精神分析学所说的本我……因为经典理论中的本我，或作为心理结构层次的本我，与潜意识没有任何区别……

……当接受分析者发现自己最终是在伊德控制下生存时……他才会意识到那个使他能够在生命轨道上不停运动的相对性……接触到那个最终将使他进入无名的、永恒的虚空之中的偶然性……

……于是……即使自己无所成就……他仍然坚信……既然生命不再仅仅属于他个人……那么，生命也就不再是他的敌人……"

尝试在本我中形成群组，获得它们最初的心理或身体特性并开始构成实体。本我是伊德遗传的载体，它根据共冲动提供的信息，将伊德遗传分为心理的和身体的。没有本我这个变幻无穷的冲动，就不存在系统发育中的心忆恢复和生物遗传，也不存在个体获得性遗传，因为

  本我

  是一切尝试的

  必然联系。

我在共冲动一节中已经讲过，无论把复现表象与情感看作心理生物实体中的能量痕迹，还是把它们看作处于结构化过程中的心理实体，二者对在本我中开始发生心理性变化的尝试与尝试群组的运动都有很大的影响。因此，

  复现表象与情感

  直接或间接地构成

  本我与潜意识之间的

  桥梁。

这个桥梁作用既是能量的，又是结构的，因为本我不仅向潜意识提供尝试潜能，而且还为潜意识的工作打开通路。本我与潜意识之间的分界，尽管非常模糊，但是确实存在。确切地讲，符合初级运作规律的活动属于本我，而潜意识则完全由本我提供的一切所构成：

  一切经过潜意识的东西

必然首先经过本我。

本我为潜意识提供：

（一）在本我中获得心理特性的尝试或尝试群组，它们构成：1．潜意识的动力和遗传背景，2．自由能量的载体，该能量使初级运作能够进行转置-凝结；

（二）本我利用共冲动能整合复现表象与情感，使它们成为心理实体并共同构成：1．图像实体（包括象的各个方面：个体发育、系统发育和尝试本能，参见本书"象"一节），以维持个体发育与系统发育的记忆；2．压抑所含伊德能的成形剂（参见本书"压抑"一节），由此形成性命交关的投射—认同（参见本书"子宫内的战争"一节），并通过后者形成全套自卫机制；3．梦所实现的个别欲望的能量与动力的跳板（参见本书"梦"一节）。

我个人曾经在二十年间一直把潜意识看成是"自己的精神中失去控制的那一部分"，后来，在发现了虚空并提出虚空能量组织模型之后，我才重新确定本我，提出了一个新的定义：

> 潜意识
> 是能量的交叉路口，
> 本我的心理产物
> 根据初级运作的规律
> 在这里形成结构。

我认为有必要在此强调：潜意识来自能，即伊德能；死亡-生命冲动作用于构成尝试群组和复现表象-情感实体的虚空，由此形成伊德能的相对心理特性。提出潜意识来自伊德能并从本我中吸取养料，这就意味着里比多（libido）的概念已经过时。而且，在微精神分析学中，里比多一词只用来描述在潜意识多种活动形式中和在共冲动诸客体关系中起作用的伊德能：

（女精神分析学家）："……怎么才能向人解释不属于人的东西？……怎么向人说明潜意识吓人的结构不过是一些假装的、……过时的东西？……

……在我们以为性活动可以决定一切时，潜意识还可以对付一下……但是，事实证明，绝对自由和多样化的性活动并不能给男人和女人带来什么更多的幸福……

……也就是说……还应该存在某种比性活动更基本……比潜意识更原始的东西……

（十分钟沉默，然后）

……弗洛依德对潜意识进行了历史性的研究……潜意识从来就很引人注意……在康德之后，黑格尔和叔本华对潜意识进行了抽象思辨性研究……潜意识在卡洛斯（Carus）[33]和哈特曼（E. Hartmann）提出的泛心理学中占有很重要的地位……

……弗洛依德从格洛迪克提出的本我概念中获得启

示……在二十年代末……为提出第二个心理结构方案做出了贡献……

……这以后,应该有人提出这样一个重要问题:潜意识和本我究竟是从什么地方获得生命的呢?……尤其是,困惑中的精神分析学家们一直认为,第一刺激并不来自潜意识……本我不是第一动力……

(三分钟沉默,然后)

……没有本我,轻狂放荡的潜意识就没有生命……没有伊德,本我就会窒息……

……精神分析学家之所以苦恼,从某种程度上说,是因为:

  没有本我

  精神分析学家就不了解潜意识的作用;

  没有伊德,

  精神分析学家就不了解本我的作用……"

与本我一样,潜意识保留伊德的三大特点:中性、无目的性、相对性,而且使这三个特点与初级运作及复现表象与情感的能量结构加工过程相适应。因此,潜意识中的伊德能自由自在、流动性很大,它无时间、无空间、无数学计算与句法、无逻辑、无矛盾、无否定、无怀疑。潜意识的这些特点可以在每一次分析中,尤其是在研究梦的时候,以这样或那样的形式表现出来(参见本书"梦"一节);现代物理学与数学的突破,一般都是先从无逻辑中产生推测,然后再得到证实。不久的将来,潜意识的上述特点也会对其他学科产生重要的影响。

正因如此,在时间问题上,从十岁到九十五岁,不同年龄接受分析者的分析记录均显示出彻底的相对性:

(十岁的接受分析者):"……那时候,我还很小……"——"……说说我的过去?……那可是很久很久以前的事儿了……"——"……我四岁的时候常和妹妹一起滑雪……她那时才三岁……还没老呢……"——"……过去有那么多的事情,真不知道讲什么好……"

(十二岁的接受分析者):"……一直到四岁,我都没干什么大事儿……"——"……五岁的时候,我爸爸一去厕所,我就追在后面也要去……那时我还是个小姑娘……"

(十四岁的接受分析者):"……听我的分析录音,等于读我的遗嘱……"——"……我九岁的时候曾经把手伸到一个女同学的两腿中间去摸……很久以后,我又见到她,那时我已经十二岁了……"

(十五岁的接受分析者):"……现在知道了很多事情,真想就这样倒回去重新活一遍……"

(三十岁的接受分析者):"……等我长大以后……"——"……我得赶快决定自己到底要干什么……"

(七十岁的接受分析者):"……我想再结一回婚……

可是孙子们都笑话我……"

（七十五岁的接受分析者）："……我七十岁时学的英语……那时我还年轻……"

（八十岁的接受分析者）："……我看着他出生的……现在他已经当爷爷了……可是，在我眼里，他永远是那个我看着出生的小孩儿……"

（九十四岁的接受分析者）："……我碰到一个年轻人……他八十岁……"

一位接受分析的十二岁的女孩子说："……我们的时间也许不是正确的时间……"她的话是对上述引言最好的概括（这些引言中，有些取自病灶微精神分析，参见本书"老年"一节）；这些例子可以帮助我们理解神经官能症患者的急躁表现（与情人的急躁表现相似）：

（重复句：）"……我得马上找到他……"——"……必须马上让他知道……我去寄一封快信……"——"……我等不了……已经给他打了电话了……"——"……等他的消息等得我心急火燎……"——"……我刚给他写了一封信……再去给他打个电话……"

微精神分析学通过每一位接受分析者，揭示生命时间的相对性，物理学家，尤其是那些为能在一千亿分之一秒的"长时距"里研究新粒子而兴奋异常的物理学家，他们丝毫不会对时间的相对性感到惊奇。时间！

（物理学家）："……在托勒密、布鲁诺、哥白尼和伽利略之后，牛顿曾经想把时间这个问题弄清楚……他根据星体间处于惰性状态的以太构成的普遍参考系……提出了绝对时间……

……然后，爱因斯坦出现……他认为一切物体，无论它有无质量，都有四个坐标……也就是说，物体都活动于一个四维空间中，而时间只不过是空间的一个相对量……

……米切尔森（Michelson）[34]和莫利（Morley）首次通过实验证明了相对论的假设……他们用光证明，的确不存在一个绝对参考系……提出一定的时间只在一个参考系中是准确的，而且只对一个观察者有效……如果观察者变换参考系，时间也会发生变化……比如，甲观察者处的一年完全有可能相当于乙观察者处的一秒……二者之间的差代表四维空间中的时空……

……这就对著名的'钟表'数学猜想……也就是所谓'孪生子'猜想做出了解释……把一对孪生子中的一个高速送入宇宙空间，当他在另一个参考系中结束旅行返回地球时……会发现他的孪生兄弟比他老了很多……

（十分钟沉默，然后）

……时间……时空……您辉煌的日子是不是也是有限可数的？……总之……伊德……使虚空有了能的节律……给它打上了转瞬即逝、永无重复的参考线……爆发出多维空间……"

如果精神分析学家想解释心理时间的形成，那么，他肯定会遇到很多问题，比如：如果

> 我们的潜意识
>
> 无年龄之分，

也就是说潜意识中不存在时间，那么，人为什么能够意识到时间？为什么对它那么重视？这些问题其实问的都是一个问题，在回答这一问题之前，先请听医生和精神分析医生的话：

（医生）："……一个人躺在海滩上……几乎赤身裸体，他不断扭动身子……转头、皱眉、伸展四肢……这些伪足运动完全与新生儿的动作相似……一秒钟以前，他是新生儿，现在他还是个新生儿……

……婴儿是成年的父亲……我想说……婴儿同时是一个人的未来与过去……未来时与未完成过去时还不如一首短歌……它们只能表达人面对未来与过去所感到的无可奈何，人既没有能力预见未来，也没有能力回忆过去……

（两分钟沉默，然后）

……我突然想起数学里的'负时间'，它来自未来，穿过现在，然后消失在过去中……

（两分钟沉默，然后）

……五十年！……这个躺在海滩上的人五十岁

了!……但是，五十年对于他的组织、器官、反射、……性感区域来说算什么？……人体的每一个细胞……依靠DNA，把时间全部用在重复未来上面……依靠信息核糖核酸，把时间全部用于回忆它数千年来的代谢尝试……

……在细胞的隐迹记录中，记忆不停地重复伊德的相对潜能……

（三分钟沉默，然后）

……可是，这个躺在海滩上的男人……这个弱小的新生儿……他突然为一次重要的约会而担心……这个重要的约会可以使他获得一个准确无误表示时间的机器……

……这个刚刚从沐浴他的大海和阳光中诞生的婴儿……他不知道自己正在死亡……正在重新变成大海与阳光……他看不见沙滩上蠕动的虫子……不愿意承认他已经就是虫子，虫子已经就是他……其实，最古老的化石和他最直接的财产继承人都在等着他……它们将进入他的身体，像医学院的学生们唱的那样：'小进大出'……

（五分钟沉默，然后）

……人自己制造了时间，然后又根据它安排自己机器人一样的生活……他给自己限定日期，使自己服从贸易、工业……机械和旅游的节奏……消费社会和它那没有必要的紧迫感就这样开始了……最可恶的就是

人

把时间都用于

打发他自己潜意识中根本就不存在的

时间……

他拼命逆水行舟而且不合节拍……怎么可能不疲惫不堪？……他从这儿跑到那儿，然后又向前跑……再回来……吃饭……睡觉……到点再出发，不知又冲向哪里……不知道为什么……到点又回来……就这样要多少年……多少次反反复复？……

……潜意识中不存在时间……人是不是因为不知道这一点才会普遍害怕死亡？……其实……死亡并不可怕……可怕的是没有能够理解阳光与海水……可怕的是在准确的、某一个根本不存在的时间内……

……有一个重要的约会……"

（精神病医生）："……现存的一切事物中……没有比时间更人为的东西了……这足以引起我们对它的怀疑……引起我们对自己的怀疑……因为是我们自己制造了时间……

……第一批见到表的中国人称它是'发明时间的机器'……出于礼貌还是出于淡泊？……西方的各种集体幻觉中，时间肯定是最具传染性的……它已经传染了太空……所谓正常人不久将到月球上……或别的星球上大喊：已经到了佛祖或穆罕默德或基督后的多少多少年……

多么可怜！其实，他们既不懂得时间也不懂得空间……

（两分钟沉默，然后）

……一位朋友用机动小舟带我到象牙海岸阿比让的原始森林里……我看到土著人用食品换表，不禁感到非常惊讶……我的朋友告诉我：'要有个开始……先要让他们有这种需要'……我问：'为什么？'……'好让他们买呀！'……看着那些惊呆了的、赤身裸体的土著人把表放到耳旁……嘀嗒嘀嗒……我不禁想到，他们和他们的孩子……也要像我们一样听命于这文明的嘀嗒嘀嗒，任它切割生命……

（五分钟沉默，然后）

……人想要时间……就有了时间……后来呢？结果还不是时间占有了人？……好像我们不愿意是自己……不愿意承担最后的责任……

（三分钟沉默，然后）

……事实上，我们的时间就是统治我们的独裁者……它掩盖了我们的独裁者及其不可战胜的力量……证明我们没有能力摆脱他们……

……奇怪！……人就是这样，总需要一个领路人……

（十分钟沉默，然后）

……时间让我想到……迷路的战士会产生的幻觉……他找水解渴，找地方支帐篷，千方百计想摆脱自己的精神……彻底从自己的精神中解放出来……那样，他就可以什么也不想了……再也不想了……于是出现了湖的幻觉……其实根本没有什么湖……

（十分钟沉默，然后）

……严肃地说……时间一点儿也没有诗意……最终……为了使一切都能计算并且成为可靠的……

    时间

    是我们的有节律的虚空，

一、二……一、二……摸得着、看得见的节律……

……时间就是虚空，它充满需要付出代价的假欲望……充满代价很高的假乐趣……"

上述引言完全可以出自任何一位接受分析者之口，他们的话告诉我们，从事研究，只有良好的愿望是不够的。事实上，微精神分析学家几乎是唯一真正理解时间产生过程的科学家，他可以根据共冲动运作的理论，提出从心理生物角度看，

    时间

    是

    身心能源

    充电—放电的

    共冲动间隙。

大量事实证明，心理生物时间，尤其是它的主观性，取决于共冲动并且受生物极调制。因此，（一）洞穴学学

者不带表在地下生活数月,他们通过实验证明,时间的概念以生理紧张与缓和之间的时差为基础,完全因人而异;(二)吸毒者通过最后一次吸进的毒品被身体慢慢吸收的过程感受时间的流失;(三)重病人的注意力完全集中在自己的身体上,他们对时间的感受变得十分敏感,甚至可以提前知道自己的死亡时间。

这个以共冲动为依据的时间定义,它的基础就是死亡-生命冲动的虚空瓣阀。死亡冲动在尝试群组和心理生物实体中暴露出微观空隙,时间正是生命冲动在填补这些空隙时表现出的令人难以察觉的迟缓。因此,还可以说

时间

是死亡-生命冲动瓣阀

算术化了的空间。

无论从共冲动角度讲,还是从死亡-生命冲动角度讲,人的时间观产生于本我,更确切地讲,来自本我的细胞(或机体)前沿,生物节奏、生物化学和矿物周期都可以证实这一点。在本我的心理前沿,尤其在所谓系统化的潜意识中,时间没有特殊的反响,只有遥远的象征性的对应。因此,我冒昧提出:

时间

是显意,

其隐意在本我的身体前沿。

由于潜意识不受任何时间控制，无逻辑便成了它最明显的特点。潜意识的这一特点来自无所不能的伊德和完全处于随机运动中的尝试。因为，伊德无数的尝试潜能使无数矛盾共存，伊德既无所谓是与否，也无所谓赞成与反对，它产生大量的对立面，又自己中和甚至取消它们之间的矛盾。

伊德的无逻辑性造成潜意识的无逻辑性，并且通过后者造成人内在的不稳定性；为了欺骗，人不断装腔作势，因为，伊德与潜意识的无逻辑总是使人处于疯狂的骚动不安状态，这就必然导致集体、社会、政治和宗教的自以为是的狂热。然而，请注意，虽然伊德在人看来是无逻辑的，但是它却有自己不可动摇的逻辑，也就是构成伊德的微粒的相对阈限的逻辑，伊德把这一能的逻辑传输给潜意识，它于是出现在所有构造运作中，尤其在梦中，所以弗尔克(W. Foulkes)才在他的研究中提出，完全有必要建立"梦的语法"（参见本书"梦"一节）。

从伊德出发理解无逻辑之逻辑并不仅仅是个理论问题，微精神分析学家靠它走遍世界去分析。就我个人来说，把握伊德的无逻辑之逻辑使我终于明白了，在西方，意识与潜意识被一个几乎密固的界线分开（这还不仅仅限于人们常说的两个检查机制），而在远东，二者则是部分相交的，在印度，它们几乎完全相通。这就是为什么我一点儿也不怀疑，印度将拥有未来。下面两个分析片断可以让我们管窥所谓印度式的无逻辑：

（一位完全正常的印度女大学生）："……我额头上的红点儿表示我已经结婚了……因为结过婚的女人都在头上戴一个红的标志……在孟加拉……单身女人也在头上点一个红点……我结婚前也有个红点……

……新德里有多少居民？……一百万、一亿、十万、……这有什么区别？……"

（一位完全正常的印度企业家）："……我母亲什么时候去世的？……等等……那时我三岁……等等……对，我是三岁，要不就是十三岁？……大概是二十多年前，也许更早……二十多年前我母亲多大年纪？……说真的，我不知道……不可能知道……她是怎么死的？……我觉得她好像什么地方不太正常……

……我的血压是多少？……我从来没量过血压……噢，我的血压是一百四十，因为我弟弟的血压是一百四十……

……您的工作不错……请您告诉我为什么男人一到六十五岁就癫痴……瑞士语六十五怎么说？……你们的国王叫什么名字？……噢，对了……你们的国家属于欧洲共同体……

……天太热了，您想来杯啤酒吗？……我有小瓶的，正好可以倒满一杯……一共有一升吧……"

面对这样的分析材料,嘲笑接受分析者,那简直太容易了,或者说太狂妄了。因为,大部分印度人,无论是信印度教的,还是信伊斯兰教的,同样觉得西方人的推理方式太离奇!我认为他们完全有道理!

在亚洲的生活(不是教书,而是长年虚心求教)和无休止的长分析告诉我,

> 潜意识
>
> 无穷尽、无时间、无个性。

那些无视潜意识或贬低它的人,无论他们是不是精神分析学家,我都觉得他们十分精明狡猾,因为,只有付出很大代价才能最终发现潜意识的特点产生于伊德,而且,

> 只有用生命去冒险,
>
> 甚至付出牺牲,
>
> 才能获得某些知识。

伊德是潜意识的立法机构,它为潜意识确立法则,并且与冲动系统一起为实现这些法则提供养料。甚至可以说,伊德就是潜意识的行政机构,因为,它只将一些细节委托给潜意识,由它代为处理。梦的运作(参见本书"梦"一节)和某些产生于梦的科学成果,集中体现了伊德与潜意识之间的这种权力过渡关系。乔姆斯基(Chomsky)为调整数学想象和语言中被遗忘的部分所做的努力同样是这一权力关系的反映,除此之外,别无其他解释。

伊德对所指的可变部分发生作用，能指出现得很晚，伊德已不再显现。当索绪尔（F. de Sausssure）提出能指的"意义"，或者当他用"应该说出来的"代替"应该干起来的"的时候，所指的能指变成了客体的声响。然而，我们用嘴发出的有节奏的声响与大象用脚踩出的声音都是客体声响。象征之树穿过想象在不可见的现实中挺立，树没有动，叫声和脚步声却停止了。于是，传来客体的最后一响，如同剧终幕落一样，这个可怕的幕最后总要落下，客体的这最后一响令人十分沮丧，幕后人可能永远是孤独的，其实，他本来就是孤独的。

总之，"潜意识像语言一样有其内在的结构"（雅克布逊和拉康），这一观点是正确的，但是，还应该知道，潜意识可以摆脱语言，后者是前者无条件的债务人：

（女精神分析学家）："……一个词有一定的含义……但是，它不能准确表达说话人的思想……而说话人的思想本身又不能全面地反映说话人内在深层的思想过程……

……词的形成和产生是多么地不稳定！……无数古老的词意和语音尝试在本我中不停地冲动、争鲜斗艳……形成心理实体、……复现表象和情感……在潜意识中组成事物……在前意识中语言化……最后形成词离开前意识……

……而词呢？它在事物形成之后很晚才偶然产生……词的产生使人们忘记了事物……事物不再出现……词不可

靠，它是虚的……它不仅不能表达潜意识的杂乱无章……而且还会背叛那些原本可以表达的东西……由词而形成的话语简直就是进入无声的虚空之前的一片模糊混乱的嘈杂……我不禁想到，要是大家都不说话，谁也不会失去什么……

……复现表象一旦出现……就不再表现任何东西……它从虚空来，又返回了虚空……词的深渊之上无桥可建……

……一切词都只是'转调'……是围绕着某一事物的声响……它借助分音符返回它所来的地方……消失在那个空洞之中……

（三分钟沉默，然后）

……那么，怎么理解弗洛依德所谓的语言的'质量印迹'呢？……也就是说，精神分析以什么为依据呢？……

……人们一般认为，词产生于事物……认为词是事物的标志……所以才得出结论，以为循着词可以达到事物……事实上，精神分析学家必须依靠虚空去研究词……进而研究事物……长分析、相当长时间的分析可以使人理解虚空……当词越来越虚……终于被沉默所取代……变成虚空时……事物就会突然从虚空中迸发出来……"

潜意识是人的心理中心，人具有潜意识的特点，但是，人并不来自潜意识。与此相反，人来自伊德，但是却不具有伊德的特点。就像脱离了太阳的陨石或火山爆发时崩出的石头，先热，后温，最后变冷。

假如人不是盲目的伊德与永不停歇的潜意识之间冲突的反映，人类早就在十多个文明和数百代人的历史上给自己创造出略好一些、较易理解的生活了。事实上，在我们每个人身上，

  潜意识始终

  受伊德的操纵，

在我们出生之前，伊德就在调制我们一生的（包括整个世界的）前进方向、高度与速度。

艾（H. Ey）认为，人主要靠意识而生存。我认为在这个问题上应该十分谨慎，因为，人们一般以为意识的作用高于潜意识和前意识。伯慈（O. Poetzl）曾指出，在研究梦的显意时，可察觉的意识并不一定会显露出来，而不可察觉的前意识却暴露无遗。从结构上看，前意识处于潜意识与意识之间，其动力与组织结构如同液晶的动力组织结构：晶体的各向异性分子周期性有序，液体的分子则无序流动，液晶介乎于二者之间。前意识是人的复现表象与情感中的尝试潜能库，它逐步向人提供其言行中所需要的一切。从我所谓的"吃水线"开始，

  前意识

  是

   瞬时造就我们的

   大量尝试的养父。

  潜意识—前意识—意识代表弗洛依德理论的第一阶段,即他提出的第一个心理结构模型。自一九二〇年起,弗洛依德试着将这一模型人格化,他重新定义心理冲突的动力和具有塑造人格作用的不断自我认同的动力,提出了:本我、自我、超我(参见本书"童年期战争"一节),这就是所谓的弗洛依德思想的第二阶段。

  经典精神分析学认为,人要花一生时间去摆脱上述心理意识结构的空间图像(著名的冰峰说),最终将三者合为一体。微精神分析学则认为,本我—自我—超我从来就是一个整体,它通过本我的一侧与伊德相联,它进行大量的尝试,目的在于使虚空恒定规律造成的心理影响与外界现实的直接的或内心化了的需要相适应。三层次的划分完全是任意的。死亡—生命冲动与共冲动调制伊德能,本我—自我—超我共同从伊德那里获得能量、共同消长、共处于风暴与宁静不断相互交替的状态之中。正因如此,人才会既十分脆弱,又有相当的耐力,既勇敢又软弱,既伟大又渺小。

二、象

  微精神分析学认为,象是一种心理过渡现实,它完全不同于醒觉图像（即处于非睡眠状态时产生的图像，如：感觉图像、遗觉图像、精神恍惚、幻觉、幻想）、入睡图像和睡醒时的图像或梦象（梦的显意）。微精神分析学认为，象有三个层次：

（一）个体发育层：在胚胎期与婴儿期，所有的复现表象（与情感无区别）以共冲动的方式，像照相的底片一样，在本我和潜意识的伊德照相乳胶上成像。幼儿成长的环境和在这个环境中发展的人物（如父母、兄弟、姐妹等）构成个体发育的复现表象素材。这里，必须强调一点，即，我们通过长分析发现，祖父母（参见本书"前衰老期与衰老期"一节）、照顾孩子的人（乳母、佣人……）、家里养的动物和一些家庭用品具有很重要的作用。个体发育象与产生原始隐象的象的概念十分接近，荣格正是用这一概念来表示复现表象的复合体，这一复合体在幼儿与周围人的接触关系中形成，是每个人的潜意识的参考模型。

（二）系统发育层：祖先的全部复现表象（与情感无区别）通过记忆沉淀而成象。系统发育层的象是家族系谱的心理结晶，是人类演变过程的实证。

（三）伊德层：伊德遗传的各种能的变异成象，这些能的变异彼此相互随机作用，并在此基础上沉积形成个体发育与系统发育的象。

象的基础部分纯粹是能的，维海尔（A. Virel）很形象

地称其为"存在于人体内部的一块宇宙碎片",简而言之,

> 象
>
> 是具有遗传整体功能的
>
> 复现表象与情感的动力集合体。

微精神分析学提出的这一新定义,揭示出了象的神秘作用。象,先于个体发育-系统发育的复现表象与情感,产生在本我和潜意识中,它使个体发育-系统发育的复现表象与情感服从于伊德遗传的能量规律和死亡-生命冲动的虚空瓣阀,

> 象
>
> 是虚空的最后一道心理屏幕。

在这一屏幕以外,一切心理生物和心理物质的结构化活动都将停止。因此,只有在某些特殊情况下,才能感知象,例如:噩梦、精神失常(包括正常人自发的或由酒精、毒品等引起的暂时的失常)、癫痫、临终、性高潮和长分析。这些情况和试图与象建立联系进行的主观努力所造成的后果完全一样,在这种状态中,人能够超越象,最终融入原始虚空。

在进行微精神分析时,接受分析者一般都能很快发现,未能实现童年的各种欲望并不是自己对生活感到不满的原因,但是,他(她)必须付出很大努力,才能最终发现并承认:

> 人之所以对所谓幸福总是感到
> 既渴望又无奈,
> 是因为他的欲望
> 总要面对象。

一切都彼此呼应,包括潜意识—前意识—意识,然而,象不呼应;一切都有反响,包括本我—自我—超我,然而,象无反响。象不对话,它最多在虚空中自言自语。然而,它并不因此而无声无息。没有任何东西比象那充满无数暗示的沉默更嘈杂、更纷繁、更矛盾。所以,精神分析学家的沉默可以使人联想到象的沉默,它不时令人心惊肉跳:

(在精神分析学家一个半小时的沉默之后,一位接受分析者绝望地哭泣:)"……我再也受不了您的沉默了……受不了……我怕……

(一分钟停顿,然后)

……您倒底说不说话?……您说点儿什么……要不,我就要吓死了……哪怕说点儿没用的废话!……我害怕……您听见了吗?……我怕死了……怕得要死……

(一分钟停顿,然后)

……您的沉默简直就是对肉体施加的暴行……我要自卫了……我真想扑上去,和您打一场……您的沉默逼得我身上产生了一种非常强大的东西……一个可怕的东西……一动不动、一言不发……一个庞大的物体……无动于衷的目光……完全没有感觉的雕像……"

（一位接受分析的女士，在双方长达三个小时的沉默之后：）"……不！……请您别说话，别说话……什么也别说……什么也别说……住嘴！……住嘴！……

（五分钟沉默，然后）

……多么荒唐……多么可怕的斗争！……斗！……和一个梦、一个形象、一个画面斗……和一个我小时候的坏天使斗……我真想站起来走了……让我走吧……我想走了……

（十五分钟沉默，似睡非睡，然后）

……刚才怎么回事儿？……您什么也没说……可好像您在和我说话……好像有人跟我说话……就在这儿……就是刚才……说的话我听不懂……用的词很短……要不就是很长……好像长得没有头……每个音节都在下一个同样的命令……好像是：'当心……你知道自己怎么了……你不再是你自己……我在看着你……'

……尤其是……尤其是……那个恼人的问题……它的每个字都像打锣一样，在我的脑子里轰响：'我再也不能满足你了吗？'……"

这位接受分析者的自由联想似乎告诉我们，象能够对人提出要求、施加压力、进行控制。这完全正确。甚至可以说，提出要求、施加压力、实行控制正是象最偏爱的外显方式。这与它的伊德中性能并不矛盾，只能说明，在心理布局的作用下，象利用超我来表现自己。事实上，象随着个体发育-系统发育尝试的发展而逐步形成，它是人的主要发展阶段的胚芽与脚印。由于人的每一个重要发展阶段都是无数心理物质与心理生物自我鉴别的结果，而超我正是这一结果的个体继承者，象自然要借助超我释放（翻译并传播）它的能量。

象不为方便人的生活做任何事情。它完全独立于人，人的良心的好坏对它来说无所谓。愤怒的上帝把亚当赶出天堂时，对他说："走吧，你永远不会满足！"象就是这样，它像那只盯着无辜的该隐的眼睛，不断地对人进行起诉、审判、判决，尤其在人无罪的时候。一旦人有了过错，象就会冷笑，好像它是你犯罪的阴险的同伙。其实，它假装冷笑，为的是使人永远处于噩梦前的状态。它好像永远在发怒，永远是气冲冲的，好像它是极恶毒的女人所生，或是凶神恶煞般的父母所生，好像它是吸毒汁长大的，在它面前，人永远感到自己是个受约束的、不正常的、虚情假意的、生活在禁忌中的伪君子。自然而然，在象的眼里，人实在只不过是个叛徒、私生子、杂种。

尽管如此，还是不应该把象完全与超我、个人的理想或道德感等同起来，后者只是象的接收天线、翻译记录器和转播器：

(女精神分析学家):"……象……能的最后一道堤坝……不应该把它想象成直立的,那样它会挡住我们的去路……应该想象它是朝前的、通向无穷的,我们就是在那上面前进……移动……生活……这道堤坝把我们和虚空分开,它完全独立于人……无论我们存在与否,它都会在那里……它和超我不一样……超我完全属于我们,没有我们,它也就不存在了……

(三分钟沉默,然后)

……自从学会识别象以来……我每次都能在长分析中发现它……我能区分它的三个层次……个体发育的象和系统发育的象与超我有联系,所以很可怕……伊德层的象直接与虚空相联,对生命起保护的作用……

……象是不是一种抵抗?……我真希望如此!……它和生命之间的关系比我们想象的更密切……更致命……我觉得,象就是死亡-生命冲动的心理能的综述……

(两分钟沉默,然后)

……我听到过很多接受分析者在接近象时发出的叫喊……那简直就是走投无路……受了致命伤害的野兽的吼声!……

……我好像听到他们在喊:'杀了我吧……好让这象快点消失!……'

……当接受分析者再也不能忍受时,有时,他也会向象提出互不侵犯的协议……但是,象明白那是个圈套,它马上拒绝……象总是这样……总是这样……厚颜无耻……"

三、压抑

微精神分析学重新考察弗洛依德的心理学,发现了压抑的真正含义。由于没有虚空的概念和虚空能量组织模型,弗洛依德既未能理解格洛迪克所谓本我的真正含义,也未能使心理学研究超越已经被他系统化了的潜意识。弗洛依德假设心理产物是压抑的前提,提出了原始压抑说,但是,他最终没有能够超越这个粗劣的定义:

(女精神分析学家):"……大约在一九一四年,弗洛依德提出压抑是精神分析学的基石……

……压抑的说法是赫尔巴特(Herbart)[35]引入心理学的,大约比弗洛依德早一百年……赫尔巴特把压抑的概念纳入他的心理复现表象理论……他认为心理复现表象是一些平衡或冲突的力……弗洛依德年轻时是不是接触过赫尔巴特的理论?……这可是个经典问题……我个人倒是觉得有必要追寻赫尔巴特思想的潜意识来源……看一看究竟压抑的概念是从哪里来的……

弗洛依德曾经在梅南特(Meynert)那里学习神经精神病学……梅南特十分崇拜赫尔巴特的理论……尤其对赫尔巴特提出的要对原始人、精神病人和儿童进行比较研究的思想很感兴趣……

……赫尔巴特非常希望心理学能够成为一门科学……他试图超越贝斯塔洛奇（Pestalozzi）[36]的教育学……用数学的方法测量心理的力……从这一点来看，他不过是实现了一位思想家的直觉，这位思想家就是卢梭……而卢梭又是阿波罗神的传道士，谦虚的布鲁塔克的教育学的继承人……而布鲁塔克又是受玄奥难解的赫拉克利特（Héraclite）的影响，从他提出的在诸矛盾相互吸引与排斥中趋向永恒未来的思想中受到了启发……

（两分钟沉默，然后）

……赫拉克利特-卢梭-贝斯塔洛奇-梅南特-弗洛依德……这样建立起的联系虽然有些过于简单……但是，它足以说明这样一个惊人的事实：

压抑的概念

产生于

教育学……

……由此看来，弗洛依德在解释歇斯底里症的心理病理根源的过程中……通过揭示童年期性活动是歇斯底里症的原因……重新发现压抑的概念……也就没有什么令人感到奇怪的了……

……很快，他就认定压抑是解释一切神经官能症的关键……将神经官能症症状学系统化……直到一九一一年，弗洛依德一直把压抑看成是人的一种普遍的自卫机制……认为压抑维持着潜意识中所有不能说出来的、难以让人接受的冲动复现表象……

……"史来伯院长"[37]使弗洛依德发现了人最原始的压抑……也就是最初固定在潜意识中的系统发育—个体发育复现表象……这些复现表象构成潜意识，而且对后来产生于压抑的复现表象起中心吸引作用……压抑再现，就是从心理或身体上解除原始压抑……

……原始压抑，压抑，压抑的再现……这就是弗洛依德所谓的压抑三阶段……

（三分钟沉默，然后）

……由于不可能设想和准确表达原始压抑的本质……弗洛依德的压抑说很不牢靠……尽管如此，压抑还是精神分析学早期一块粗劣的基石……甚至经常是绊脚石……弗洛依德对这一点非常清楚……他之所以提出反包围的概念，就是想解决这一问题……结果……这个新概念造成了精神分析理论史上最大的误会……弗洛依德对这一点也十分清楚……一直到晚年，他对原始压抑的解释始终很谨慎……

……事实上……弗洛依德一直在寻找……也许他已经发现，但是还不能解释的……就是：压抑从根本上讲属于能……它是相对的……先于原始压抑而形成……对它起促进和支持的作用……

……对……就是这样……弗洛依德一直在寻找压抑的伊德表达模式……然而,必须超越潜意识……从微精神分析角度理解本我,才有可能发现它……

……没有虚空—虚空中性动力—伊德这个模型,我们至今还会停留在弗洛依德的水平上……还会继续和压抑捉迷藏,无论从力学角度还是从结构布局上,都没有办法回避压抑本身所带的陷阱……"

只有将压抑的概念放回维也纳的背景中去理解,才能避免重复人们经常犯的错误,即把压抑与制止和倒退的概念混为一谈,才能真正把握弗洛依德所使用的压抑一词(Verdrangung)的含义。

Verdrangung 所描绘的动力十分复杂,它是在物体趋向某一方向的移动过程中(前意识与意识),对趋向目的之动力(复现表象、情感等)起削减作用的运动(在潜意识中)。比如,我在电影院门口排队,所有的人都在挤来挤去,试图在前进的队伍中保持自己的位置。突然,我 verdrängt,也就是说,我被从队伍中挤出来了,站在一旁目瞪口呆,双拳紧握。前缀词 ver 表示排斥力是中性的,无一定方向,它与拉丁语系语言中表示朝后动作的前缀词 re 毫不相干。这让我们想到死亡冲动,它返回虚空的倾向绝不是倒退的,而是静止的,这是由无所不在的虚空所决定的。这里,我想提醒读者注意,正如上例所说,

verdrängt 的客体没有被取消或减为零,恰恰相反,它仍在坚持,其动力甚至可以增大十倍。

微精神分析使我们能够重新定义压抑,并且把经典理论所谓的原始固恋向后推移;依靠虚空—虚空中性动力—伊德模型所取得的若干经验是我们这样做的基础,这些经验可以归纳如下:

(一)潜意识不是最初级的,它依赖于本我和伊德。由尝试、尝试群组及心理实体的能量构成;

(二)本我在伊德能与死亡-生命冲动之间起突触协调作用,是人的身心动力之基础;

(三)伊德是本我的动力源,并且通过本我成为潜意识的动力源。

因此,

> 本我是
> 压抑与被压抑的
> 能的发生地。

这一点在本我心理物质的四个冲动层是一样的:1. 尝试群层,2. 心理物质实体层,3. 心理生物实体层,4. 复现表象与情感〔作为:(1)由前面的心理实体产生出的心理实体,具有导向潜意识的桥梁作用;(2)象的实体〕,在每一个冲动层,

> 压抑就是

伊德能的固定，形成彼此相互作用的尝试之网。

压抑的这一能的定义，不仅适用于伊德本我中形成的压抑，即我所谓的前-原始压抑，而且同样适用于形成于本我层与潜意识中的原始压抑与压抑，适用于由伊德振荡干扰造成的能节和微粒"生泡"的各个细微的能阈。压抑真正的磁极属于原始运作的最后的能量震颤和二级运作的最初的能量震颤。因此，认为压抑从本质上讲先于人类、先于心理、先于物质，这种说法没有任何夸张之处。

从伊德振荡的心理物质组织（二级运作）出发，根据尝试动力学，可以对压抑做出如下解释：

（一）尝试共同拥有的能量在这里或那里失去其内在的自由，并且在尝试间建立联系；

（二）在联系形成过程中，被涉及到的尝试构成触节，进入背景能量网；

（三）由此，在尝试群组和它们的结构实体（尤其是复现表象与情感）中，形成不可磨灭的能量痕，带有能量痕的尝试群组及其结构实体就是被压抑；

（四）能量痕扮演具有感应力或吸引力的固定核心的角色；

（五）能量痕偶然任意偏振，伊德振荡、尝试、尝试群组、心理物质实体或心理生物实体（尤其是复现表象与情感）都是在能量痕偏振后形成的所谓被压抑。

由此看来，压抑似乎是一个中性机制，其直接后果既可以是物质的，也可以是身体的或心理的。我再强调一次，由于压抑的主要活动集中在本我的伊德-冲动接合部，被压抑同时存在于细胞的新陈代谢的潜力之中和初级运作的布局之中，因此，它既可以沿身体走向发展，也可以沿心理走向发展，或二者兼而有之。身体与心理共同以心理生物体验为基础，前者随时可以刺激后者，反之亦然，这就打破了身心医学的框框（参见本书"身心状态"一节）。由于分子化学尚不能揭示粒子层中受压抑的欲望，目前来说，还需要微精神分析学通过它所进行的心理生物对比研究为分子化学指路。

这样，就解决了压抑究竟只与复现表象有关，还是同时亦与情感有关的问题。压抑属于能，它以同样的伊德中性冲制复现表象与情感（二者同样属于能），唯一不同的是，压抑的复现表象产物由于在前意识中经受过质的再结构化而更容易被发现。

压抑的形成与心理物质实体（死亡冲动）和心理生物实体（死亡-生命冲动）的产生所依靠的机制是相同的。不同的是，在压抑形成过程中，死亡冲动占主要位置，似乎是生命冲动一时犹豫，未能与依虚空恒定规律而动的尝试本能中的死亡冲动同步，于是，在尝试群组内部，出现很大的裂缝，为了填充裂缝，必然出现我们在上面已经提到的触节、粘连、疤痕。在心理生物实体尚未形成之前，素质始终起主要作用，死亡冲动占主要位置；而在心理生物实体形成之后，上述活动中对虚空的亲和力，可以因一次创伤性冲动的体验，即任意一次力的超载而得到加强。

压抑是一次未能直接整合的尝试，一般认为它是一种限制或难以忍受的、反常的反包围。其实，如果说压抑中形成的疤痕的确是通向具有创造力的虚空的障碍和一切抵抗虚空的力的源泉（或曰一切抵抗的基地），那么，

> 压抑
> 与生存
> 密切相关。

压抑能的固定点十分活跃，彼此相联，对心理物质实体和心理生物实体的结构化有着很大的影响。总之，由于受压抑的欲望及其附属产物停留在潜意识的复现表象与情感中，

> 压抑
> 对造就一个人并维持其生命
> 必不可少的投射—认同
> 起着不合节拍的
> 撞针作用。

注释：

[1] 泽农·戴雷（Zenon d'Elée，约公元前四九〇—前四八五），古希腊哲学家。

[2] 胡克（Robert Hooke，一六三五—一七〇三），英国著名物理学家、天文学家。

[3] 布丰（Georges-Louis Leclerc Buffon，一七〇七—一七八八），法国著名博物学家。

[4] 希波克拉特（Hippocrate，公元前四六〇—前三七七），古希腊名医，与德谟克利特同时代人。

[5] 多利切利（Evangelista Torricelli，一六〇八—一六四七），意大利著名数学家、物理学家，伽利略的学生。

[6] 帕斯卡尔（Blaise Pascal，一六二三—一六六二），法国著名学者、哲学家、作家。

[7] 马尔罗（André Malraux，一九〇一—一九七六），法国著名作家、政治家。

[8] 布劳尔（Joseph Breuer，一八四二—一九二五），奥地利精神病医生，曾与弗洛依德一起研究歇斯底里，安娜是一位患者的名字。

[9] 浮士德，歌德作品中的人物。

[10] 考尔莫高洛夫（Andreï Nikolaïevitch Kolmogorov，一九〇三—一九八七），苏联著名数学家。

[11] 杰尔曼（Murray Gell-Mann，一九二九— ），美国著名物理学家，他曾经提出夸克存在的设想，是一九六九年诺贝尔奖获得者。

[12] 詹姆斯·乔伊斯（James Joyce，一八八二—一九四一），爱尔兰著名作家。

[13] 费尔班克（Fairbank）、赫巴（Hebard）和拉尔纳（Larne），三位都是美国斯坦福大学物理实验室的研究人员。

[14] 波利（Wolfgang Pauli，一九〇〇——一九五八），瑞士著名物理学家，提出中微子存在的假设。

[15] 卡隆（Jean. E. Charon，一九二〇——一九九八），法国著名物理学家、哲学家、作家。

[16] 杰哈德（Charles Gerhardt，一八一六——一八五六），法国当代著名化学家。

[17] 普利纳·朗西安（Pline l'Ancien，二三—七九），古罗马著名作家、博物学家。

[18] 斯瓦麦尔丹（Jan Swammerdam，一六三七——一六八〇），荷兰著名医生、博物学家。

[19] 马尔皮基（Marcello Malpighi，一六二八——一六九四），意大利著名医生，在世界上首次使用显微镜研究人体组织。

[20] 罗文霍克（Leeuwenhoek，一六三二——一七二三），荷兰生物学家，证明血液循环系统和精子的存在，对血球的组成部分进行了描写。

[21] 拉马克（Jean-Baptiste Lamarck，一七四四——一八二九），法国博物学家，脊椎动物学教授，获得性状遗传学说的奠基人。

[22] 泰依亚（Pierre Teilhard de Chardin，一八八一——一九五五），法国著名哲学家，古生物学家，曾经参加周口店的北京猿人遗址的发掘工作。他试图将现代科学的发现与基督教的教义相结合，提出有关人类产生的新观点。

[23] 波尔迪埃（Paul Portier，一八六六——一九六二），法国著名医生，对海生细菌有专门的研究。

[24] 拉普拉斯（Pierre-Simon de Laplace，一七四九——一八二七），法国著名数学家、物理学家、天文学家。

[25] 汤姆（René Thom，一九二三——二〇〇二），法国著名数学家，提出了突变论。

[26] 普里高吉纳（Prigogine，一九一七—二〇〇三），比利时著名物理学家、哲学家。诺贝尔奖获得者。

[27] 萨特（Jean-Paul Sartre，一九〇五——一九八〇），法国著名存在主义哲学

家，也是著名的文学家，戏剧家，社会活动家。

[28] 奥斯维辛和广岛，前者是第二次世界大战期间，德国纳粹在波兰设立的集中营，曾有三百五十万犹太人和波兰人死于其中；后者是日本的一个城市，第二次世界大战末期，美国空军在那里投下了一颗原子弹，整个城市被摧毁，居民死亡人数高达十万人。

[29] 阿哈斯维鲁斯（Ahasverus），犹太流浪汉，传说由于曾经虐待受难的基督，被迫流浪终生。

[30] 里尔克（Rainer Maria Rilke，一八七五——一九二六），奥地利作家，他的作品在德语抒情文学中极有代表性。

[31] 达理（Salvador Dali，一九〇四——一九八九），西班牙著名画家、作家。他的作品属于超现实主义流派。

[32] 希罗多德（Hérodote，约公元前四八五——前四二〇），古希腊著名历史学家，人称"历史之父"。

[33] 卡洛斯（Paul Carus，一七八九——一八六九），德国著名医生、哲学家。

[34] 米切尔森（Albert Abraham Michelson，一八五二——一九三一），美国著名天文学家、物理学家。

[35] 赫尔巴特（Johann Friedrich Herbart，一七七六——一八四一），德国著名哲学家、教育学家。

[36] 贝斯塔洛奇（Johann Heinrich Pestalozzi，一七四六——一八二七），瑞士教育学家。

[37] 史来伯院长（Daniel Paul Schreber），德国萨克森州上诉法院院长，精神不正常，曾发表回忆录记述自己的疯狂。弗洛依德把他的作品当作偏执狂的一个病例进行研究（见弗洛依德文：《史来伯院长——对偏执狂自传的精神分析研究》）。

第二章 人的三项主要活动

第一节
睡眠-梦

一、睡眠

（女精神分析学家）："……每当我进入难以描述的入睡状态时……我都感到……怎么说呢？……我都感到马上就要去和自己会面……在漫长的道路上，在我的生命的旅途上……感到我马上就要去重新认识自己，经过再造，获得再生……重新找到自己，重复自己……

（两分钟沉默，然后）

……在睡眠-梦……梦-睡眠……这个万物永恒、巨大的漏斗中……这个万物共生的虚空里重复自己……

……也许还没有人能想象这个虚空……

（两分钟沉默，然后）

……我想，第一位梦的科学探险家莫瑞（Maury）[1]也许会感到很满意了……"

微精神分析学借助虚空-虚空中性动力-伊德模型，使睡眠与梦的关系从神秘的深渊中走了出来。在讨论二者关系的意义及它们与伊德的关系之前，我先概括介绍一下神经生理学对梦的研究。

一九三七年，鲁米（A. Loomis）、哈维（E. Harvey）和赫巴特（G. Hobart）首次完成了睡眠的脑电图描写。他们根据五种特殊脑电波图，将大脑在夜间的活动分为五个循环阶段，并分别按顺序用字母表示：A（半睡眠）、B（浅睡眠）、C（较深睡眠）、D 和 E（深睡眠）。同年，克劳（A. Klaue）发现猫在浅睡眠期，大脑皮层的光列速度慢，在深睡眠期，大脑皮层的光列速度反而快。

一九五三年，阿瑟林斯基（E. Aserinsky）和克来特曼（N. Kleitman）对睡眠中的眼球运动进行了研究，当时，他们是否了解康德于一七九八年在《官能的冲突》一文中提出的惊人发现呢？是否了解拉德（G. Ladd）一八九二年的研究工作和雅克布逊（E. Jacobson）一九三〇年的研究成果呢？无论如何，他们得出的结论与上述学者们的完全一样：

（一）夜间，在紧闭的眼皮后面，眼球上下左右快速协调运动，这种情况每夜重复出现四五次，每次或只动一下，或连续动数秒钟；

（二）人若在这个时候醒来，一般能够讲述自己的梦。

上述发现，一些学者称其为 REM，另一些学者称其为 PMO，虽然名称不同，但是，都暴露出一个令人感兴趣的矛盾：睡眠状态中的快波脑电图与非睡眠状态中的快波脑电图十分相似，那么如何解释眼球肌的松弛状态及腱的无反射状态与睡眠的关系呢？为了强调这一生理矛盾现象，茹外（M. Jouvet）提出了一个很好的建议，即：将睡眠的这一阶段称为"异相睡眠"。

一九五三至一九五七年，一些专家开始对睡眠进行全面研究，他们同时记录睡眠状态下人体的多种生物活动：1. 大脑（脑电图），2. 眼球（眼球电图），3. 肌肉（肌肉电图），4. 身体，5. 心脏（心电图），6. 呼吸节奏，7. 心电反应。

在此基础上，德芒（W. Dement）和克来特曼重新研究了鲁米等人的睡眠理论，于一九五七年提出一个新的方案，这一方案后来成为睡眠的经典理论，现将其概括如下：一夜八个小时睡眠可以分为四—五个周期，各周期之间有一次短暂的醒觉，人对这类醒觉无任何记忆；每个周期又分为两个阶段：

（一）慢波睡眠阶段一般持续九十至一百一十分钟，分为四个渐进阶段，睡眠的电生理程度越来越深，最后两个

阶段相当于一般所说的沉睡;

(二)快波睡眠或异相睡眠一般持续五至四十分钟,占睡眠总量的百分之二十至百分之二十五不等。

在快波睡眠期间唤醒受试者,梦的记想率达百分之七十以上。这一发现推动了对睡眠和梦的研究,很多人对快波睡眠感兴趣,试图通过它,找到夜间睡眠中梦的活动规律(茹外)。

似乎已经到了研究睡眠的医生报复精神分析学家的时刻,伽亚(J. Gaillard)和提索(R. Tissot)声称:"……在弗洛依德《梦的科学》一书出版后(一九〇〇年),梦几乎完全脱离了客观观察,进入精神分析学家昏暗的房间,成为所谓深层心理学独占的领域。当时,由于人们不了解那些与梦相伴的、可观察的生理现象,对梦进行实验性研究是很冒险的。半个世纪过去了,梦终于又回到研究睡眠的实验室里来了。"

于是,研究人员们很快就在"梦与异相睡眠之间建立起了相似的联系(茹外)。例如,哈特曼将异相睡眠从一般睡眠中区分出来,称其为"D 状态"(Dreaming-state),茹外、奥斯沃尔德(I. Oswald)和德芒建议把梦看成是大脑在非睡眠状态和慢波睡眠状态以外的"第三状态"。斯尼德尔(F. Snyder)甚至称梦为"人体的第三状态"。

我个人从来反对在异相睡眠与梦之间画等号,并非由于这样做会在精神分析学和神经学之间造成混乱（这个问题后面还会讲到），而是因为，这种做法从遗传学角度讲不成立。梦怎么可能像异相睡眠一样，完全依赖于人体的生物活动、受运作的局限呢？

（一）从个体发育角度讲，异相睡眠出现得非常早，它持续的时间随着中枢神经系统的成熟和骨髓磷脂化而逐渐缩短。人出生时，异相睡眠占睡眠总量的百分之五十，到两岁的时候，这个百分比降到百分之三十。

（二）从系统发育角度讲，异相睡眠出现得很晚。斯尼德尔用负鼠做实验，他发现目前只能肯定哺乳动物有异相睡眠，也就是说，异相睡眠大约出现在一亿八千万年前，比慢波睡眠晚出现大约五千万年。慢波睡眠的出现与恒温（不受外界环境影响，维持中央温度的调节系统）的出现同期，大约在爬行动物分化演变为鸟类与哺乳类时期。

关于异相睡眠是否等于梦的问题，有意思的是越来越多、越来越具有说服力的科学研究成果（如 H. 艾领导的 Bonneval 组的工作）表明，不可能在二者之间画等号。应该坦率地承认，二十年来对梦的实验研究走进了死胡同；专家学者们刚刚发现：

（一）"睡眠及其仆人，梦，依然死死守住它们的秘密不放。……肯定还要很多年，我们才能了解它们的真

正含义和二者之间的关系"[《睡眠》,霍夫曼·拉罗什(Hoffmann-La Roche)];

(二)"尽管我们对睡眠已经相当了解,但是,必须承认,睡眠对我们来说仍然是个谜。我们还是不知道人为什么睡觉"(伽亚、提索);

(三)"除去假设以外,没有任何证据、任何实验结果、任何决定性的推进能够解释,人为什么睡觉,为什么做梦"[贝尔提尼(Bertini)];

(四)"人为什么睡觉?为什么做梦?目前还很难回答这类问题"[巴苏昂(P. Passouant)];

(五)"目前,我们对睡眠在人体中的实际功能几乎没有确切的解释,对梦的功能同样一无所知"(H. Schulz);

(六)"我们对梦的实验研究太粗浅……所以,梦的功能至今是个谜,也许在很长时间内,它仍将是个谜"(茹外)。

由此看来,最先进的实验手段已经对梦无能为力。梦依据的是能量的规律,与实验研究中依据的规律完全不同,因此,仅仅靠研究生理电学现象不可能获得令人满意的答案,即使是神经激素生理电子现象学也无济于事。因为,梦:1.来自受死亡-生命冲动调制的伊德能;2.其自身变化无穷;3.属于一个与我们的世界完全不同的世界;4.属于非任何个人潜意识所属的潜意识。

到目前为止，微精神分析学的分析室是研究梦的唯一的、真正的实验室：

（精神病医生）："……过去，每当我在实验室的荧光屏上观察进入睡眠状态的受试者……把他的平静的睡态和仪器上记录的大脑、眼球、肌肉、心脏、呼吸图像进行比较时……快波睡眠表现出的电和植物神经的混乱总是让我感到困惑不解。……难道这真的就是梦的信号？……抑或这就是梦？……

……证据呢？……就因为在这个时候唤醒受试者，一般都对梦有一定的记忆？……而且这个梦往往与现实有关？

……就因为霍夫瓦尔格（Roffwarg）能够根据异相睡眠期的梦，画出眼球的电波运动曲线？……

……这都是一些不足以说明任何问题的、主观的证据……好像您对自己有关电激眼球运动的研究也不满意……同样，对癫痫发作、性高潮和临终等情况下眼球运动的研究也没有提供多少令人满意的成果……

……异相睡眠中的神经生理活动，即使与梦有很密切的联系，也只不过是附加现象……贝尔提尼明白了这一点……他指出白天使用的实验条件有助于叙述异相睡眠期的梦……他还强调，被唤醒的受试者述说的幻觉……最多不过是……一些等于梦的假设……

(两分钟沉默,然后)

……我常问自己,像梦这样一种非物质的东西,怎么能够被装进一个盒子里……即使是一个电子盒……

……话又说回来了,难道只有微精神分析能够使人真正理解梦?……

(十分钟沉默,然后)

……那么多的释梦专家和研究梦的医生,他们像进攻一个碉堡一样,把梦死死包围起来……想从外面攻到里面去……其实,梦就是他们自己……

……人如果真的可以在做梦时离开自己的肉体……就像大家都知道的魂游的梦……那么,研究梦却只能从人的身体内部入手……

……在长分析中……我沉浸在自己那展开的胚层里和各种身心状态中,一直在向下沉……终于从体内抓住了梦……成了梦的特洛伊木马……于是,我发现永远处于运动中的'物质'天然具有永远处于运动中的'心理'……

……发现运动本身……它在夜间进行的、不停的、无声的……尝试……就是梦……"

上面这段引言告诉我们,微精神分析学正在使梦从前科学时期走出来,在科学领域中获得自己的位置。应该认识到,对梦的研究必须打破学科的界限,应该期望研究睡眠的神经生理实验室与研究梦的精神分析实验室携手合作。当然,最理想的就是,精神分析学家了解对睡眠进行实验研究的专家们的工作,而对睡眠进行实验研究的专家们又接受过精神分析,他们应该共同去研究下面两个已知的成果:

  梦

  决定

  人的健康;

  梦

  决定

  世界的前进方向;

而且,他们必须超越下面这种观点:

  (女精神分析学家):"……根本不可能对梦有最终的定义……可能有最终的定义吗?……那些疯狂的开拓者都到哪里去了?……

  ……总之,梦这个家伙好像拒绝缴械投降……

  ……当弗洛依德为不能进一步分析解释自己的梦表示歉意时……事实并不像他自己所说的那样,是因为那些梦的细节涉及他的私生活……而是出于自我保护……总之,他不可能全讲清楚……时机也未到……

  (十分钟沉默,然后)

  ……最好的办法,难道不是应该让梦永远是个谜?……

  ……我是想说,认识梦可能会把我们引向伊甸园……

地狱前的伊甸园……吸毒者、酗酒者……还有各种自杀狂，都已经在那里定好了约会……"

二、震颤睡眠

将近五十年来，很多学者试图弄清所谓"睡眠的个体发生过程"，这是一件十分艰难的工作，首先需要与两个主要的偏见决裂。

第一个偏见与生命开始的时候睡眠的量有关。直到一九六〇年，儿科学和神经生理学专家（包括克来特曼）始终认为，新生儿和哺乳期婴儿每天要睡二十至二十一个小时。帕尔莫利（A. Parmelee）为从儿科学教材和实验室报告中取消这些偏见做出了很大贡献，他与UCLA[2]医学中心的研究组一起提出，人每日睡眠的时间为：（一）出生后第一周，平均每日十六个半小时；（二）出生后第十六周，当昼夜节奏开始固定下来时，稳定在每日十五个小时左右；（三）出生后的前四个月中，处于相对稳定状态，唯一的变化就是醒觉或睡眠时间的延长。

第二个偏见与异相睡眠有关。随着对睡眠的全面观测研究的发展，学者们很快就把新生儿与哺乳期婴儿的多波动睡眠称为异相睡眠。他们根据不同的图像，分别称婴儿睡眠的这些阶段为："REM睡眠"（H. Roffwarg）、"无规律睡眠"（P. Wolff）、"D阶段睡眠"（O. Petre-Quadens）、

"活跃睡眠"(A. Parmelee)、"L 状态"(H. Prechtl)、"Ca 状态"(T. Hiai)……

帕尔莫利和德来弗斯-布利扎克(C. Dreyfus-Brisac)先后于一九六二年和一九六四年在早产儿身上进行实验,得出一个结论:异相睡眠在胎儿期占优势。在此基础上,霍夫瓦尔格、姆奇欧(J. Muzio)和德芒于一九六六年提出,异相睡眠是脑神经元成熟并形成组织的必要刺激,这是一个目前尚有争议的、十分诱人的观点。

然而,此后不久,大量的、全面的观测研究成果使神经生理学专家们不得不面对这样一个现实:新生儿与胎儿睡眠的脑电图及各种生理特点与异相睡眠的特点很少有相似之处。

正是在这种情况下,奇迹般地产生了"震颤睡眠说"。一九六八年,茹外-姆尼埃用幼猫和幼鼠做实验,首次发现了震颤睡眠;一九六九年,佳尔玛(L. Garma)在猪和兔等哺乳动物身上做实验,证实了茹外-姆尼埃的发现;一九七〇年,德来弗斯-布利扎克通过实验证明,早产儿和新生儿都有震颤睡眠现象。我想在此提醒读者,上述三位发现震颤睡眠的学者都是女性,她们的发现具有难以预测的、深远的科学意义。作为微精神分析学家,我对此一点也不感到惊讶,因为女性对虚空具有天然的心理生物亲和力(参见本书"性高潮"一节),所以她们对睡眠非常感兴趣。

复杂的身体活动和连续的脑电波运动是震颤睡眠的特点，具体地讲：

（一）身体的活动（人类的胎儿从第五个月开始出现具体的身体活动）与任何已知的周期无关，可以二十四小时昼夜不停，包括：

1．大小不等、穿过全身的震动，伴有很短的神经肌肉间歇；

2．身体各部位，尤其是面部，出现不连续的痉挛。

（二）脑电图：

1．最初是一条无变化的、带有空歇的光列（胎儿的第五至第七个月），与慢波睡眠、快波睡眠和醒觉状态的脑电图无任何共同之处；

2．随后（从胎儿的第七个月开始），出现不连续的、呈交替状的波列，在这条波列上分别形成低压快波（异相睡眠）和高压快波（慢波睡眠）。

尽管震颤睡眠没有，或只有很少的快速眼球运动，尽管脑电图记录表明，它与已知的睡眠阶段无任何共同之处，但是，由于它带有一定的身体运动，人们往往将它与异相睡眠混为一谈。事实上，只有在孕期即将结束的时候，也就是说在可观察到的、最初的睡眠脑电波出现四个月之后，才能够观察到异相睡眠特有的脑电图。

在 Inserm [3] 进行的脑损伤实验进一步证明，震颤睡眠与异相睡眠不同，揭示出了震颤睡眠的深层特性：

（一）取出生不足一周的幼猫和幼鼠（相当于六个月以上的人类胎儿），损伤它们的脑干上与异相睡眠和慢波睡眠有关的部分[蓝斑（loci caerulei）和中缝核群（nuclei of the raphe)]，结果：1. 不影响震颤睡眠；2. 对异相睡眠与慢波睡眠的发展无任何影响，它们仍然会在受试的幼猫和幼鼠出生后的第四周（相当于四个月的人类哺乳期婴儿）形成周期；

（二）用出生一周的幼猫和幼鼠（相当于七个月以上的人类胎儿）进行同类实验，结果：1. 不会影响震颤睡眠；2. 但是，会引起异相睡眠和慢波睡眠不可挽回的混乱；

（三）制造脑干大面积损伤，结果：1. 不会影响震颤睡眠；2. 但是，会给快慢波睡眠周期造成不同程度的影响；

（四）完全切断脊髓（使其脱离大脑）同样不会对震颤睡眠造成任何影响。

上述实验结果使很多研究人员感到困惑不解，开始提出一些十分有意思的问题。例如，阿德里安（J. Adrien）提出，在实验（一）中，异相睡眠与慢波睡眠没有受到任何影响，这有可能说明神经系统具有极强的可塑性，也就是说，任何细胞都可以代替被损坏的神经中枢；而在四项实验中，损伤脑干中枢之所以对震颤睡眠毫无影响，有可能说明震颤睡眠依靠的"弥散机制是未成熟的神经系统的特性"。

微精神分析学总结神经生理学对震颤睡眠这一棘手问题的研究，提出震颤睡眠是：

（一）胚胎的活动：

1．可以在人体各部位观察到；2．运动呈阿米巴状；3．对大脑没有特定的影响。

（二）"非神经性"活动：

1．不属于任何一个神经中枢，无论是菱脑中枢（深层睡眠），还是端脑中枢（浅层睡眠）；2．不受大脑控制，无论这种控制是直接的，还是间接的；3．在神经系统未形成之前就存在。

（三）细胞的活动：

1．中性的、偶然的；2．无特殊功能；3．释放最基本的生物电。

换言之（未来的神经生理学家完全可以用另一种方式对其进行描述或用另一种名字称呼它）：

震颤睡眠
是最初的、独立的动力
在细胞中的回响。

有关研究表明，震颤睡眠随着中枢神经系统的成熟而逐渐减少。现将这些研究揭示出的震颤睡眠的发展过程概

括如下:

(一)五—七个月的早产儿昼夜经受震颤睡眠,全息观测记录和脑损伤实验证明,震颤睡眠:1.是这个时期唯一可证实的睡眠;2.除短暂觉醒外,持续不停。

(二)异相睡眠占新生儿睡眠总量的百分之五十,震颤睡眠占百分之三十,慢波睡眠占百分之二十。

(三)一周岁哺乳期婴儿的睡眠基本与成人的一样,已经形成快慢波睡眠交替周期,震颤睡眠不再出现。

微精神分析学非常重视震颤睡眠这一重大发现,它把长分析作为睡眠与梦的心理生物试验台,提出:

震颤睡眠来自

本我的身体前沿,

是受冲动系统调制的伊德能的回响;

而且,正因如此,震颤睡眠不仅不会在一周岁以后消失,反而会保留伊德的中性与非目的性的特点,作为伊德振荡在细胞层的能量后果而持续下去,它遍布于体内细胞内外的虚空中,就像本我的生物钟;在大脑中,震颤睡眠难以预测的周期完全有可能对五羟基色胺激素-乙酰胆碱和去甲肾上腺素的循环周期起着决定性的作用,而后者又对快慢波睡眠起着决定作用。异相睡眠完全有可能只是寄生物,它靠着自己特殊的生物电掩盖了震颤睡眠,然而,异相睡眠的出现并不一定意味着震颤睡眠的停止,恰恰相反,考

虑到震颤睡眠具有伊德能的功能,我冒昧提出震颤睡眠:

(一)活化精子与卵子;

(二)存在于受精的卵子中,在人的一生中,在人的每一个细胞里,永远不会消失;

(三)在睡眠与非睡眠状态下,都在不停地进行。

蒙田[4]认为"人醒睡醒,睡若醒";帕斯卡尔自问:"占生命一半时间的醒觉状态是否只是与睡眠差别不大的另一种睡眠?当我们以为自己睡着了的时候,其实是醒着。"克鲁登(W. Cruden)在《柳叶刀》(*The Lancet*)中撰文写道:"人的非睡眠状态是睡眠这一生命基本原始状态的中止,是暂时的紊乱。"他的观点招来了同行们的嘲笑。上述三位学者都不会对微精神分析学有关震颤睡眠的定义感到惊奇。

而且,微精神分析学为震颤睡眠所下的定义会使克来特曼乐不可支,因为他的若干大胆的设想终于得以重见天日。比如,克来特曼于一九七三年提出,日作夜息的节奏完全是任意的,它基本上由十五至十六个作息周期组成(醒觉状态十至十一个小时,睡眠状态五个小时),每个周期持续八十五至九十五分钟,一般不会引起人的注意。从微精神分析学角度看,这个假设完全成立。克来特曼提出的这些周期完全依赖于神经激素周期,它们:1. 从个体发育角度看,相当于震颤生物电的第一次共冲动分化,这一分化与出于生存需要而形成的不快乐-快乐（充电放电）有关；2. 从系统发育角度看，相当于爬虫类、两栖类、鱼类和脊椎类动物的动-静周期……震颤睡眠有可能就是连接万物的心理生物动力的中性能量背景。

从伊德出发解释震颤睡眠，不仅对我们理解梦具有重要意义，而且对神经生理学有关梦的研究起了重要的推进作用，神经生理学已经可以解释与睡眠有关的下列问题：

（一）为什么睡眠与生理昼夜节律（大约以一天为一个周期）和超节律（一周期不超过二十小时）相脱节？

（二）为什么睡眠因人而异？

（三）为什么睡眠每夜不同？

（四）为什么睡眠从来就是不可抗拒的？

（五）为什么在患有失眠症的情况下，至今无法诱发睡眠？

（六）为什么在患有多眠症的情况下，至今无法控制睡眠？

（七）为什么如果能将睡眠维持在一定的惰性震级，它几乎可以使人长生不死？

（医生）："……睡着的时候，我重新找到了自己的下阈能……我的最初植物状态……那是我的个体发育不可缺少的基本状态……它从卵子在母体中受精的时候就开始了……我曾经在这种状态中每天睡差不多二十个小时……

……这就是为什么只有在睡着了的时候,我才是我自己……甚至可以说……睡着了的时候……我是在自己的内部睡……在我自己的内部睡……在那里,我重新开始自己的生命旅行……我的单细胞潜能重新复活……于是,我重新变成卵子和精子……然后,我的鱼类—两栖类—爬虫类潜能重新复活……于是,我又重新变成占领自己个体发育地界的蛋……

(两分钟沉默,然后)

……我的每个细胞都在生长……它们的充电—放电—极化—去极化活动中产生的生物电运动……和它们的动-静潜力的总和就是我的震颤睡眠的伊德震动……在这一震动之上形成我的快波睡眠与慢波睡眠的变化周期……

(五分钟沉默,然后)

……那么,我的梦呢?……它们在睡眠中占有什么位置?……我现在知道它们和异相睡眠有什么关系……我觉得梦离震颤睡眠很近……震颤睡眠并不像人们一般以为的那样,只是异相睡眠的最初的表现……而且,最近我一直在问自己,为什么人一定要管这种能的活动叫睡眠?……难道是因为它与梦紧密相联?……还是因为,出于习惯或是由于恐惧,人认为只有在睡觉时才会做梦?……"

三、梦

> 梦
>
> 是童年期潜意识欲望
>
> 经过伪装的实现。

这是我从弗洛依德的著作中有关梦的段落出发,给梦下的定义。在使用传统方法进行精神分析的那些年间,我一直在分析中和教学实践中使用这个定义。随着微精神分析学的逐步确立,我终于发现,这个定义只涉及梦的产生的最后一步,即由潜意识到意识这一阶段。

在发现虚空-虚空中性动力-伊德模型之后,我才最终找到梦产生过程的最初一步,即:由虚空,经过伊德到达潜意识的过程。我曾经先后给梦下过两个定义,一个是:"梦是来自与物种产生同样遥远的地方的潜意识欲望经过伪装的实现。"另一个是:"梦是来自伊德的潜意识欲望经过伪装的实现。"最后,我提议将梦定义如下:

> 梦
>
> 是伊德欲望
>
> 潜意识的实现。

微精神分析学认为,一般来说,欲望的形成过程如下:

在尝试与尝试组合的能量中出现的任何不平衡都有可能在心理生物实体与心理实体(复现表象与情感)中形成

欲望，即产生一种试图通过对系统发育—个体发育的目的—对象的心忆恢复寻求排解出路的张力，这种心忆恢复则通过共冲存在于本我之中。

无论这种不平衡是中性的伊德及其随机振荡干扰在初级运作中造成的直接后果，还是受死亡-生命冲动的影响出现在二级运作中，本我都是：（一）欲望的第一组织者（从胚胎学角度讲）、（二）欲望的主库、（三）使欲望进入心理或身体岔路的不情愿的扳道工。

> 伊德欲望
> 是一切欲望内在的
> 中性张力。

这一能的张力的必要条件和唯一的最终目的就是，通过其自身的运动，服从虚空恒定规律，它是潜意识的，只顺从死亡冲动。它不仅存在于伊德振荡、尝试群组和心理物质实体中，甚至有可能存在于微粒"生泡"之前。从根本上讲，伊德欲望囊括其他数不尽的各种欲望（我称其为个别欲望）并保证它们之间的不断反馈。

然而，只有梦才能使个别欲望还原成基本的伊德欲望，在这种情况下，死亡冲动才能根据虚空恒定规律消除伊德欲望的张力，使基本欲望得到实现。从这个意义上讲，

> 梦
> 不仅是

>   伊德的自然产物
>
> 而且，
>
>   是
>
>   死亡冲动的
>
>   蛹化蜕变之地。

我们下面将看到，个别欲望的产生、再现与实现，完全是在梦实现了伊德欲望之后。

伊德欲望这一概念意味着，梦负载的欲望是潜意识的，但是，潜意识对梦的工作并没有专营权。在我们的定义中，潜意识作为形容词没有任何心理结构上的特殊意义，只表明梦活动于前意识-意识的范围之外，在伊德振荡的能量之中、在未分化的尝试之中或在尝试的组合能之中、在本我中、在潜意识中（这里作名词用，指系统）、在任意一个心理阶段中、在身体前沿。

与伊德欲望一样，梦产生于微粒"生泡"的临界线，甚至可以想象它产生于虚空的微粒组织中。随着尝试群组的形成，个别欲望逐渐增多，在本我中形成梦的真正结构。微精神分析学认为，梦的工作远远超过经典理论中所说的转换——即从隐意（＝梦的潜意识材料）到显意（醒后，残留在意识中的梦的片断）；伊德欲望活化系统发育—个体发育的个别欲望，梦的工作应该包括从本我开始，为了实现和代谢伊德欲望，梦所使用的全部身心活动。

我们首先讨论梦的心理工作,在"睡眠-梦的活动"一节中,再讨论梦的工作与身体的关系。

梦的心理工作开始于本我的心理生物实体层,但是,它主要在潜意识中进行,并且延续至前意识-意识。在长分析和对不同系列的梦进行比较研究的基础上,我将梦的心理工作过程划分为五个阶段:

(一)欲望的唯一情景的设置:

从能的角度看(请不要忘记,潜意识是能的),这个阶段相当于弗洛依德提出的梦的工作的不可缺少的先决条件,即弗洛依德所谓"对梦的形成起刺激作用的所有因素综合为一"。唯一情景的设置:1. 必然牺牲个别欲望,后者是潜意识其他组成部分(如尝试、心理尝试群、复现表象、情感、图像)的结晶;2. 在初级运作两个主要机制的共同作用下进行,这两个主要机制是:移置(包括各种不同形式:交错、打碎、分散)与凝结;3. 拉平正在结晶的部分各自特有的能阈,诱发唯一的张力状态。

(二)伊德欲望的释放:

伊德欲望的释放是潜意识诸组成部分能量聚变的直接后果,它相当于弗洛依德所谓的"共同因素",弗洛依德把它看成是梦的工作的必要条件,我们则认为这一因素的本质是伊德能(而不仅仅是复现表象的),它是一个中性的张力。

（三）伊德欲望的实现：

作为能的阈限现象，可以说，伊德欲望的实现相当于尝试潜能的实现，唯一不同的是，前者的运动趋向于一个目的：依从死亡冲动，返回无所不在的、富有创造力的虚空。伊德欲望的实现正是顺应死亡冲动的动力，将自身的能量释放到虚空之中。

（四）个别欲望的实现：

伊德欲望之实现暴露出富有创造力的虚空，引起死亡冲动的惊跳，刺激共冲动系统的运作，导致：1. 潜意识所处的能的混合物发生结构变化；2. 在梦的心理工作的三步骤中，潜意识诸组成部分（尤其是图像因素）经过混合与滗析，产生出任意一个个体发育或系统发育的个别欲望。这些个别欲望的实现，不再由死亡冲动单独完成，而是死亡-生命冲动与共冲动复杂作用的结果。个别欲望的实现从根本上讲是能的，它采取投影的方式，主要依靠可视图像，因此，除移置与凝结两个机制以外，它还采用三个造影技巧：形象、夸张与象征。个别欲望的实现离不开投影过程，而个别欲望的投影正是所谓梦能够实现人的欲望这一传统观念的基础。今天看来，这一观念是不成立的，因为它试图把潜意识诸组成部分局限于一个伪现实中，而这一伪现实完全不符合潜意识诸组成部分对所谓现实所具有的至高无上的确定力。

（五）由隐意到显意：

梦的心理工作可以穿过第一检查进入前意识，然后再穿过第二检查延伸到意识中。但是，尽管人在睡眠过程中一直在做梦（参见本书"睡眠-梦的活动"一节），大部分梦不会进入意识中，只有一些片断偶然在意识中显露出来，或是某一个别欲望实现的后果，或是梦的心理工作的某一残余物的代谢物。依照心理结构的一般动力和组织规律，人之所以能够回忆起梦的某些片断，主要靠的不是记忆，而是筛选与修剪（即遗忘）。事实上，忆梦的条件以下列诸项为基础：1. 潜意识中对个别欲望实现起决定作用的伊德欲望实现的质量；2. 检查机制的选择渗透性能，尤其是那些负责检查隐意易懂性及由此形成的显意之严密性的机制的渗透性能；3. 前意识的容纳性，这一容纳性是由前意识的能的联系程度（相对于压抑而言）和它对超我的忍耐程度所决定的；4. 异相睡眠中形成的记忆-联想通路的效力（参见本书"睡眠-梦的活动"一节）。

用伊德解释梦的心理工作使我们终于摆脱了传统精神分析学所陷入的两难状态。弗洛依德认为"梦的工作毫无创造性"，却又说梦的工作是"梦的本质"。微精神分析学一方面承认，尽管梦的隐意材料由于受初级运作和潜意识的影响而不断浮动，但是，它基本上是不变的；另一方面则提出，伊德欲望的实现为个别欲望的产生与实现提供了最佳能量和动力条件。由此看来,人的潜意识中(因而也可以说在意识中)充满的无数欲望并非直接与童年时期的欲望满足的经验有关。是梦从伊德欲望出发,创造了它们,并根据个人生活中积累的相对特殊的复现表象、情感、潜意识幻觉对它们进行组织。

弗洛依德认为,梦实现的欲望产生于童年的经验,也就是说,基本来自三岁前的经验。微精神分析学根据伊德遗传及其在本我中的身体-心理变异,提出童年时期欲望的原始素材的来源早于胎儿在母体内的生存体验(参见本书"子宫战争"一节),它来自无种族区分、无血缘区分、无宗教派别之分的祖先。啊!假如奴隶和领主能看看他们自己的家谱!看看那真正的、经过长分析仔细研究获得的家谱。他们会认出那些以心理生物状态形式与他们共存的祖先,他们中有疯狂的,也有正常的,有圣徒,也有无神论者,有富翁,也有穷光蛋和傻瓜,有俊美的,也有奇丑无比的。正是这些祖先经常出没于他们的梦中。

仔细研究一些家庭成员的梦,我发现个别欲望在潜意识中形成的过激-性欲结构的表现形式及它在梦中的反映均可具有遗传性。下面是我在同一天(那是我一生中最美好的日子之一),为一个家庭的父亲、女儿和儿子进行分析时记下的他们三个人前一夜的梦:

(父亲,四十五岁,上午九点:)"……那是在非洲……一个巨兽在追我……我跑啊……跑啊……不时还碰到人,这些人想截住我……我把这些人都杀了……我杀了好几个想截住我的人……那个巨兽追上我了……我和它撕打……最后,我从后面用剑把它刺穿了……"

(女儿,十五岁,下午两点:)"……两个强盗闯进我们的公寓……他们打我母亲……我从一个后窗子逃出去……从阳台上跳下去……我跑啊……跑啊……碰上一个警察,他领着一只像狮子那么大的狗……我想告诉他发生的事情,但是,就是说不出话来……两个强盗在追我……我听到机关枪响……"

(儿子,十二岁,下午六点:)"……我被困在一个马戏场里……一个人在追我……是驯兽员……我跑啊……跑啊……跑到马戏场后面……放动物的地方……一只大狮子挡住我的去路……我停下来……狮子扑向驯兽员,把他吃了……我趁机跑了……"

第二天,我试着问了问孩子的祖母。她说:"……告诉您,我从来没跟任何人讲过……从很小的时候起,我就尽做一些很可怕的梦……被追着跑的梦……每天夜里我都在冒生命危险……有时,我也杀……不知道杀的是什么……但是,总是从后面杀……

……说我从来没跟别人讲过,不完全对……我告诉过我母亲……她说她理解我……因为她也做这样的梦……"

微精神分析学使我先将梦的个人与家庭界限向后推移,并且终于推翻了所有的界限。虚空—虚空中性动力—伊德模型和伊德欲望的概念告诉我们,梦不受家族的限制,它是我们的"重新回忆",是现在的我们与出生前的我们之间相互交流的手段,它构成我们的纵向个体发育—系统发育的语言,是这一语言从有机物到矿物的回声,是我们向着大自然、与大自然之间进行的悄声低语。

梦通过无名的伊德和使个别欲望与伊德欲望相黏结的死亡冲动,使人返回到以人的形式存在之前的存在。因此,是人在做梦,但是,梦是尚未分化的、最初级的、原始状态的人。可以说,

> 我的梦,
>
> 这个构成我的生命的梦的总和,
>
> 不原属于我。

这是微精神分析学三要素的第三点。

我们通过长分析发现,典型的、带有失重感的梦往往实现的是变为水中游鱼的欲望,而人正是从水中来。重新进入失重状态不是可以使人进入宇宙吗?人正是从宇宙中来。与远古有关的梦是自然的见证,是我们身上可识别的远古的痕迹,是从人类产生至今,我们与宇宙及其基本成分之间永恒的虚空接合点。一些有异象体验的人不断有这种预感,如奥尼尔[5],他曾说:"这辈子托生为人,简直

是最大的错误。我要是海鸥或是鱼，一定会更成功。现在这个样子，我永远觉得自己身处异乡，是外人……而且永远有点迷恋死亡。"总之，必须将个人的梦的隐意与集体的梦的隐意相结合，才能发现同类梦的含意，才能看到这些梦与伊德核心欲望之间的系统发育（我再一次强调，即使只靠人类数亿祖先）和古生物发育关系：

（精神病学家）："……我属于黑夜……刚才……我还是北京猿人，是格利马尔第人……证据？……我的指甲……我们的指甲……戳穿了人类知性的谎言……要不是我们的指甲，我们几乎就要相信人类的知性了……承认它曾经存在……相信人类的知性，就是从来没有看过自己的指甲……从来没有从人类发展的角度，从古生物发展的角度和梦的角度……问过自己究竟是从哪里来的……

……人从来不看眼前的一切……人并不比没有眼睛的动物看见得多……像瞎眼的白蚁……和白蚁在一起，在黑夜中……属于黑夜……不是从黑夜来，再到黑夜去……而是从来就在黑夜之中……

……我来您这里，就是为了不至于因为知道这一事实而发疯……您听我说，也是为了不至于因为知道这一事实而发疯……

……噢！人类的知性！……它的那些从黑夜中涌出的规律就是梦，……我讲给您的梦……还有您的梦……您的梦使您能够理解我的梦……

（半小时沉默，然后，快速地）

……我的父母在黑夜中交媾……我在他们的梦中成形……他们的梦吞食我……我为了能够有属于我的夜……而吞食他们的梦……我的一时的梦把我推向世界……使我能够吃喝……使我成为加尔文派教徒、印度教徒……细木工、医生……在黑夜中……使我创造、杀害……一夜又一夜……一个梦接一个梦……为了能够忍受白日……忍受生命的装模作样……

……为了忍受从星系来到我父亲的睾丸里……

（两分钟沉默，然后）

……真好笑，太可笑了……

（大笑，然后沉思地）

……太可笑了！……这些睾丸……吊在我母亲身体的外面……这些完全可以替换的睾丸……吊在洞开的阴户外的尾巴……魔鬼样的阴户……在无底的黑夜之上合上了口……我不禁问自己：永远不再张开的阴户会变成什么样子？……

（两分钟沉默，然后）

……死人的阴户变成了什么？……"

这些来自生活的自由联想足以揭示梦的动力之最深层的潜意识意义，它们通过伊德揭示出了死亡冲动与虚空之间的关系。然而,梦与死亡冲动之间的关系,并不像弗洛依德认为的那样是一种脐带关系,而是彻底的共生关系,因为,伊德欲望表示伊德与虚空之间的张力差,而梦则完全依从伊德欲望,

  梦

  是死亡冲动

  起伏波动的伊德表面。

维吉尔在他的诗中写到,梦来自死者的灵魂,他也许正是想说明这一点。这也是很多母亲焦虑不安的原因:

  (一位接受分析的女士):"……孩子小的时候……每天晚上,我都在心里祝他们晚安……如果我敢,我真想求上帝保佑……

  ……早晨说不说早安,我倒无所谓……我知道白天他们能自己想办法照顾好自己……可夜里呢?……梦里呢?……我总有一种预感……

  ……信教的人做晚祷比做晨祷更虔诚,是不是出自同样的恐惧?……

  ……白天没事……但是,夜里呢?……夜里人是不是死得更快?……醒着的时候没事……睡着了呢?……做梦的时候呢?……那个时候什么都会发生……什么都会发生……"

  梦实现的个别欲望尽管多种多样,但是,最终都归结

为同一个潜意识动力:返回产生生命的源头。我们梦中的欲望孕育着地球上生活的各色人种和不同民族的童话、传奇与神话,它使我们每个人与伊德欲望融为一体。正因如此,为了不迷失方向,人通过来自伊德的宏伟的梦,继续保持着与黑夜的联系,梦是第一道光明,因为"最初是一片黑暗"、混沌、虚空、stomodeum①。梦、口和语言说出了这一切。我用长分析的方法为一些神学家做过微精神分析,伊德欲望的概念使他们得以调和圣徒让与创世纪之间的矛盾。伊德欲望的概念能够使所有接受分析者最终发现个人的心理现象与他人的心理现象并非毫不相干:

(女精神分析学家):"……伊德使人数百万的欲望破壳而出……然后它又与死亡冲动协作,将这些欲望强加于人……

……伊德使人做数百万的梦……

……接受分析者原以为自己梦中的欲望与别人的不同……然后,从伊德出发,经过对自己的潜意识进行分析与整合……他才发现,存在一个大家共同的欲望……也就是说,一个共同的梦……既然只存在一个欲望:伊德欲望……既然这一欲望的最终实现就是,借助死亡冲动,返回生命产生的地方……

---

① stomodeum,希腊语原意:原初的嘴。

……伊德欲望不是表面可见的,它充塞于个别欲望的复杂结构中……充塞于个别欲望实现的独特方式之中……它在每个人那里造成的反响不同……但是返回虚空这一梦的法则是不变的……不会因人而异……每个人都受伊德的控制,依照伊德的程序而运作……所以,所谓个人因素就像摩西瞬间看到的诫牌一样属于表面的东西……既是短暂的,又是永恒的……

……这是不是可以解释佛教神奇的说法……万物都是能,看似有形……梦是露空之实?……

(两分钟沉默,然后)

……伊德欲望很有可能就是我们所谓的人与动物之间的接合点……或者说,是人与动物之间内在的中结点……

……我认为,没有比认为自己的梦是唯一独特的更狂妄的了……"

一个人一生中的数百万个梦里的欲望是这样,一夜所做的梦里的欲望也是这样。接受分析者受自己的逻辑的限制,往往要花很多时间才能理解这一点。下面的这位接受分析者,在全部分析进行到一半的时候,才开始表达他的疑惑:

(一位接受分析者):"……这就是我前一夜做的梦……是一个梦,还是好几个梦?……有的段落分得很清楚……但是,要是能像在梦里那样讲这些梦的话……它们全是混在一起的，同时出现的……我很想分清其中不同的部分……却又很难给它们排出时间顺序……"

人一夜所做的梦没有固定的时序，它是一个概括性地表现伊德欲望之实现的整体。梦的伟大之处正在于它的诸多组成部分之间的共时关系和它们各自的瞬时性。如果，从复现表象和情感角度看，一夜所做的梦的每一个不同部分表示一个相对个别欲望的实现，那么，从伊德动机和死亡冲动导向虚空的意义上讲，梦的不同部分之间没有任何区别。接受分析者往往对自己的一个或数个梦表现出犹豫与怀疑，这不禁让人想到，我们在日常生活中表现出的犹豫不决、举棋不定和反复摸索是否正是欲望在梦中受阻所造成的呢？总之，在长分析中出现这种情况，一般来说，都是接受分析者抵抗释梦的征兆。

关于梦的心理工作，还需要做最后一点补充，即：梦的性问题，这是一个老话题。弗洛依德一方面提出精神神经官能症的形成与梦有关，一方面又反对将性看成是梦中欲望的来源。在《梦的解析》一九一一年版序言里，他明确指出："一八九九年完成此书时，我的性学理论还远远没有建立起来……我个人的经验和史德喀尔等人的著述促使我必须对梦的'象征'作用（至少是潜意识思维的象征作用）的重要性与广泛程度做出更准确的评价。"弗洛依德止步于此。虽然他后来对梦的研究进行了大量的补充，但是，他对梦中欲望的性问题的研究始终停留在象征范围之内，从未将梦中欲望的性问题单独提出来进行专门研究。

荣格对儿童性学很感兴趣，他于一九一三年提醒弗洛依德，象征有可能是个死胡同："我们完全承认梦可以实现欲望的理论是正确的，但是，我们同时认为这种释梦的方法只涉及很表面的东西，停步于象征使我们很难触及梦的本质，因此，有必要进一步商讨对梦的研究方法。"弗洛依德认为荣格太年轻，不听劝告，而荣格则认为弗洛依德年纪大了，于是自作主张将梦中的欲望与集体潜意识无性别原型联系在一起。"坏事的准是女人"，这一古老的说法对伟人和青少年同样适用（只需想一想萨洛美[6]、斯皮乐海茵[7]、沃尔夫[8]），奥林匹斯山上和地球的每一个角落里，不是一直回荡着诸神童稚般的争吵！

微精神分析学明确提出：

> 每个人的
>
> 每个梦的隐意
>
> 都充满着过激与性。

过激是伊德能自身所固有的，因此，它比性还要原始（参见本书"成人战争"一节），属于伊德欲望；性则属于共冲动，构成潜意识中复现表象与情感的主体，停留于个别欲望之中。所以，伊德欲望的实现主要表现为过激，而个别欲望的实现却总是带有性的色彩。

性与个别欲望之间关系密切,梦因此而充满性的共冲动。仅举一例,从出生到死亡(无论是哺乳期的婴儿、老人,无论是阳痿患者,还是寒症患者),在异相睡眠到来之前或在异相睡眠过程中,都会出现阴茎勃起(完全或不完全)或阴蒂隆实。

通过长分析,任何一个梦都可以揭示出多种多样的性行为,其丰富性远远超过出自性学家克拉夫特-艾丙(Krafft-Ebing)、哈夫洛克·艾利(Havelock Ellis)、伊史费尔德(Hirschefeld)和他们的前辈与学生之手的资料最翔实的论文。所有可能的与不可能的、可以想象的与难以想象的性行为都自由自在地活动于我们的每一个梦中,其表现形式精巧而讲究:受虐—虐待、观淫、裸露、轻碰他人、身体摩擦、恋物、水中做爱、手淫、同性恋、异性恋、多目标恋、乱伦、恋儿童、恋老年人、恋动物、恋尸、食人肉、恋粪……还不包括由此生成的无穷尽的组合形式。无论人是否愿意,梦天然充满多种性活动,而不像弗洛依德认为的那样,只含有两性之间的性活动。可以说,

> 全面的性活动
>
> 是梦不变的共冲动法则。

但是,如果将以伊德为基础的全面的性活动与德·贝克(R. de Becker)所谓的"单一性活动"混为一谈,那就彻底错了。德·贝克的说法过于强调发展与一致性,不能表

现梦的性活动所具有的变化无穷的特点。

四、睡眠-梦的活动

微精神分析学认为，人的活动可以分为三大类；根据微精神分析学对震颤睡眠与伊德欲望的解释，睡眠与梦之间的关系成为人三项主要活动中最重要的一个。我对活动的定义是：本我的伊德—冲动连接处的特定的功能，其特点如下：

（一）一些不受任何心理生物结构（心理的与身体的）控制的尝试与尝试群组，它们由于具有无目的、无特定对象、中性的特点，能够扮演一个很重要的角色，即：构成所有活动共有的能量网，使诸活动可以彼此之间自由过渡。

（二）另外还有一些心理生物实体（心理的和身体的），从整体上看，它们共同趋向一个共冲动目的，一般来说，我们就是根据这一共冲动目的，为某一活动定名。但是，不应该将这个总目的与参加活动的共冲动所特有的目的相混淆。

因为，从能的角度讲，震颤睡眠与伊德欲望都具有伊德的基本特性，所以，睡眠-梦构成一项基本活动，过激活动与性活动都依赖于睡眠-梦活动，事实上，与过激活动和性活动相比，在睡眠-梦的活动中，个别实体与共冲动所起的作用相对次要一些，它们只在代谢睡眠-梦活动的产物与剩余物时才以心理生物的方式介入。

震颤睡眠与伊德欲望之间的伊德能具有相互性,这是睡眠与梦之间的紧密联系之基础。震颤睡眠是睡眠及其快—慢波周期必不可少的能量先决条件,同样,伊德欲望是梦无条件的能量核心。在本我中,震颤睡眠与伊德欲望之间存在着真正的反馈,所以:

> 震颤睡眠是伊德欲望的培养基,
>
> 因此,
>
> 它也是
>
> 梦的培养基。

很多年来,我一直在向未来的精神分析学家们解释:

> 人
>
> 用其全身做梦。

震颤睡眠使我们可以看清这一点。人的每一个细胞都参与他的梦,由于虚空—虚空中性动力—伊德能够使震颤影响分子和原子的运动机能,人体的每一个粒子、每一次虚空能量振动都参加他的梦的活动。这完全符合伊德欲望的中性动力:

(物理学家):"……在高能物理学中……物质越来越成为一种概念……

……而梦作为心理现象,却在能够使物质活化的震颤睡眠中找到了能的当量……我在说什么!我是想说,梦找到了人类共同的细胞表达方式……

……震颤睡眠是腐殖土,它超越受精、出生与死亡,将人类与其他种类相联……

……我不知道自己是不是由于经不住一个很古老的诱惑……正在陷进一种混说之中……

(五分钟沉默,然后)

……梦和震颤睡眠……同一个伊德运动的不同的能的表现……伊德振荡造成的不同后果……它们发展起来、相互干扰并形成周期……最终又混为一体……震颤睡眠织成生物电网,使梦中积蓄的负荷得到释放……

……到这里,我们还停留在伊德原始振荡层……和一般尝试层……

……一般尝试形成尝试群组……这一中性负荷过程中的情感与复现表象的充实……需要一个具有遗传、结构、动力、组织为控制手段的心理机制……我们一直以为只有人才有这种机制……事实并不一定如此……

(两分钟沉默,然后)

……对于我个人来说,我很高兴知道,还在母亲肚子里的时候,我就已经开始做梦…知道我用全身的细胞……每一个分子、原子和微粒做梦……甚至不会因为梦无始无终而感到烦恼……

……到了这一步,我对什么都不再感到讨厌……即使

发现不是我做梦，而是像凡尔来纳[9]诗中所写的'我的心里在下雨'，

> 我的身体内
>
> 在做梦……

也不会给我带来任何烦恼……

（两分钟沉默，然后）……

……而且……我已经没有了过去的骄傲，过去我总认为是我自己在感觉……在做……现在，一想起这些过去曾经给我造成很大烦恼的问题，我自己都觉得很可笑……您说，过去我还以为梦是人类独有的呢！……还曾经奇怪人死了以后做不做梦呢！……"

一些神经生理学家认为，人一夜做五次梦，另一些则认为，人一夜做五万次梦。与实验室提供的报告相反，微精神分析学认为，无论人是否能够回忆起自己的梦，睡眠中，梦的活动是无间断的：

（医生）："……当我睡着了的时候，我不仅仅是在做这一个或那一个梦……在睡梦中，我的心理不停地处于沸腾状态……我睡醒后记起的梦、我在进行分析时讲的梦只是睡梦的沧海之一粟……

……说人一夜都在做梦……不停地做梦……我一点儿也不感到惊讶……不用看什么实验报告我就能明白……说我睡着了不是整夜在做梦，就好像说我睡着了就不再呼吸

了一样……

　　……事实上……越了解梦……我越倾向于把它的功能和心脏的自动性相比……什么也不能影响心脏的跳动……除非机械性地干预……

　　（两分钟沉默，然后）

　　……想想那些线粒体不停的、充满生机的氧化……从细胞呼吸可以更清楚地看到梦在夜间睡眠中的不间断性……"

　　总的来讲，梦相当于睡眠中，在人的本我之上，在伊德能及其冲动力之上，形成的一个自恋皱褶，它暴露出震颤睡眠与伊德欲望之间的正反馈。换言之，梦实现的是震颤睡眠的暖房里不断生发出的伊德欲望之芽。这就是梦！而不是神经生理学实验中记录下来的梦，那些梦经过异相睡眠超有序化震颤生物电的简化与变化，不过只是真正的梦的私生子。

　　在异相睡眠阶段唤醒受试者，将他回忆起的梦记录下来。如此获得的梦一般具有以下的特点：叙述自发而冗长，细节丰富，情节与背景古怪而离奇，梦者主动参与而形成的多种性活动体验高度戏剧化，大量的、色彩丰富的视觉印象，这一切都让人惊讶不已。然而，上述特点之所以能够反映个别欲望实现过程中在潜意识中多次转化的若干方式，主要还是异相睡眠的记忆技术在起作用。

异相睡眠的特点,就是几乎全部脑神经元处于兴奋状态。在脑桥(protuberance annulaire)网状结构的背侧,有两个以胆碱能神经元和去甲肾上腺能神经元为主组成的核群:蓝斑(locus coerulus)和蓝斑亚核群(locus subcoerulus),它们构成一个起搏器(自动中心),异相睡眠中所谓的"大脑风暴"(M. Jouvet)就来自那里,神经元的霹雳为异相睡眠提供了记忆与舞台技术。确实是细胞在起作用,它们建立起不仅与神经系统有关,而且涉及整个身体的记忆-联想电路,使梦能够向处于醒觉状态的人提供相当的指令,这一点,我们后面还要讲到。读者如果还记得前面有关虚空接合功能和虚空创造作用的论述,那么他一定已经初步看到了异相睡眠的行为方式。异相睡眠风暴造成人体的心理生物短路(参见本书"人体微精神分析"一节),为梦的一些组成部分的生物电转移提供了便利条件:

(精神病医生):"……我们整夜在做梦……异相睡眠唤回记录在复合蓝斑(complexe coeruleen)中的暴风骤雨般的过去,于是,大脑经受一次电击……电击?……这么说不太准确……一次癫痫发作?……也不是!……因为两种情况都伴有记忆缺失……而异相睡眠的闪电增强记忆,更准确地讲,它加强对梦的某些部分的记忆……我想应该这样解释……

……电击和癫痫发作之所以伴有记忆缺失,是因为神经元同时放电,甚至可以说是高共时突然放电……

……而异相睡眠则恰恰相反,神经元充电、放电的先后关系完全是无序的……偶然的……把异相睡眠生物电的无序状态与梦的心理工作过程中潜意识能的稠液状态相比……就会明白,必须通过二者共有的伊德特性去理解梦的密码的神经生理转钞……和梦的某些部分的密码存档,或者说,细胞记忆……再想想虚空的连续性和它负载万物的功能……就会理解心-身和身-心的转化过程……也就是说从梦到记忆-联想电路和从记忆-联想电路到梦的记忆……

……多么遗憾,Lilly Research Laboratories [10] 的克兰史密特从来没有做过微精神分析!……要不然,他对多聚体生物结构变化与梦的记忆之间的关系的研究也许会走出模棱两可的含混状态……"

异相睡眠过程中发生的梦的活动、次数及变异基本依赖于中枢神经系统的生物电的状况。比如,夜间睡眠开始时的异相睡眠与清晨快慢波周期开始消失时的异相睡眠相比,前者提供的梦象远不如后者的丰富。此外,费希尔(C. Fisher)已经通过实验证明,异相睡眠期的梦的质量与受试者醒来的方式有很大关系。只有在突然被唤醒的情况下,梦的显意才会具有上述特点,相反,如果受试者渐渐醒来,梦的显意则很像醒觉状态下的一般叙述。

周围神经同样受到异相睡眠生物电冲击的影响，锥体（从大脑皮质到脊髓）与锥体外（从大脑皮质下神经核到脊髓）的运动神经元与运动传导路均处于兴奋状态。然而，除眼球运动和面部及身体末端的周期性抽颤外，肌肉处于松弛状态，而且没有腱反射。于是，我们面对这样一个奇怪的现实：运动传导路处于兴奋状态，但是，周围神经放电却受阻。在复合蓝斑末端有一组神经元，它们在受到来自大脑的生物电刺激后，发出抑制脊运动神经元的神经冲动。这一发现只是解释上述奇怪现象的第一步。因为，我们至今对这些起抑制作用的神经元与构成异相睡眠起搏器的神经元之间的神经生理接合关系及周围神经受阻的确切原因所知甚少。因此，就连专门研究睡眠的医生也很难解释运动神经系统放电受阻的原因。

虚空—虚空中性动力—伊德模型告诉我们，人不仅在异相睡眠期间做梦，而且整夜一直在做梦，那么，只有重新明确异相睡眠在整个睡眠过程中的确切地位，才能清楚地看到运动肌周围神经受阻的原因。在此，我们要提到茹外（M. Jouvet）在猫身上进行试验所取得的惊人的结果：他用电解方法破坏了猫的复合蓝斑的末端，成功地阻止了运动肌周围神经受阻性冲动，下面是他的实验记录：

"受试的猫在几分钟内出现典型的幻觉行为，它们扑捕老鼠或和想象中的敌手搏斗以自卫。疯狂、过激、自卫，这是一般情况下猫做梦的主要内容……这类典型行为一般持续五至六分钟，然后，猫突然醒来。"

微精神分析学认为，上述实验给我们提供了很多启示。受试的猫的行为（戏剧化和象征化）与我们观察到的人在做噩梦时的表现完全一样。由此看来，运动神经系统周围神经受阻所起的作用十分清楚，即防止"梦的外泄"，也就是说防止在异相睡眠的心理生物短路的情况下，梦的某些部分突然变为激烈的现实行为。锥体与锥体外脊柱运动神经受阻的作用就是保护睡眠，并且使已经经过记忆便利处理的梦的成分能够顺利进入细胞记忆，这正是梦的工作的中心环节。

由于上面提到噩梦，我想在这里从微精神分析学角度给它下个定义：

（一）噩梦是梦；

（二）噩梦实现的潜意识欲望不仅曾经受到抑制（正像普通梦实现的欲望一样），而且，由于它含有童年期或胎儿期所受的过激-性活动造成的创伤（参见本书"子宫战争"一节），所以极难以明言；

（三）噩梦的焦虑程度与压抑和过激-性创伤紧密相联，我们可以在类似白日噩梦的神经官能症症状中发现这两个因素；

(四)噩梦的工作主要通过戏剧化的象征性尝试进行。民间对噩梦的习惯叫法和接受分析者在分析开始时对噩梦的说法很能说明问题:"坏梦""痛苦的梦""焦虑的梦""让人害怕的梦""可怕的梦""恐怖的梦""吓人的梦"……此外,从语言本身看也很有意思,德语噩梦(Alpdruck)一词的原意是,一个史前动物或神话动物给人的上腹造成的压迫感,从词源学角度考证,法语噩梦一词也有同样的意思:cauchemar 由 caucher 和 mare 两部分组成,前一部分指压迫、压榨,后半部分指夜间出入的幽灵、吸血鬼;

(五)也许由于噩梦与过激活动-性活动之间有着直接的联系,所以,在噩梦中,伪装的尝试较一般的梦中要少,检查制度似乎非常弱或完全处于被动状态;

(六)从心理结构角度看,噩梦相当于潜意识突然大量涌入意识;

(七)由于这种涌入发生在慢波睡眠期,周围神经系统,尤其是运动神经系统与植物神经系统的介入具有十分重要的意义,这一介入与梦的隐意相配合,其形式很有可能对于人和动物完全一样。因此,茹外实验中猫的表现绝不仅仅是猫科动物的行为,而是人类-动物共有的伊德潜能的表现;

(八)周围神经系统突然受到刺激,才会出现做噩梦的两个特有的反应：突然惊醒和植物神经不适，严重时可伴有痛苦症状（心动过速、呼吸急促、痉挛、喉头、胸部和腹部抽搐、盗汗……）；

（九）总之，噩梦只能发生在运动机能处于自由状态时，即慢波睡眠状态（尤其在慢波睡眠期的第四阶段）。在潜意识状况相同的情况下，如果运动机能受阻（异相睡眠），那时就会出现焦虑的梦。

以上有关噩梦的定义初步证明，慢波睡眠期同样有梦的活动。我们还可以进一步证明这一点，例如，在非异相睡眠期唤醒受试者，梦的记想率达百分之二十至百分之三十。尽管这个百分比根本不能说明慢波睡眠期潜意识中梦出现的频率，但是，它仍然具有统计意义。微精神分析学认为，在慢波睡眠期的每一个阶段，相应的中枢神经系统和周围神经系统的特殊生物电状态，都会出现梦的痕迹。在接受长分析时，接受分析者总是不自觉地将慢波睡眠期显露出的梦当成一般的梦的表现，而且他往往能够通过自由联想回忆起一个或数个他已经忘记了的梦。梦与梦之间的潜在的相互联系可以使人回忆起已经被遗忘了的梦，这进一步证明慢波睡眠期同样有梦的活动。

入睡时出现的图像是睡眠第一阶段的特点，这些图像一般由色点、几何图形或人像组成，经常伴有声响（单个的词或固定的句子），它们具有重复性的特点和组成场面的趋势，但是很容易被遗忘。原因在于，睡眠的这一阶段不具备异相睡眠便利记忆的功能。研究睡眠的医生们以已知的电化生理数据为依据，拒绝承认这些图像是梦，但是，他们却仅凭异相睡眠的脑电图就认定，发作性睡眠的入睡图像属于梦。发作性睡眠是一种阵发性瞌睡病，有时伴有局部或全身肌肉活动能力的丧失（syndrome de Gelineau）。在一些论文中，入睡图像也被称为"入睡幻觉"。然而，即使有人认为入睡图像类似构成胚胎梦活动的想象引信（H. Ey），我也不能接受所谓"入睡幻觉"的概念，因为它完全不符合幻觉的伊德定义，关于这一点，我们在后面还会讲到。如果西尔伯乐（H. Silberer）的"思维建构"说或琼斯（E. Jones）的"隐喻型复现表象回忆说"不是同样以幻觉为基础，我会更倾向于他们的观点。

睡眠的第二阶段，出现意念和图像，很像躁狂症和全瘫患者产生的意念飘忽。从内容上看，这些意念与图像和入睡图像具有同样的价值。

正如加斯多（H. Gastaut）和布鲁丹（R. Broughton）于一九六四年已经证明的那样，睡眠的第三阶段和第四阶段是噩梦最活跃的时域，儿童的夜间恐怖症（pavor nocturnus）、遗溺症和夜游症均产生于这两个阶段，这些症状都含有梦的因素。

简而言之，必须澄清下面几点：

（一）不能把对异相睡眠进行全面观测所获得的运动神经和植物神经的数据作为衡量"梦的客观标准"（M. Jouvet）；

（二）不是只在异相睡眠期才有梦的活动；

（三）慢波睡眠期同样有梦的活动；

（四）睡眠是连续的梦。

（女精神分析学家）："……通过长分析我发现，人在入睡后的每一秒钟都在做梦……学会认识伊德的艰难过程更使我对此坚信不疑……无论我睡得深浅如何，无论我什么时候入睡，无论我的梦表现为入睡图像、压抑、噩梦、咬牙，还是最一般的梦……反正我是边睡边梦……

……早晨睡懒觉，进入异相睡眠状态，边睡边梦……中午睡十分钟午觉，进入慢波睡眠状态，边睡边梦……在火车上，迷糊一会儿，边睡边梦……一时注意力不集中，不睡也梦……这完全与我的脑细胞的生物电状态无关……

……与人们惯用的睡眠的阶段和顺序无关……

……这就是我对梦的理解……梦的特点就是不严谨……调皮……或者说它是鬼使神差……或者说……怎么说呢？是和魔鬼搅在一起的……"

我们常说，弗洛依德认为梦有保护睡眠的作用，是睡眠的看护人。其实，弗洛依德的思想要比人们一般以为的更加微妙，他指出："睡眠是梦的条件，它对梦的所有特点起决定作用。""睡眠的状态是梦形成的根本条件。"

微精神分析学告诉我们,梦的最终目的就是实现伊德欲望,而且完全是自私地为它自己而实现这一欲望。梦是万物本原之气,是伊德不断放出的初始之气,它借助死亡冲动与虚空和平共处;在实现伊德欲望的过程中,梦在本我中造成的能量与冲动的平衡运动重新引起震颤睡眠。从这个意义上讲,

  梦

   维持

    震颤睡眠,

是构成夜间周期性细微变化的快慢波睡眠的基础。

此外,睡眠的基本作用就是允许、传播、保护梦,其原理就是依靠震颤睡眠不间断地在机体的每一个细胞中实现异相睡眠间歇性的、以打破梦的密码的方式所进行的一切。梦,这个伊德-死亡冲动的优选芽,在震颤睡眠这一生物能基质中,不停地高速繁殖,换言之:

  人

   为了做梦

    而睡觉。

所以,梦不是为了保护睡眠才吸收机体在睡眠中受到的**刺激**,而是为了更有效地实现伊德欲望分化出的某一个别欲望。

人之所以睡觉,并非由于"太疲倦"的缘故,

> 人之所以睡觉,
> 是因为他必须做梦
> 才能生存。

或者,更确切地讲:(一)因为他必须代谢自己的梦的积累;(二)因为他需要依靠梦的能量再造自我、改造自我。不存在无梦睡眠,因为人首先靠做梦,其次靠睡眠带来的生物更新和神经系统的恢复,才有力量重新开始新的一天。

任何人也不能逃避梦的伊德规律。如果说梦对于胚胎或成人的每个细胞来说都是生命的同义语,如果说它滋养着生命的冲动,那么,我们不可能阻止任何人做梦,既不可能让人暂时不做梦——除非在心理或身体处于混乱状态时——也不可能让人完全不做梦,除非以死亡为代价。一些人认为"梦并非生命必不可少的东西",这就意味着承认潜意识可能变为荒地,伊德可能突然停止运动。没有梦,人就会死亡。因为,梦是我们的心理的中心环节,或者说,从身心角度看,

> 梦
> 是
> 人的心中之心。

在进行分析或培训性分析时,为了让未来的分析学家能够明白这是一个很严肃的问题,我总是反复强调:不做梦比

患有癌症还要危险。

出现幻觉是精神病的症状,往往需要住院治疗,这一点充分证明梦对于生命之重要。用微精神分析学的方法剖析幻觉发生的过程,可以帮助我们进一步了解梦的运作,看清其中的摩擦与受阻之处(并且由此证明虚空能量组织模型与机械论的教条之间有多么大的差别)。与人们一般想象的完全不同,幻觉并不是梦中欲望的病态实现,而是梦的剩余部分没有得到充分吸收代谢的表现。这里所说的吸收代谢,是指梦的心理工作所产生的直接的或间接的剩余物被人的心理或身体所吸收代谢;所谓剩余物(当然是指一些心理实体),根据它们白天的活动情况,分别被称为梦的剩余或梦的指令,梦的剩余发出梦的指令,进而形成特定的、在白日行使梦的指令的因素。下面是幻觉形成的过程:

梦的剩余发出梦的指令,后者和某一特定的白日因素相遇,这一白日因素与其含有同样的压抑核心,梦的指令因不能得到吸收代谢而与梦的剩余合为一体,形成潜意识中的消化不良,使梦的剩余处于兴奋状态,在这种情况下,唯一的代谢渠道就是在白天以幻觉的形式出现。

我的一位接受分析者是精神病医生,他用 butyrophenones 的衍生物、治疗抑郁症的药物和诱发异相睡眠的化学药物配成一个药方,成功地治愈了一些幻觉症患者。从微精神分析学角度看,这种方法之所以能够治愈幻觉症,主要是因为 butyrophenones 的衍生物抑制(相对于大脑而言,而不是吸收代谢)处于兴奋状态的梦的剩余,使其不能形成幻觉。但是,焦虑依然存在,甚至当神经生理检查机制在化学作用下得到加强之后,焦虑仍然有增无减,所以,必须配用治疗抑郁症和诱发异相睡眠的药物。总之,这位医生认为,只有微精神分析学的长分析的方法才能使处于兴奋状态的夜间剩余得到吸收代谢,防止幻觉的产生,治愈幻觉症。

人在白天执行夜间梦中的指令,一些思想家对此坚信不疑。赫拉克利特和索夫克罗斯也许表述得最清楚,前者指出:"人在睡眠中工作并与宇宙中发生的一切相吻合。"后者指出:"夜间未能完成的事情,要靠白天去完成。"除古人以外,阿来克桑特里安(S. Alexandrian)以他超群的洞察力明确指出:"梦里含有白天活动的残余,现实中同样含有夜间梦的活动的残余,它们极力将那些来自梦的东西延伸到白天的醒觉状态之中。"

很多当代的精神分析学家都对这个问题十分感兴趣,如德·贝克,他指出:"所有的梦都是可能发生的行为的动力和尚未实现的未来的幼芽。"又如格来索(M. Gressot),他认为:"无论是在醒觉状态、睡眠状态还是在二者的过渡状态(入睡与醒来)中,梦的活动始终在继续。"又如纪尧姆（J. Guillaume），他提出："在醒觉状态中，夜间梦活动的残余继续起作用，影响人的心理运作和心理内容。"

微精神分析学用伊德解释梦，并研究人在相关的二十四小时内的日常生活素材，我们发现，日间素材均直接或间接来自夜间素材，睡眠-梦的活动将这些素材抓刮下来，放进它那黑暗的挖泥机中。可以将这一心理疏浚过程综述如下：

本我产生伊德，它是一个无信号装置的过境站，是尝试的会合处，尝试在这里进行的活动——随机相互作用、运动组合并形成结构群——程序化为冲动信息码，潜意识获得并长期存储这些信息，梦负责发布这些信息，而且从伊德-冲动层次上讲，它对这些信息拥有使用权，它把这些潜意识层的信息提供给意识，意识最终收取这些信息并对它们进行过路验收。

运作不息的梦的隐意之花蕾，在睡眠-梦活动的作用下，构成了人的醒觉状态。我对梦的定义与所有类似梦的显意——神经官能症、动作倒错、口误、强迫性重复动作的定义相吻合：

（女精神分析学家）："……亚里士多德说：'梦是思想的继续'……这一错误已经，而且还在继续造成分歧……一些精神分析学家甚至认为，弗洛依德对梦的看法与亚里士多德的一样。……即使按伽尔玛（L. Garma）的定义，梦是一种'古老的思维方式',依我看,说弗洛依德对梦的看法与亚里士多德的一样也太过分了……

(两分钟沉默,然后)

……以为我们在思考……以为人的行动靠理性支配……这是多么的自负!……其实,人的行动完全是即兴的……就是这样……人的每一个思想、每一个行为都是来自黑夜……来自梦的一个尝试……它在白天随机重新进行活动……

……人究竟有什么了不起的?一定以为自己白天是在思想?……以为人醒着的时候是在思想?……难道不这样以为我们就成了傻子吗?……

(三分钟沉默,然后)

……我相信……思想与行动对于伊德来说,就像精神分析中的移情……是最大的阻抗……

(五分钟沉默,然后)

……我们自以为可以控制自己白日梦想的实现……其实,夜里的梦已经预先为白日的梦确定了意义、内容和方向……夜里的梦产生于伊德,又经过潜意识的传送,是它向我们提供白日的梦……白日梦还装模作样,好像是它在单独支配我们白天的行动……使我们能够承受艰难的生活……

……在成为心理治疗技术之前,白日梦是夜间的生活现实……它充满我们白日生活的每时每刻……就连白日极少的无梦状态也是梦的产物……当然,白日梦有它自己的特点……自卫机制和二次转化起很重要的作用……所以,它很像神经官能症……它的幻觉内容可以导致歇斯底里……但是,无论有意识还是无意识,白日梦也是梦……或者说,白日梦是梦的产物之一,它以折中的方式实现潜意识中的欲望……

……当我们做梦时,梦既不是逻辑的,也不是无逻辑的……它存在……而且我们根据它去思考、行动、创造、破坏……似乎主要是破坏-破坏-破坏……其表现形式远远超过人们的一般想象……也许,正因如此,我们有时觉得睡醒是件荒谬的事情……觉得很失望,好像正在做什么事情,还没有做完就被打断了……这不就是人们常说的,在最不该醒的时候醒了……

……我现在更明白噩梦是怎么一回事了……它不在睡眠中出现,而是在睡醒时才出现……在我们重新堕入我们预感到非现实的一切当中时才出现……

……或者说,堕入一个由空洞组成的现实中,这些洞就是回忆……佛教徒可以称它为 Sunya,意思是空……我管这空叫生活……

(十分钟沉默,然后)

……我们是机器,制造梦的机器……我们在梦的光晕中生活,在梦的光晕中死亡……"

因此,黑夜孕育,白日分娩;也就是说,人在白天将梦及梦通过伊德合成个别欲望时散落的部分付诸实践:

(一)这一实践可以是夜梦的吸收代谢的继续,即:夜梦未能顺利实现个别欲望,它的这一部分工作不断受到来自醒觉状态的尝试群组和心-身实体的干扰,于是,未能得到实现的个别欲望借助异相睡眠(记忆联想电路)和震颤睡眠,成功地跃入白日生活的内容之中;

(二)也可以是尝试群组和醒觉状态的心理或身体实体象征性地实现梦未能实现(或未完全实现)的那些已经进入抑制状态的个别欲望。我称这一现象为梦症。

在上述两种情况下,梦的夜间指令及其通过潜意识衍生出的日间成分的作用类似催眠后的指令,唯一不同的是,人可以摆脱或忘记(根据个人的不同情况)催眠后的指令,但是,人却既不能摆脱梦的夜间指令及其日间衍生物,也不能摆脱二者对人的身心的影响。数千年来,人一直希望能够利用睡眠下达命令或接受命令,这一古老的愿望完全有可能是对夜间指令进行报复的一个尝试。

总而言之,微精神分析学科学地证明:

(一)处于醒觉状态的人用他的全身心实现夜间睡眠-梦活动遗留下的个别欲望;

(二)思维与行动都是梦的继续;

（三）做梦是人类唯一不属于梦的表现；

（四）当夜不再给人下指令时，人便在大梦中睡去。

因此，

> 人
>
> 梦—睡—醒，
>
> 自以为在做一些事情。

无论做什么，人依据的都是他那难以数计的由欲望-梦转化而来的需要-偏见。希望-失望、健康-疾病、幸福、焦虑、死亡，所有这一切都是梦不偏不倚、漫不经心下的指令，它将这些指令粗暴地强加于我们，这当中，伊德更是无私而随意，这正是最令人难以接受的、地球上无人能够忍受的事情。因为，果真如此，人还能干什么？答案只有一个：无。尽管人固执地、积极主动地要完善自己的意识与理性，

> 人
>
> 从来就不是、
>
> 而且仍然不是
>
> 自己曾经以为，而且仍在以为的样子。

无论从任何角度讲：个人、家庭、社会、宗教，人永远不会成为他自以为能够成为的样子。应该承认，幻想的破灭是一件很痛苦的事情，但是，这也许会帮助人现实地理解自己。无论如何，当人面临难以理解的情况时，

想起这一切就能够得到很大的安慰,而且,这是人唯一能给自己做出的解释。此外,如果用这种观点重新考察人类历史,我们对人类的作品、行为与信仰的看法就会发生根本性的变化。

五、梦与发明创造

在结束这一章之前,我们还要讨论一个十分引人注意的人类现象:发明创造。我暂时将这一现象定义如下:

> 发明
> 是
> 伊德的睡眠式外显。

欣喜若狂的发明家惊呼:"这个结果是我在睡觉时得到的。"这说明发明创造同样来自夜间睡眠-梦活动的残余,更确切地讲,来自夜间睡眠-梦活动的指令,这一指令在梦者醒来时启动它的日间部分,后者像慢作用药物一样,随着日间生活的展开慢慢分解发生作用。我们由此可以给发明下一个新的定义:

> 发明
> 是
> 伊德的梦式外显。

与梦的显意相比,发明经过的转化过程更为精细,更为讲究。那些反复出现在梦中的图像,尤其是那些全世界通用的原型,如:船(潜水艇)、火车、电梯、飞机……都可以说明这一点。这些图像产生于梦的象征化过程,它们最初往往是模糊的、几乎是无功用的,在发明过程中才成为奇妙的新技术之母。

微精神分析学认为,发明的产生过程如下:

(一)伊德欲望在夜间睡眠-梦活动中得到实现,将某一个人-集体信息推入潜意识中,形成在梦中实现的个别欲望;

(二)某一个别欲望(或者它在潜意识中实现的若干方式)被心理机制吸收代谢,显露在前意识与意识中;

(三)被吸收代谢的材料的某一细节与发明者前意识或意识注意力的某一微观方面之间偶然发生相互作用,于是,启动高强度的心理活动,发明者只有在醒来时,才会接受这一偶然形成的关联;

(四)梦-发明的胚胎最初十分脆弱,而且很怪异,它要经过现实的考验,然后,或消失,或成熟;

(五)发明者在它出现的一瞬间将它紧紧抓住,然后对它进行加工、制作、描绘、浇铸、修饰……毕加索曾经对我说:"微精神分析!……还是得把它画出来。"他正是这个意思;

(六)发明的独特性取决于:1.个别欲望和它与压抑的某些图像之间的关系;2.夜间睡眠-梦活动的残余物

和指令融入日间成分的程度；3．高强度心理活动的能力和升华的能力；4．发明者前意识的储存情况（过激、性、超我）。

未曾接受过微精神分析的发明者，尽管他可以从伊德那里获得洞察力，但是，他的创作永远停留在直觉状态。例如，克古来（F. Kekule）认为，他之所以能在一天早晨发明了苯的六角分子式，是因为前一天夜里他曾梦见六条蛇盘成一个圈形。所有靠直觉创作的艺术家都会问："精神分析不会使我失去我的创作天赋吗？"微精神分析的经验告诉我们，这种担心完全没有必要，甚至可以说恰恰相反，很多事实证明，对虚空—虚空中性动力—伊德的认识能够使真正的天赋得到充分发挥，无论是艺术家、企业家，还是政治家……

当发明者在伊德引导下不由自主地进行创造时，他可以在一次发明之后一直休息，直到伊德再为他提供另一个偶然形成的关联，这一次有可能刺激他改进上一次的发明，也有可能使他另有新的创造。无论是现代物理学家，还是古代的炼金士，他们的发明同样受系统发育和个人充满性感尝试的童年的影响和支配。

上述两个因素十分重要，因为人所发明创造的一切均来自他三岁前的体验，也就是说，来自天性尚未遭到破坏之前的体验，那时，人的伊德所具有的运动与观察力正在发展，婴儿的大部分时间都在进行睡眠-梦的活动。我们知道，爱因斯坦总是睡个没完（在放大镜下，他的照片甚至让人觉得他是边工作边睡），荣格去世前几年也是这样，爱迪生几乎每次睡好一觉都能拿到一个发明专利（他一共获得过一千多个发明专利），这简直是不可思议。

发明越伟大，它的根越深植于人生前三年的体验之中。事实上，

  一项具有决定意义的发明

  源于

  一次胎儿期生命体验的复苏。

从这一复苏到发明意念的最初涌现，再到它完全被接受，所需要的时间一般比较长。这正是发明家的心理模式与其他人（无论正常与否）的心理模式之间的不同之处。精神分裂症患者大约从十八岁左右开始"发明"临床情感，他的心理模式与发明家的心理模式完全不同，具体地讲，二者的区别如下：

（一）精神分裂症患者：

超敏感型人在童年期受到严重创伤（尤其是在潜意识中），他的性心理发展完全受到破坏，造成心理和检查系统的病态发展，早年形成的创伤干扰伊德欲望与个别欲望的实现，扰乱夜间睡眠-梦活动的残余和指令的吸收代谢，于是，幻觉作为疏浚手段出现在睡眠状态和醒觉状态中。

我们从伊德出发研究梦，进一步证实了荣格和贝鲁克（H. Baruk）的研究成果：中毒的确是精神分裂症形成的一个原因。但是，微精神分析学认为，中毒源于夜间睡眠-梦的活动：在夜间睡眠-梦活动中，欲望没有得到适当的实现，剩余与指令不能得到充分的吸收代谢，这才是造成中毒的主要原因；而所谓虚空接合机制受到生物化学性破坏，造成酶和激素的紊乱，并不是主要原因，甚至可能是次要原因。同样，睡眠的紊乱，尤其是入睡与醒来时间的延长、入睡图像与醒来图像的变化，这一切都有益于幻觉的产生，而幻觉正是机体在高强度心理活动、升华和正视现实三方面遭到失败后进行的补偿性尝试。

（二）发明家：

超敏感型人在童年期受到不太严重的创伤，根据个人特有的压抑，他的性心理发展受到干扰，但是，心理与检查系统的正常发展不会受到影响，因此，梦欲的实现和夜间睡眠-梦活动残余与指令的吸收代谢都是正常的，而且能够偶然生出发明的花蕾并开出怒放的创造之花。

所以说，发明家和精神分裂症患者都是超敏感型人，换言之，在二者身上死亡冲动的表现非常强烈，而且二者都对虚空具有很强的亲和力，但是，他们的心理结构和适应外界现实的能力则不同。

处于创造阶段的发明家也会出现若干心理或身体紊乱，

那是因为他被迫必须分娩那待生的发明创造,冒着破产甚至使那些认为他是疯子的人破产的危险,不惜以自己的精神平衡甚至生命为代价。发明家被一个戏剧性的误会搅得坐立不安:1. 发明使他堕入虚空的诱惑和死亡冲动的漩涡之中;2. 伊德却对他和他的梦的具体实现完全无所谓。

正因如此,发明者的解释难以被社会所接受,因为:

发明

根本无视

聪明才智。

聪明才智至多能够在某些情况下对发明起完善的作用。因此,我从来不在自己的研究中使用"聪明才智"一词,在日常生活中,我也很少用它。那些试着给我解释这个词的人(无论用两分钟,还是两个小时)最后都可怜地结束了他们的自言自语。微精神分析学对聪明才智的定义是:在教育与习惯的影响下,适应性尝试(取皮亚杰之意)自我调节的结果。这些尝试可以使人追踪,甚至在某种情况下预测某一正在进行中的尝试的运动曲线,但是,它们往往使人看不清这一尝试与伊德之间的关系。轰动世界的智商说并不可靠,智商测验提供的判断具有地道的伪科学的特点。特门(L. Terman)曾经对一千五百多个智商高于一百三十五的男女青年进行研究,他发现这些"天才"并没有什么奇特的命运。我个人并没见过聪明的天才。至于天才的发明家,是发明,而不是他本身,使其成为天才。

由此看来,发明完全可能与发明家一直在寻求的东西毫不相关,它突然从伊德中涌出,在潜意识中随着睡眠-梦的活动而形成。因此,所谓"创造发明超人说"纯属空谈:

人

只能根据

构成其自身的一切

进行发明创造。

我认识两位大发明家。根据他们的发明,人们正在制造只有几克重的人类器官。在长分析中,一些接受分析者在自己身上发现了最复杂的发明草图:

(物理学家):"……好像在我的潜意识里有一个光的系统,它反射被遗忘了的冲动射线……也许它能捕捉其他人随伊德振荡偶然发射出的复现表象和情感的粒子…

(三分钟沉默,然后)

……有人正在制造有记忆的电子机器……和起偏显微镜……等专家们用这种仪器研究人的大脑记忆中心时……他们看到的将是设计者大脑中迷宫般记忆网络的投影……

(两分钟沉默,然后)

……难道就是因为这个原因我才对电脑这么感兴趣?……才能准确看到偏振规律?……我为什么越来越对自己的梦感兴趣?……我是不是在寻找记忆中来自前辈的……

属于前辈记忆的……有规律的东西？……寻找这个东西在什么地方……它是不是就是人的梦-发明的骨架？……"

一九四五年,作家戈诺[11]写道:"真正的、伟大的历史就是发明的历史。"下面是浓缩至三天的人类发明史:

(一)最初,人发明石器工具。在相当长的时间内,他只会敲打切磨,后来,他试着磨光。荒谬的愿望!乌托邦!然而,终于有一天,他成功了,难忘的成功;

(二)于是,他躺在成功的床上一睡就是二百九十天,什么也不再发明;

(三)前天,人约定在岩石上做一些记号以传递信息。昨天早晨,人发明了字母。下午,古希腊已达到文化的顶峰。晚上,古罗马统治西方并崩溃于午夜;

(四)当天夜里,知识界欣喜若狂,因为,达·芬奇用图画出了在虚空中产生的实体。伽利略险些因为撰写了"试验者"这篇将改变人类命运的文章而丧生;

(五)第二天早晨,人发明了蒸汽机、电话、X射线、无线电和电视;

(六)现在,人继续他的往返于鱼类—两栖类—鸟类之间的活动,他发出了第一个宇宙飞船,从今以后,他的梦-发明可以创造一切,也可以摧毁一切。

然而,从人所具有的实际能力的角度讲,到现在为止,他还什么也没有发明。面对未来,他有取之不尽的发明潜能。因为这潜能来自虚空—虚空中性动力—伊德。目前,发明从越来越多样化的尝试中破壳而出,凝结在机器人身上。照此发展下去,人自己将变成无个性、无人类特征的集体伊德设计出的机器人。

综上所述,发明是:1. 伊德振荡干扰的结晶;2. 固化的梦;3. 潜意识可物质化-物质化的投射:

(物理学家):"……我觉得自己对搞发明兴致勃勃……

(两分钟沉默,然后)

……没有虚空—虚空中性动力—伊德这个模型……我也许很难想象出什么东西来……比如……人的思想在一瞬间能够直达某一星系……也许这是因为人的思想不仅仅在我们的大脑中活动……而且在大脑之外活动,其运动速度远远超出光速……布朗克曾经提出过这种假设……伯克来的贝尔研究组正在重新研究这一假设……最近才发现的类星射电源……它的名字是由类/星体两个词缩合而成的……一些双射电源的分离速度比光速还要快二十倍。……

(两分钟沉默,然后)

……没有虚空,就没有空间……速度难道不是人对虚空中性动力的微粒的随机动力的错觉?……产生一切错觉的第一错觉?……"

第二节
过激行为

一、子宫内的战争

> 一个卵子和一个精子
> 的细胞质和细胞核合并,
> 产生人类的卵。

超显微胚胎学和分子生物化学证明,从生命之初的那一刻起,人就受伊德指令的控制,人的发育以下列因素为基础:

(一)卵子和精子的生物中性;

(二)二者相遇的偶然性;

(三)它们所具有的、以生存为目的的细胞过激性。

卵子是唯一肉眼可见的人类细胞,它呈球状,直径为一百二十微米,很像字母 i 上面的那个点儿,它的体积比精子大一万倍,它的结构和代谢基本以自我保护为目的:1. 卵子有两个保护层:以糖蛋白胶相联的细胞冠构成的辐射环和由二十微米厚的透明膜构成的透明区;2. 细胞质含有大量以蛋白质和脂肪为主的养料。然而,上述保护设施并不能使未受精卵子免于在二十四小时后死亡(平均数字),为了生存,卵子必须恢复它离开卵巢之前的二倍性。

精子长六十微米,其结构类似一个三级火箭:1. 最前面是遗传器,上面覆盖一层充满活性酶的冠状膜(精虫头粒);2. 中间部分是能量库,它由一个环绕鞭毛固定部分的线粒体螺旋组成;3. 尾部由鞭毛活动部分组成,它像蝌蚪的尾巴一样波动不停,起推进作用。

一次射精排出的三亿精子中,只有几个能够进入受精区,即:两个输卵管之一靠近卵巢的地方。事实上,尽管精子的细胞能量极高,一次射精排出的精子几乎全部中途夭折;造成精子大量死亡的原因有很多,其中:1. 精子习惯于它们原来生活的碱性环境,很难适应阴道中的酸性环境;2. 尽管它们的寿命是三天,但是,每分钟两毫米的前进速度(对这一层的生物来说,这是一个惊人的速度)使它们的能量很快消耗殆尽;3. 它们的头部没有寻探器,运动曲线和目的均不确定,所以很容易在生殖器的黏膜中迷路;4.它们从卵子那里得不到任何化学性战术指引,完全可以从卵子旁边过去而毫无察觉,甚至掉进腹腔。

因此,一个精子最终能够穿透卵子外环冠的细胞围墙,真可谓是九死一生,纯属偶然。一旦到达目的地,精子利用自己冠状膜内的破坏性酶,立即开始对卵子进行纯细菌性化学侵蚀,精子的透明质酸酶和胰蛋白酶破坏卵子的保护层,使它能够穿越防线进一步深入;当精子接近卵子的细胞质膜时,卵子出现抗原-抗体反应,它试图用这一方法胶合精子,但是,这对于正在猛烈穿入卵子的精子没有一点效力。与人们一般以为的相反,精子绝不满足于只将自己的核心部分深入卵子内部,而是直到彻底全部进入其中为止。

在被一个精子穿透的那一瞬间,卵子发生"电抖动"(L.Cudmore),经受一次生理化学震动,使其他精子不可能再靠近它。同时,它的细胞质收缩,变成卵黄周围液状空间,像一个水兜(!),这不禁使人联想到一个神奇的现实:人类的发育离不开海(参见本书"人体的泌尿功能"一节),换言之,

> 没有海
> 就没有人。

卵子与精子的单倍体遗传器并合而形成最初的双倍体

细胞核。这里出现另一个让人难以置信的事实：在成人身体的每一个细胞中，都可以找到与这一最初的双倍体核完全一样的细胞核。

受精后，卵子带着它的来自父母双方前辈的伊德，被输卵管中渗出的腹膜液、输卵管肌肉的蠕动和上鞭毛的震颤推向子宫，它在前进途中开始分裂：受精三十小时后，它分裂为两个细胞，五十个小时后，它分裂为四个细胞，到第六十个小时，它已经有八个细胞。

受精后的第四天，卵子的十六个细胞形成一个实体小墙，人称桑葚胚，它越过输卵管与子宫之间的通道，在子宫中自由浮动，继续进行细胞分裂。

受精后的第五天，胚胎的一百五十个细胞形成胚囊（希腊语 blastos＝胎，cystos＝囊、袋、装满的包），它包括：1．胚芽，这个细胞群继续分裂，产生胚胎的最主要部分（从第十四周开始被称为胎儿）；2．营养胚，包围胚芽的单层细胞；3．胚肿或胚泡空间，人体微精神分析学认为它的作用十分重要（参见本书"人体的消化功能"一节）。

受精卵子前五天内表面的平静极具欺骗性。事实上，人类的卵在它的发育过程中始终冒着九死一生的危险。我们至今不太了解它死亡的原因（妇女自己往往根本没有任何察觉），但是，似乎可以肯定这样一个事实：当病态细胞，尤其是受遗传畸变影响的细胞，对人种造成威胁时，人体的裂解机制自动工作。胚胎的这一特点证实了微精神分析学一个重要的理论：

  个体的破坏性尝试

  往往掩盖着

  集体的自我保护性尝试。

此外，它还证明，来自死亡-生命冲动的破坏与自我保护共冲动：1. 从来就不可分，自我保护共冲动从某种程度上讲是破坏性的，而破坏共冲动从某种程度上讲是自我保护性的；2. 由于二者的特点具有互换性，它们的作用是互补的；3. 二者拥有一个共同的动力源。

  受精后第五天，人类的卵子九死一生终于变成了胚囊。从这个时候开始，一直到妊娠期结束，子宫就是战场。无论人们怎么描述，妊娠期子宫内的环境远远不是一个充满爱的天堂：

  母亲勉强使子宫内的产物

  不至于细胞突发，

  胚胎只有躲避或储存母亲施加于他的心理打击才能得以生存。

下面是这场战争的详细发展过程：

  受精后第七天，受精卵子开始着床，它在七十二小时内绝望地在宫壁上挖坑，想住进去。这是因为，爬行类、鸟类（sauropsides）和某些哺乳类动物（单孔兽）的卵子，在磷脂细胞有丝分裂末期，都有一个巨大的、丰富的卵黄磷蛋白囊，而人类的卵子没有卵黄，所以，它很快就出现营养缺乏现象，只能靠进攻母体的组织来维持生命。因此，受精后第八天，

  人类的胚囊

  食人肉。

这样讲尚未表达出胚胎食人的必要性，因为，这种食人本性是象征性吞食图腾崇拜偶像——父亲这一现象在细胞层的预兆。现将胚胎靠食母亲肉而生存的过程综述如下：

  胚囊的外围细胞迅速增殖，形成胚圈，产生胎盘绒毛、膜绒毛；后者钻进子宫黏膜细胞内，靠碱性酶对其进行破坏，同时吞噬破碎的细胞；当这一方法不再能满足它的需要时，胚圈开始制作胎盘，周围绒毛细胞失去它们的细胞膜，形成合胞体圈，这是一层布满细胞核的原生质，它将周围微型绒毛（毛边）分开，在母体结缔基质中扎下根，咬噬并侵蚀子宫内血管，直到在与母体相接的地方挖出一片片血湖，就这样，在受精后的第二十天，

  胚胎完全浸在母体的血液之中，

  从中吸取养料，

  而母亲则在尝试

  愈合胎儿造成的创伤。

很多胚胎学专家［如，多朗德（A. Dollander）和奥特曼（R. Ortmann）］强调胚圈的破坏性功能，但是，也有一些胚胎学专家［如，斯塔克（D. Starck）］对此不以为然。微精神分析学家不仅承认胎儿对母体的过激行为，而且揭示出这一行为的细胞学基础（尤其是孪生胎儿的食肉性，它造成的后果可能是，一个发育完全正常的人在自己身上带着无人知道的孪生兄弟姐妹的幽灵）①，并根据伊德的中性能量对这一过激行为进行重新定义（参见本书"成人战争"一节）。

毫无疑问，某些接受分析者对自己的母亲怀有刻骨铭心的仇恨，这正是胚胎体验中形成的固恋的反映。此外，长分析告诉我们，成人在自己的潜意识深处，对这段吞食母体血肉为养料的体验留有很深的记忆；为了重新体验胎儿期的这段血腥经历，他不择手段地试图吞食自己的同类或是他们的替代物，唯一不同的是，这一次他不再是"体内寄生物"，而是"体外寄生物"［费兰奇（Ferenczi）］，不是在吞食对象的身体内部，而是在他们的身体之外进行。这就是为什么，经期的妇女会使一些人产生异食欲，这种对非食用物的渴望从来不顾忌社会-宗教的教诲和医生的告诫：

---

① 这里指外科医生在为一个人做肺切除手术时，居然在患者的肺里发现了他的未成形的孪生兄弟。

（重复出现的句子：）"……那又怎么样！……在她行经的时候，我就是想吻她的那个地方，这又不是什么特殊的要求……"——"……当我满脸是血，从她的两腿中间抬起头来的时候……我突然感到很快乐……"——"……我就喜欢舔来月经的女人……她们告诉我，我不是唯一有这种嗜好的人……"——"……妓女，妓女！……我妻子不会明白我为什么要吃她的经血……要不是时不时吃点经血，我真的会发疯……"

从免疫学角度看，从着床的那一刻开始，胚胎对于母体来说就是一个异体。父系基因（甚至可以说是双亲基因）的生物化学指令不断刺激母体的免疫系统，后者一次次反击，产生大量的、固定在胚圈上、有助于溶解和吞噬胚圈的抗体，由此看来，为了控制胚胎的抗原性进攻，食人肉同样是母体采取的自卫方式。因此，我们只得承认下面这一事实：

> 抛弃性尝试
> 是母亲对孩子做出的
> 第一反应。

Inserm[①]或波士顿Rocklind小组的实验证明，根据妊娠免疫学的一般规律，胚胎很难生存，而它之所以能够活下来，

---

① 见本章后注释〔3〕。

全靠自己的细胞和细胞核的微妙的自卫机制,它采用的战略手段很像癌症(参见本书"精神病与癌症"一节):胚圈分泌一种具有抑制母体抗原生成作用的免疫抑制物和阻碍母体吞噬胚细胞的毒物。胚胎的这一战略是否能够解释某些新生物的突发[霍德金[12](Hodgkin)提出的妊娠期淋巴癌]?无论如何,

> 人类的胚胎
> 在其发育过程中
> 很像一个恶性肿瘤。

即使在母亲与胎儿之间似乎慢慢形成了一种免疫学或其他意义上的妥协,他们的尝试和破坏-自我保护共冲动方面的相依为命也完全是表面的。他们彼此对各自的本我的容忍是暂时的,孕妇呕吐正是将胎儿排出体外的象征性尝试。是超微检查机制,而不是和平自由的交换,在维持母亲-胎儿之间相依为命的关系。胎盘可以给我们提供这方面的证据,它在胚胎中同时起肺-肾-肠-肝-内分泌腺的作用,能够使母体与胎儿的血液相连而不相混。事实上,两微米厚的胎盘膜(对这一层次的生物来说,这一厚度很可观)将母子的血液隔开,在电子显微镜下看,胎盘膜包括:1.胚胎毛细血管内皮(总长大约五十公里),2.胚胎毛细血管基底膜,3.厚纤维层,4.另一层基底膜,5.合胞体滋养层细胞质。

这道屏障是这样的薄,其结构是这样的特殊,以至于胎儿与母体之间只有通过极其微妙的方式才能进行相互交流。下面是母-胎交流的三个主要方式:

(一)胞饮,即变相细胞吞噬,它保证细胞对复合蛋白、脂肪及某些抗体的吸收,强行使这些养料进入细胞内;

(二)简单扩散,它完全受物质局部压力梯度的控制。具体表现为:氧和电解液从母体扩散到胚胎,二氧化碳和氮的废料从胚胎扩散到母体变成尿素;

(三)复杂扩散,即依靠胎盘膜的选择渗透性能、它的酶的活动及传载、吸收与分泌过程,使氨基酸、大部分蛋白质、糖、某些脂类、钙、铁、维生素等得到扩散。

通过上述复杂的机制,我们看到伊德怎样在细胞层尽全力维持胚胎与母体的虚空接合活动。例如,在复杂扩散中,在酶的作用下,相当量的蛋白质和脂类先分解为最简单的蛋白和脂类,穿过胎盘膜,在到达胎体时再重新合成恢复原状。需要下很大功夫(这在进行微精神分析时是必不可少的),才能具体意识到这一工程之巨大,同时又不忘记,在细胞生物电规律的控制下,整个分解还原过程还必须适应胎盘膜各个层次的不同的潜力。

总之,胎儿与母亲能够在子宫战争中幸存完全是一个奇迹。产科疾病分类学认为,五分之一的妊娠是"有风险"的,有可能以流产告终。这是因为,

> 胎儿
> 是母体身心状态
> 和周围环境的
> 超感接收器。

人们利用大量的技术手段进行这方面的研究（胎体透视、羊膜透视、羊水穿刺、超声波、心电图、胎体心电图），一门新兴科学应运而生：胚胎行为学，它证实了松答（L. Sontag）一九四一年提出的假设：母亲对胎儿的影响远远超出人们一般以为的各种疾病的遗传范围，如高血压、糖尿病、毒血症、风疹、胞浆中毒、梅毒等。

胎儿受母亲心理状态的影响（包括意识的和潜意识的），承受她的焦虑和恐惧，她的感觉-感知和她的生物活动。来利（W. Liley）和思密特（C. Smythe）的研究成果告诉我们，胎儿是忠实的环境变化计量器，他对声音、污染、光线、温度和气压的变化均有反应。

孕妇的性活动是对胎儿易感性的严酷考验。不仅仅对孕妇进行的微精神分析可以证实这一点，而且，任何一位接受分析者在用伊德的观点分析自己的梦时暴露出的原始幻觉同样能够证实这一点。对于其他雌性动物来说，怀孕意味着发情期的结束，人类则不同。孕妇往往性欲极强，因为：1. 不再担心怀孕（因为这是女人最基本的心理生物欲望，所以怀孕对于她们来说，即使不是意识层，也是从心理结构上看很浅层的解放);2.性感区域兴奋度普遍提高;3.生殖器官的快感得到强化;4.重新回到母体中的俄狄浦斯式矛盾欲望得到加强;5.出现与父母交媾有关的幻觉;6.肛门性虐待禁忌削弱,出现肛交行为。正因如此,提供妊娠晚期妓女的妓院非常受欢迎,而且,一般来说,孕妇对很多男人具有很大的吸引力:

(一位接受分析的女士):"……那时大概离生产还差两个星期……我丈夫和我连续做爱……我一会儿跪着,用双肘支撑身体……一会儿侧卧……他的阴茎从来都没有给我带来过那么强烈的阴道快感……是他比以往兴奋?……还是因为在我腹中蠕动的孩子?……我同时能感受到他们两个人……

(两分钟沉默,然后)

……突然……他把阴茎插进了我的肛门……我动不了……定在那儿……太阳穴爆裂……眼珠好像要蹦出来一样……

……我开始出汗……不,不是汗……比汗稠……比汗多……我的皮肤像抹了肥皂……抹了油……不!……我整个人变成了一堆黏糊糊的东西……

……我感到自己不光是在分裂……而且,我的身体的每一个部分都独立出去了……它们各自独立存在……彼此之间再也没有任何联系……我的关节全部失灵了……想动动胳膊,结果却是肩在动……

……我不知道是什么……口水、分泌物从我的嘴里和阴道里同时流出来,我被丈夫和儿子挤得直打嗝……

(两分钟沉默,然后)……

……突然,我的身体直立起来……呼吸停止了……我丈夫害怕了,撤出了阴茎……我大便失禁……感到在阴道里面有个像火球一样的东西……然后就失去了知觉……"

可以说,这位女士描写的高强度性快感是妊娠期性活动增多和接触传染所致,但是,另外存在一些不容忽略的因素,这些因素我在前面没有提到,它们直接与本我有关;在破坏-自我保护共冲动作用下,这些因素促使孕妇拼命抓住伊德的中性能和根据虚空恒定规律而动的死亡冲动,使她能够通过:1. 在自己的组织(尤其是骨盆的组织)和细胞中恢复类胚胎状态,2. 通过将身体的全部出口(尤其是肛门与阴道)合并为一个出口,借助女性特有的条件,实现性享乐。

细胞并合状态是孕妇心理-性活动的一大特点,在这一状态下,胎儿随母体性欲或性活动的每一微小细节而颤动。苏联学者发现,母体中的胎儿能够根据自己的满足状况,做出各种反应:微笑、皱眉、握拳或吸吮大拇指。什么都逃不过胎儿的伊德颤动跟踪仪,它将母亲的每一次性兴奋、手淫、口淫、阴道性交或肛门性交都一一记录下来,永不遗忘。有时，孕妇在性高潮状态下出现子宫收缩，给胎儿造成很大压力，她的心脏出现可以观测到的衰竭征兆，严重时甚至可能造成流产。简而言之，母亲的性活动对胎儿造成生存威胁，然而，孕妇并不因此而节制自己的性享乐。在这一方面，我们通过精神分析获得的材料无一例外。

  没有任何一个孕妇，

  出于为胎儿考虑，

  放弃自己的性享乐。

不仅如此，胎儿在羊膜囊中还要承受进入母体的父亲。来自阴道或肛门的阴茎撞击决定着胎儿对父亲暴力行为的细胞记忆，这一记忆由意识动机，尤其是潜意识动机所构成。由此看来，胎儿在母体内就知道，自己是一个可以被摆脱的情敌，一个可以被置于死地的对手。这一场并非势均力敌的、划时代的战斗给胎儿打下的烙印永远不会消失，它潜伏在成年人身上继续发展：

（反复出现的句子：）"……一种说不出的受过迫害的感觉……"——"……我是一次神秘暗杀的幸存者……"——"……好像什么时候被伤害过，但是又想不起来是怎么一回事了……"——"……我好像觉得过去被别人狠狠地伤害过，再也恢复不过来了……"——"……全身上下有一种模模糊糊的感觉，好像曾经受过致命的伤害……"——"……很早以前……有人想杀我……"

从弗洛依德开始，我们已经习惯把儿童性心理发展分为三个阶段：口部阶段、肛门阶段、生殖器阶段。微精神分析学认为，这三个阶段形成得较晚，是次要的。子宫内的战争告诉我们，胎儿：

（一）参加母亲的性活动（战斗！），并通过她，参加她的性交伙伴的性活动；

（二）以细胞层的性快感活动，对母亲性心理活动的每一个细节做出反应；

（三）随着母亲不同性感区域的活化，与她同时在这些区域产生口腔、肛门虐待型、男性生殖器和女性生殖器性欲冲动。

我称上述胎儿性心理冲动为幼儿性心理发展的初始期。也许有人认为"期"这个词用得不对，认为我根据某一特定的客体关系，把胎儿性欲组织中的一种形式看成了一个阶段。这样的批评不成立，因为，胎儿正是通过与母亲的客体性心理能量活动发生共振［正如比勇（W. Bion）所指出的］，通过混合系统发育的复现表象-情感［正如拉斯考夫斯基（A. Rascovsky）在《胎儿心理》一书中所指出的］：1. 造就自己的本我，2. 根据死亡-生命冲动建立自己最初的共冲动结，3. 组织个体遗传的显像屏，4. 使自己的心理生物实体结构化，形成心理实体和身体实体，5. 建立自己的潜意识的个体遗传基础。因此：

母亲强加于胎儿的

过激-性活动的第一课

构成儿童性心理发展的初始阶段。

胎儿的心理生物冲动使这一阶段具有以下作用：

（一）使投射成为最初级的个体遗传机制。这一机制模仿伊德的延伸力，是胎儿与周围世界之间建立起的最初的关系形式。它先于认同而形成，是认同的基础，并且在抑制的基础上调制认同的各种不同方式。由此引出微精神分析学的另一个观点［与歇尔德（P. Shilder）的某些判断相符］：人只能吸收—内在化—内心化—摄取自己最初的投射。

（二）形成与施行暴力者相认同的细胞类型，它包括：

1．安娜·弗洛依德确定的积极的、具有破坏性的部分；

2．费兰奇提出的被动的、具有防卫性的部分。

（三）为人的心理生物发展与活动打下了投射-认同的基础。

（四）使最初的父母交媾的场景摆脱混乱的幻觉状态，成为现实生活体验。

（五）同时刺激儿童性活动中由经典精神分析学划出的各个阶段（我们现在知道，这些阶段在人出生前就已经存在，而且彼此相重叠）。

（六）确定成年期性活动的特点（包括幻觉与梦象）及这些特点与过激行为的关系（参见本书"性与过激行为的

关系"一节)。

这里引用日再尔(A. Gesell)的话:"人出生前的构造为其一生打下了基础,而这构造同时又是一个漫长的过去的产物……新生儿是一个很老的老人,他已经走完了个人发展的绝大部分路程。"由此看来,既然在母体内的九个月中,胎儿一直坐在最前面的包厢里,也就是说,坐在剧场的最前排,那么,

  孩子出生时

  已经非常了解

  过激活动-性活动。

在长分析中,接受分析者经常影射生命初始阶段的体验:

(一位接受分析的女士):"……开着或关着的门倒还没什么……我最怕半开半关的门……简直怕死了……

(五分钟沉默,然后)

……我经常梦见和兄弟姐妹们玩捉迷藏……我试着钻进一个柜子,关上门……一间卧室里的柜子……我父母的卧室?……然后,我父亲走来……他是不是想把我从柜子里弄出去?……多少次,我在梦里被吓得要死……他会打我吗?……怎么记不起来了呢?……

(四个星期后)

……我梦见的柜子显然是女性生殖器的象征……我母

亲的生殖器?……

（两分钟沉默，然后）

……在母亲肚子里时，我一直在记录她的每一次性交……和我父亲或和另一个男人……那时候我怎么能有那么清楚的感觉?……他只不过打扰了我的平静?……

……还是他想把我从母体中弄出去?……他和母亲商量好了吗?……当母亲身体突然抽动时，我简直像被老虎钳夹住一样……

（两分钟沉默，然后）

……那时，我肯定受过可怕的震动……一天，父亲对我说：'我年轻的时候，每次干那个，都像要把女人捅穿一样。'……说到这儿……您知道一个很有力的阴茎能打开妊娠状态中的子宫吗?……它可以打开一个阴道液不断外流的孕妇的子宫……

（两分钟沉默，然后）

……想想看，我们每个人都是从那儿来的!……"

尽管大量的科学实验已经证明的确存在子宫战争，尽管尼尔森（L. Nilsson）[13]已于一九六五年发表了介绍这方面情况的神奇的摄影，医生、心理学家和精神分析学家仍在继续认为，胎儿在九个月妊娠期内是生活在"福乐"状态之中。令人惊讶的是，巴兰特（M. Balint）居然把胎儿与母亲的关系说成是"相互渗透的、和谐的"关系，而格

林那克(P. Greenacre)至今仍停步于"子宫内不谐调"的假设,这是多么令人失望!微精神分析学认为:

(一)在母亲与胎儿之间,根本不存在什么和谐;

(二)恰恰相反,进行相互破坏性尝试是二者之间关系的特点;

(三)子宫战争相当残酷,然而,由于在富有创造性的虚空中活动的伊德是相对的,在它的偶然作用下,死亡冲动可以反弹为生命冲动,生命仍然可以得到发展。

(女精神分析学家):"……要不是当年在母体里就有过焦虑的体验,人怎么会在成年后有那么多的焦虑?……偏执狂-分裂型焦虑和抑郁型焦虑肯定形成于哺乳期前……甚至早于出生创伤焦虑……克拉夫(Krapf)三十年前研究胎儿氧调节问题时,就曾经提出过这样的假设……

(五分钟沉默,然后)

……亲爱的梅拉妮,您所谓'既善良又恶毒的乳房'来自您胎儿期的生活!……您自己已经在《欲望与感激》中预见到了这一点……[14]

(三分钟沉默,然后)

……孩子在子宫里一直处于危急状态……母亲出于自己生存的需要,才会对胎儿有所关照……面对胎儿的破坏性进攻,母亲的自我保护性尝试变成了不断的排斥性尝试……

……这就是被遗弃综合征的真正来源……其表现就是

猛烈的过激行为和自我贬低，然后由于失去安全感而产生焦虑……这种焦虑随胎儿经受母体的排斥而逐渐结构化……这样看来，热尔梅娜·盖（Germaine Guex）的'遗弃性神经官能症'只不过是真实遗弃体验的附属产物……

　　……依我看，

> 细胞间的不相容性
>
> 决定
>
> 所有的胎儿都是弃儿……

胎儿绝望地为生存而斗争……成年后，当生活中发生的一些事情触动这段记忆时……他就成了被遗弃综合征的患者……"

二、童年期战争

宇宙中最奇特的现象发生在从卵子受精到妊娠结束的二百六十六天内（根据世界卫生组织提供的标准）：

> 在从胚胎发展成胎儿的过程中，
>
> 人类的卵子重新经历
>
> 从原生动物到后生动物、
>
> 从无脊动物到脊椎动物、
>
> 再到人类产生的全部演化过程。

分娩可谓是一场激烈的肉搏战，每一次交手、每一下打击、每一次缓冲都是母子双方的即兴发挥。胎儿与母亲的尝试和他们的破坏-自我保护共冲动比任何时候都更具有伤害力。从伊德角度看,这场战斗的结果完全是偶然的,即使下列因素对分娩的结果有一定的影响:(一)胎儿对子宫收缩的反应;(二)胎儿在母亲骨盆中的位置;(三)胎儿体积与母亲骨盆大小的比例。

羊水囊破裂的瞬间,发生另一个奇特的现象:

> 婴儿骤然间跨越
> 生物从水下生活过渡到陆地生活
> 所需要的数百万年时间。

新生儿吸进的第一口气微薄如剃须刀片,它打开呼吸道并张开一直处于粘连状态的肺泡,于是婴儿发出第一声叫喊,这是他(她)第一次矛盾冲动的表现:(一)这是胜利的欢呼,因为,他(她)历经子宫中的千难万险,终于从母体多骨而狭窄的通道中闯出来了;(二)这也是面对未知世界,他(她)为自己的心理生物的极度脆弱,发出的痛苦的嘶叫。

但是,这一矛盾性并不能为朗克(Rank)的理论提供任何佐证。朗克从"母体内的生活环境充满快感"这一假设出发,提出"分娩创伤"性神经官能症说。微精神分析学认为,

> 分娩
> 是解放,

而不是创伤。

这是因为:

(一)从卵子受精到分娩,母亲与胎儿之间从来就是你死我活,这也许并非情愿,而且双方均无意识,但是,母子之间的这种关系确实存在。在这种情况下,分娩是胎儿唯一的生存希望。正因如此,产科学试图缓和从子宫到外界环境之变化的各种尝试收效甚微,如,推迟剪断脐带的时间或再造子宫内生活环境(弱光、无声、生理温度、贴近母体……);

(二)成熟的胎儿不离开母体,就会有生命危险。超过预产期十五天,由于胎盘供养不足,胎儿综合征直接影响胎儿的发育(尤其是大脑的发育),使分娩变得十分危险;

(三)脑电图研究表明,在分娩过程中,绝大多数胎儿处于睡眠状态,这一发现令研究人员惊讶不已;

(四)新生儿完全处于依赖状态,无人照料就会死亡,但是,外部世界对新生儿来说并不陌生,因为,当他(她)还在母体内(尤其在所谓初始期),透过母体感受并记录来自外界的各种刺激时,就已经学会了认识外界并揣测各种危险。

新生儿进入哺乳期,立刻开始警觉地对生活进行尝试。这种尝试暂时仅限于以母亲为对象。哺乳期婴儿尚不能将自己与母体区分开来,他(她)将自己的每一个细胞和整个身体与母体进行比较，我将婴儿出生后观察到的母体称为母体地形图。威尔森（E. P. Wilson）和 R. L. Trivers 两位社会学家认为，婴儿与母体的这一比较很有可能受基因的限定和微量调制。母亲的过激潜力将明确告诉婴儿，他（她）的进攻可以进行到什么程度，在什么时候必须停止。

如果没有微精神分析的长分析，很难想象在母亲和哺乳期婴儿之间居然会发生这样多的事情。研究照片（幻灯、电影及其他音像记录）是微精神分析学在很多问题上获得成功的重要手段，在母婴关系上同样如此。宋迪（Szondi）一九五三年告诉我，他通过研究普通照片，建立个人的"冲动程式"，进而捕捉"家庭潜意识"。我在微精神分析中使用接受分析者及其亲属好友的私人照片，接受分析者用电子放大镜和放大投影机仔细研究照片上的每一个细节。不使用这种方法，我们看照片就像不用显微镜看水一样。依靠这种方法，接受分析者很快明白，分析自己一生的照片是进行微精神分析必不可少的组成部分。如果对于中国人来说，一张照片"搅乱潜意识"[邦雅曼（W. Benjamin）][15] 的力量远远超过一千个字，那么，在一张照片上"失去的"一个小时要比一次长分析还有价值。这是因为，在接受分析者和他面对的照片之间，在"欲说而不能的压力作用下，……会形成一种脐带样的联系"[巴特（R. Barthes）][16]。正是通过研究自己在哺乳期的照片，接受分析者才能发现当年在自己和母亲之间进行的那场战斗的规模，更重要的是，发现那场战斗的凶险和双方力量之悬殊，发现母亲的非真实性在场。①

> 非真实性在场
> 是
> 母亲对哺乳期婴儿
> 无意识的、心不在焉的态度。

其表现为一贯的、隐隐约约的、难以捉摸的气恼。这一态度在哺乳期母亲身上的表现比一般人们想象的要普遍，它反映出母亲出于自私或嫉妒施加于婴儿的过激行为，这种行为：

（一）重新挑起子宫内的战争；

（二）形成报复-修复行为组，其后果就是焦虑-负罪神经官能症；

（三）根据不同婴儿的不同情况，构成类精神病或精神病症发作的原因之一。

具体地讲，用奶瓶给婴儿喂奶的照片或录像最能揭示母亲的非真实性在场：

（一位接受分析者）："……我对这张照片非常熟悉……而且很喜欢它……可是，突然……太痛苦了！……真让人遗憾！……真伤心啊！……

---

① 非真实性在场，法文原文：la fausse présence；英文原文：false presence。

(抽噎,边哭边说:)

……上帝啊……母亲怎么这么讨厌我!……她怎么这么讨厌我!……我简直是个使她筋疲力尽的累赘!……看那奶瓶有多么沉重,多么多余!……她为什么把头转向一边?……也许她在看电视吧?……她好像根本没看见奶嘴不在我的嘴里……我真可怜!……拼命想够着那个可望而不可即的奶……

(两分钟沉默,然后)

……她疲劳不堪、心不在焉的样子让我看了直起鸡皮疙瘩……看着她那极度疲倦的样子,我的血流都凝固了……我清楚地感到,她很想杀了我……

(两分钟沉默,然后)

……我居然奇迹般地活过来了……这简直太卑鄙了!……可耻!……可恨!……

……幸亏我是在您这儿发现了这一切……要不然……即使是现在……我真不知道自己会干出什么事儿来!……"

除照片以外,自由联想有时也可以暴露出一些母亲非真实性在场留下的痕迹,这一点在移情中表现得最为明显:

(反复出现的句子:)"……要是我们下星期只做五次分析,您就甭想再见着我了……"——"……我永远不会同意您以元旦为理由取消分析……"——"……要是因为我的表现您才取消这次分析,我早就自杀了……"——

"……我真不愿意再像乞丐一样向您要求增加一次分析……"——"……我恨死您了,因为另一个来做分析的人比我的场次多……"

母亲对哺乳期婴儿的另外一个过激行为是狂乱性在场。[①]

> 狂乱性在场
> 是
> 母亲对哺乳期婴儿
> 有一定意识的兽性态度。

尤其在喂乳母亲的眼神里,我们可以捕捉到,哪怕只是一瞬间,这种态度的流露。那是被关起来的疯子的眼神,冷漠、呆滞、慌乱。作为伊德自恋的投射,这种态度是雌性动物面对自己后代所具有的令人难以捉摸的、野蛮的过激行为的表现。因此,狂乱在场:

(一)使婴儿直接与虚空相接触;

(二)加强婴儿对虚空的亲和力;

(三)使婴儿的图像屏幕结构化,即:在图像的三个层次之间(个体发育、系统发育、伊德)形成一个抵抗虚空的能量防御系统。

母亲的狂乱性在场使哺乳期婴儿能够适应无所不在的虚空,其影响一般是生理的。当然,根据强度、时间和婴

---

① 狂乱性在场,法文原文:la folle presence,英文原文:madpresence。

儿具体情况的不同，母亲的这种态度可以为神经症和精神病的发作打下基础。在长分析中，通过分析自己在母亲怀里吃奶时的照片，有时不用引导，接受分析者也会自己发现母亲的狂乱性在场，他（她）首先为此感到十分窘迫，往往伴有恐惧，在经过一段时间的高强度心理活动后，才会理解并最终承认虚空的存在：

（一位接受分析的女士）："……这张照片上，我大概也就刚刚满月……母亲喂我奶……看上去她很快乐……喂养和保护自己的孩子使她感到很骄傲……她温柔地看着我……

……但是……在这个小倍数放大镜下，我看到她眼睛里有一种不信任的光……好像她怕受到伤害……好像她怕我会咬她……我敢肯定，她在提防着我……而且随时准备反击……

……现在，用最大倍数的放大镜再看同一张照片……简直不可思议！……她的眼神和刚才的居然完全不一样了……太可怕了！……一个受了致命伤的动物……临死时的眼神……这眼神不再属于这个世界……空的！对！疯子空无情感的眼神……没有爱，也没有恨……呆滞……中性得让人害怕……

（五分钟沉默，然后）

……是不是虚空的问题？……还是中性的问题？……

我不知道……"

微精神分析学研究照片的技术具有难以估量的科学意义。使用这一方法,可以在母亲和婴儿的身上,捕捉到布劳赫(D. Bloch)所谓人类普遍存在的杀婴欲的潜意识迹象。另外,这一技术还有助于儿科进一步深入研究大量由母亲无意识过激行为或情感冷漠造成的综合征。例如,某些用奶瓶喂奶偶然造成的症状(肠胃炎、气管炎、脑膜炎、哮喘、湿疹……猝死),很有可能与母亲的狂乱性在场有关,母亲心不在焉的态度有助于奶中所含化学成分的凝固,造成奶本身免疫程度的降低或婴儿对奶中所含的脂肪、铁甚至钙吸收不良。此外,客观地看,哺乳期婴儿的某些"心源性中毒"很像在特定情况下,由母亲的狂乱在场造成的"身体衰弱症"[斯皮慈(R. Spitz)]。

母亲的非真实性在场与狂乱在场表明,面对依然是最大危险的母亲,哺乳期婴儿必须为自己的每一次胜利付出代价。大约直到三岁,婴儿必须不断提高感官的灵敏度用以侦察和估测来自母亲的危险。因此,在这一阶段睡眠不好的婴儿,其感官长期处于高度警觉状态,或者,用实验心理学的话讲,处于"待醒觉状态"。与人们一般以为的相反,婴儿睁着眼不是什么也不看或被动地记录光线的变化,而是在窥测母亲最轻微的、掩饰得最好的过激行为。

同样,我们很久以来就知道哺乳期婴儿的听力非常好,最近又发现他（她）对低频噪音非常敏感。这并不奇怪，因为，胎儿在子宫里只能通过低频捕捉母亲的声音，而且，对子宫战争的记忆使胎儿能够立即将低频噪音与母亲的过激行为联系起来。因此，在进行微精神分析的过程中，随着对神经症核形成过程的深入研究，接受分析者的嗓音逐渐降低，在神经症核被清除以后，接受分析者的嗓音稳定在中频。

在长分析中，我从来非常重视接受分析者说话时的语音语调的变化，因为，语音语调和自由联想一样可以揭示潜意识中的活动，而且是神经官能症发作与治愈的难得标志。之所以说难得，就是因为它与子宫战争关系密切：

（女精神分析学家）："……大家都知道，一个人的嗓音反映他的情绪、感情、疲劳或紧张状态……研究一个人的嗓音，……长分析，尤其是仔细听分析录音是必不可少的……通过研究接受分析者的嗓音，分析者可以检测自己反移情的能力，判断自己的介入是不是及时，效果如何……而接受分析者呢，他（她）的嗓音准确地告诉他（她）分析进行的程度……语音语调是压抑最好的测量表……

（三分钟沉默，然后）

……而且，最近一段时间，我有时对'嗓音联想'比对自由联想还要感兴趣……

"……词像眼神一样可以骗人……但是,嗓音骗不了人……每个人的嗓音都是独特的……而且,我越来越相信……

嗓音

是本我穿过潜意识

的外显……"

关于"感官世界"和它引起的反应,我想在此从微精神分析学的角度出发,对哺乳期婴儿的微笑做一些解释。大约三十年前,斯皮兹提出,哺乳期婴儿的微笑是自发的心理活动;十几年前,专门研究梦的神经生理学家〔尤其是彼得(O. Petre-Quadens)〕通过研究哺乳期婴儿的异相睡眠,证实了斯皮兹的观点,至今仍然有很多心理学家认为"只有在出生数周后,婴儿才会有真正的微笑"〔特瓦尔坦(C. Trevarthen)〕,而且这微笑是由母爱带来的惬意所致。然而,在微精神分析的长分析过程中,接受分析者通过分析自己刚刚出生时和哺乳期的照片,发现:(一)新生儿已经会微笑;(二)这微笑在显微镜下看往往是可怕的鬼脸儿、看不出有任何好征兆的面部抽搐。微笑中的婴儿好像在等待报仇的时机:

(医生):"……婴儿所谓'天使般的微笑'不是为了讨人喜欢……不仅一个孩子的母亲以为那是为了讨人喜欢……所有孩子的母亲都这么以为……她们完全可以认为,

因为她们有美丽动人的眼睛,所以大海才是蓝的……这不过是她们的想象而已……

……其实,婴儿的微笑像鸟叫一样,是报警的信号……它表明破坏-自我保护冲动在运行……微笑的婴儿在出示自己的领地……让对方知道他(她)在那儿……那儿是他(她)的家……今后必须冒着失败的危险和他(她)商量……分享……

……当母亲做出反应……向婴儿微笑时……同样不是为了让他(她)高兴……而是为了显示自己的优势与特权……

……我敢肯定……

微笑

产生于母-婴之间

相互的、自然的过激活动……"

儿童期战争不仅使人面对母亲,而且面对周围环境,哺乳期婴儿丝毫没有解除武装。婴儿从本我的伊德能出发,在死亡-生命冲动的作用下,不断在与外界的接触中磨炼自己的过激与性的共冲动。于是本我的一部分变成自我,自我的一部分变成超我:

(一)自我构成自卫缓冲,它试着使本我适应外界环境,即:使本我服从现实的原则。自我的表面可以成为意识的一部分,构成一个人可见的外表,即:他(她)

显示给自己和社会的自我。由于不断受到本我的干扰，自我全力以赴施展各种计谋，当它的潜意识部分受阻时，自我的反应是焦虑，它必须使用相当的能量，从身心两个方面吸收焦虑；

（二）超我构成禁忌，它试着造就一个人的道德观念，它同样受到本我的骚扰，于是，它一面避开来自本我的追捕，一面又要忙于自我的再教育。超我通过意识，尤其是潜意识，对本我和自我进行的控告表现为负罪感，从身心两方面吸收负罪感同样要消耗很大的能量。

上述不同心理层次的分工具有很强的战争的特点，这是很有用的，因为，幼儿今后必须面对整个家庭。那些阴险的敌人什么也不怕，他们不会放过任何一个机会，对他（她）进行陷害和打击。无论是否有意识，是否情愿，这些敌人的战略分为两个方面：

（一）身体方面：且不论家长和亲属阴险地、反复地给幼儿造成的各种轻微的伤害，我在此提请读者注意：1. 每年，全世界有十万儿童被他们的父母虐待致死；2. 每年，全世界有一千万儿童被父母弄成终身残疾；

（精神病医生）："……一九七六年，在日内瓦有过一次专门研究父母虐待儿童问题的大会……儿科学、精神病学、心理学、社会学、法学各方面专家学者的报告表明，受暴行儿童综合征并不是一个稀有现象……死于父母暴行

的儿童远远不是什么个别现象……父母的粗暴往往无缘无故……破坏欲才是这类行为真正的原因……简单地说,

   人

  为打孩子而打孩子,

  为杀孩子而杀孩子……

以无情的冷漠……重复自己千古未变的行为方式……

  (两分钟沉默,然后)

  ……当然,没有必要没完没了地讨论这个问题,但是,有些问题的确至今没有得到解决……比如,怎么解释百分之八十以上挨打的孩子不足三岁?……男孩子比女孩子挨打挨得更厉害?……母亲一般喜欢虐待早产儿、畸形儿或者发育不好的儿童?……

  ……这种疯狂好像是因为妊娠期的破坏欲望没有能够完全得到实现……

  ……而且,这种过激行为的表现往往与社会地位和受教育程度没有任何关系,这又怎么解释呢?……

  (两分钟沉默,然后)

  ……我有一个想法……父母与孩子之间的关系的核心也许是仇恨……它滋养着某种没有性活动色彩的……中性虐待狂……"

  (二)心理方面:这里,数字同样具有很强的说服力:

1. 每年,全世界有一千万儿童被自己的亲生父母卖掉;

2. 一亿儿童被父母抛弃，四处流浪。除了微精神分析学家，

　　无人能够估量
　　正常父母对孩子的
　　心理残酷程度。

长分析提供的材料告诉我们，正常父母一般通过下面两种做法给孩子的心理造成无可挽回的伤害：（1）"夹板"，表现为同时向孩子提出矛盾的、不可调和的要求；（2）父母之间的不和与争吵。虽然"夹板"往往表现为明显的虐待，但是，父母之间的争吵更使孩子不知所措，分为两半，形成心理疾病，似乎那里才是他（她）的避风港，是他（她）在潜意识中为挽救自己和家庭的完整所做的最后的尝试：

（一位接受分析的女士）："……每当我感受到父母争吵给我造成的难以说清的痛苦时……我就听到自己对自己说：'去……去……杀了她，撕了她，吃了她，……杀了他，让他死了吧，死了吧……我就能活下去了！'……

（两分钟沉默，然后）

……噢！这种报仇欲，报仇欲……

（五分钟沉默，然后）

……过去……我觉得流产很可怕……是犯罪……我一直都想做一个母性很足的女性……我一直都想生孩子……

……今天……在流产的罪恶和生儿育女的罪恶之间,我选择前面一个……这样说一点也不过分……生活在一起的一家人尽是罪人……我真奇怪怎么会有这么少的年轻人杀死自己的父母……"

事实远比这位接受分析者所说的还要残酷。多国公司、政界、国际红十字会及各宗教团体的代表们相互传递一个他们不愿公开承认的信息:

婴幼儿

可以食用。

我很清楚,除了那些和阿塔利(J. Attali)[17]具有同等素质的研究人员以外,没有人肯相信这一点。即使是阿藏斯(W. Azens)那样经验丰富的人类学家,也会彻底否认食人族的存在。想一想那次安第斯山飞机遇难事件,当幸存者声明他们是靠吃死者的肉才得以生存时,引起了全世界的愤怒抗议。然而,这一切并不妨碍

婴幼儿

是地球上

最廉价的食品。

在一些城市里,一些基本上是私营的餐馆向特殊的客人们推荐婴幼儿肉[阿达姆斯(C. Addams[18])在他的一个卡通片里是否对此有所影射?]:

(一位接受分析者):"……小孩儿肉……美妙佳肴……

我承认……每次吃的时候……我都得闭着眼吃……因为有一种虔诚感……虔诚……一种深层的、模糊的……我其实并不需要的……性高潮体验……没有比这更惬意的了……一种承受恩泽的体验……具体的，不是神秘的承受恩泽的体验……它能持续好几个小时……直到吃下的东西被排出体外……神圣的排便……让我……一个男人……也能有生孩子的体验……

（两分钟沉默，然后）

……不是因为没有别的东西可吃了我才吃小孩儿肉……而是因为，其他食品都不再能使我满足……其实……我吃小孩儿肉……是为了能够重新找到圣洁的气息……

（五分钟沉默，然后）

……一种没有确定宗教……没有上帝……的圣洁……也许是唯一的圣洁……

……我从来没有觉得自己做过什么坏事……或者什么事没有做好……我从来没有产生过仇恨、暴力或报复的欲望……

……我最怕恶……我从中只看到善与美……

……只有在那个时候我才对自己有一种清楚的感受……恢复为我自己……与原始行为……与真实合为一体……

……据我所知，我并没有阿兹德克血统……

（三分钟沉默，然后）

……让我感到奇怪的是……现在，我一点儿也不想再吃了……吃过后，我变了……也就是说，我实现了自己……我什么也不缺……好像有过那几次肉的洗礼就足够了……我完全满足了……不过，我不保证，如果有机会不再吃……而且……报纸上和电视上总在介绍大批儿童逃难的事情，看了真让人流口水……吃小孩儿肉和为援救他们而施舍并借此解除自己过去的罪恶其实是一回事儿……

（三分钟沉默，然后）

……一个法郎……一个法郎一个小孩儿……批发价……我吃脑子……我的朋友专吃带筋的地方……有小块骨头，骨头还是细细的、软软的地方……他干脆就嚼了……睁着眼，边说边嚼……他也是因为喜欢才吃小孩儿肉……真的……不是因为便宜……

……对小孩儿来说，这命运比晚上睡觉时让老鼠啃了好得多！……

……再说了……我们的祖先也是老鼠……我们就是从那儿来的嘛……系统发育的同类……所以……还是老鼠……这不就成了老鼠跟老鼠之间的事儿了吗？……对不起！……我们这些老鼠之间的事儿……

（五分钟沉默，然后）

……说真的……我不知道没吃过小孩儿肉……算不算

生活过……算不算尽了自己对生活的职责……"

无论怎样，经过子宫内的战争和童年期战争的考验，人将面对成年期的战争。一会儿被爱，一会儿被抛弃；一会儿是战胜者，一会儿被战胜，这样逐渐形成人的心理生物模式，这一模式可以用两个字来概括：反抗，这种反抗完全可能处于潜伏状态。人就这样开始自己的一生，像来到这个世界上时一样，无可补救地孤身一人，以造就他（她）、产生他（她）的一切为基础，严阵以待；九死一生的过去决定他（她）对死亡有一定的癖好，而且很快，他（她）就会在生存中利用自己的这一癖好。

三、成年期战争

人几乎没有什么办法能够分解代谢自己身上在子宫战争和童年期战争中积累起来的无声的仇恨（这里所谓的仇恨无道德意义）。人的超我不断地尝试控制来自本我的令人难以置信的过激行为的诡计，因此，人几乎不可能直接向自己的父母或亲属进行报复。于是，他（她）首先将这种仇恨转向自己，给自己造成无穷尽的痛苦（而且是主动地，这一点似乎没有人能够想象得到）或者自杀。

由于无力从身心上与子宫-童年期性活动造成的过激行为的固定模式相调和，青少年往往选择自杀的道路，而且他们的年龄越来越小。自杀正在成为青少年死亡的主要原因，下面是摘自我的工作笔记的两个青少年自杀的例子：

巴黎，D君，十六岁，应他父母的请求，我和他进行了一次交谈。这次谈话后不久，人们在塞纳河中找到了他的尸体：

"……还有比活着更没意思的事儿吗？……别以为和别人说说话，听别人说说话就是活着！……别以为能吃、能喝、……能哭能乐就是活着！……这场演给别人看的闹剧还要多久才能结束？……别人要求你活着就得活着，这还要多久？……

……人这么活着

还算活着吗？……

……听话、服从、顺着这条路走下去……什么路？……干自己的事儿……什么事儿？……思考、表达……为了证明自己有理或是没理……这有什么区别？……全世界的人一天到晚都在说什么？……什么都不说不是更有理？……谋生计……怎么谋？为什么要谋生计？……

（三十秒钟沉默，然后）

……我父亲在叫我……您听见了吗？……听见他的声音了吗？……我讨厌我的名字……恨死它了……我父亲怎么还不死？……他不过也是尽力而为？……全是假的……

……我母亲就是另一回事了……

（两分钟沉默，然后）

……我对什么都不感兴趣……在学校,我总得集中精力,然后打哈欠儿,然后再集中精力……太累了……

……我摸摸自己行吗?……我不喜欢手淫这个词儿……自己摸摸这儿!……我自己已经这样摸过好几百次了……能在您面前摸,我就更超越自我了……

……我就能超越那个妨碍我前进的东西……这也算送给自己……送给您……的一份礼物……

(十分钟沉默,然后)

……当同性恋真实到不再需要名字的时候……"

东京。我刚刚走进 S 君家。她一言不发,朝我伸出一只手。我永远不会忘记她那一双大大的黑眼睛。她瘦骨嶙峋,静静地、目不转睛地看着我,好像我是一件什么东西。地毯上到处都是书,我发现这些书她都读过,其中有塞利纳(Céline)[19]、陀思妥耶夫斯基等。一个小时过去了,她一动不动,一直用她那明亮的黑眼睛直愣愣地盯着我。我刚要告辞,她突然很果断地将一只瘦长冰冷的手放到我的小臂上,说:"我还想见您。"

她十六岁。她来到我的住处。我们一起去 No 剧院,或者去"维庸",东京市中心的一家法国酒吧。有时,我们整个下午都在听莫扎特、巴赫、德彪西。她总是一言不发地看着我。一天,她递给我一张纸条:

"因为我愿意,才总和您在一起。别太费心,这已经不是什么意愿的问题。我已经做好了死的准备,静静地看着自己的毁灭。这实在没有什么奇特的。"

她把手放到我的腕子上:"您能在我死之前让我开开眼吗?"她的指甲深深嵌进我的皮肤,我的血染红了她的手,她看了看,然后平静地说:"您能照我两腿中间给一脚,踢破处女膜吗?……踢破肚皮,让它一开两半……把那里面的东西都踢出来……全踢出来?"

一天,她没有来赴约。在她的床上,在她的头旁边,放着加缪的《鼠疫》。我把这一切告诉了作者,他说:"对这些悲剧又能有什么办法呢?"

有什么办法呢?尤其当我们知道,科学地讲,这些年轻的自杀者是唯一不说谎的人。只有一个办法,就是明确,无论对自杀者本人,还是对其他人来说,自杀不会改变任何事情,因为从伊德角度看,成功的尝试与失败的尝试没有任何区别,所以,严格地讲,自杀是中性的尝试,即:

(一)自杀

取消死亡焦虑与虚空焦虑之间的关系,

消除对死亡的焦虑,

是成功的尝试;

(二)自杀

消除伊德层的象,

是失败的尝试。

自杀最多使心理和身体运转出现暂时的倒退（即：返回虚空，而且是仅仅相对于心理生物实体的结构活动而言），这一倒退完全是相对的，因为它立刻自然而然地被具有无限创造力的虚空所接替，虚空以矿物—植物—动物—人类潜能为基础，偶然再去实现伊德的其他振荡干扰。因此，从伊德角度看，没有比自杀更无价值的了！通过微精神分析，消极沮丧者的所谓"什么都没必要了"变成：

一切，

甚至连自杀

都没有必要。

一般来说，成年人通过投射来清算自己子宫-童年期的生活体验，这种方法比自杀更接近伊德的延伸动力。人完全无意识地为自己选择父母的替身，把他们当成替罪羊，于是，报仇代替了无声的反抗，人借助投射提供的隐身法，在伊德无限制、无穷尽暴力的驱使下开始复仇，成了自己的不妥协的伊德的玩偶：

人必须杀害生命

这是人杀害生命的唯一理由。

杀害生命是伊德不可抗拒的法则，是心理生物活动之必然。这一中性的杀伤欲，它究竟只属于人类，还是动物界的普遍性？最新研究表明，所有动物的杀伤欲（包括某些看似无缘无故的杀伤欲）均与个体和系统的生存有关。

弗洛姆（E. Fromm）认为，人类的杀伤欲与动物的杀伤欲不同，他称前者为"恶性杀伤欲"或"破坏欲"，称后者为动物生存简单杀伤欲。在此基础上，我提出：

除了人，

没有任何动物为了杀害生命而杀害生命

（医生）："……已经被人类杀绝或正在杀绝的同类或不同类的动物的数量多得超出人的想象力……当然，大家都知道，很多动物之所以存在，就是为了让另一些动物吃掉……但是，尽管如此，我们不得不承认：

没有任何动物

比人类

杀害过更多的生命……

……说人是出于生存的需要才这么残酷……否则人类早就在进化的最初阶段从地球上消失了……这完全是谎话……

（两分钟沉默，然后）

……事实上，我们那承自类人猿的伊德十分怀恋虚空……我们扮演的地球之王的角色掩盖着盲目破坏的欲望……这个欲望与我们毫无关系……不论我们是否承认，它都存在，这是一个冷酷的现实……

（两分钟沉默，然后）

……而且……似乎是一种来自细胞层的意识……人总

是模模糊糊地感到……他不是情愿来到这个世界上的……他之所以活在世上,完全出于偶然……

……绷起脸来说句笑话……人体里的甘油足够做几公斤炸药的……

……您看……说到这儿……想想就让人恶心……"

用伊德过激行为的中性特点解释人种精神分析提供的材料,可以澄清很多问题。例如,为什么:1. 人类最主要的特点——杀生反而成了最基本的禁忌:你不要杀害任何生命;2. 这一禁忌从人类出现的那天起就普遍存在,艾布乐-艾贝斯弗尔德(I. Eibl-Eibesfeldt)及其他学者对原始部落进行的研究证实了这一点;3. 这一禁忌注定无效,因为它与伊德典型的需要相对抗;4. 这一禁忌给人造成很大压力,使人产生负罪感,必然要触犯它,因为,从心理生物角度讲,人的本我很清楚,

凡尚未杀生的人

都是

伺机杀生的凶手。

破坏欲尤其容易出现在集体中,这完全符合伊德的过激行为的特点。因为,集体可以加强个人的过激活动,将不同个人的过激活动联系起来并反复加速它们的分裂,可以说,集体是伊德相互振荡的加速剂。如果不是这样,我们应该能够发现一个没有杀生事件的社会。然而,纵观人

类历史,这样的社会自古未见,这足以证明我们的分析是正确的。可以毫不夸张地讲:

(一) 杀生

是人类文明的伊德常量,

是一个文明向另一个文明过渡的钥匙;

(二) 弗那利(F. Fornari)提出成人战争是告别童年时出现的偏执所造成的。我认为,集体重复性强迫才是成人战争的基础,因为它服从伊德的普遍中性动力,遵守虚空恒定规律,顺应死亡冲动。

(三) 人类大开杀戒,既不是出于所谓神圣的政治、思想意识或宗教的原因,也不是出于"过分的献身精神"或像考埃斯特勒(A. Koestler)所说的受"语言的神奇力量"的驱使。坚持认为人类总是先确立一种理论,然后才为捍卫这一理论去杀害别人或被杀害,这是完全错误的。造就人的伊德不仅无视瞬息万变的政治、思想意识和宗教,而且彻底戳穿这些所谓的现实,展示出绝对的相对和彻底的虚空。

人类所具有的不断重复的破坏欲迄今为止仅仅造成了局部的、暂时性的破坏。但是,从目前的形势来看,人类的破坏欲正在进入集体伊德层,这就意味着随时有可能出现整体性破坏尝试,意味着一切,或者几乎一切都将彻底消失。超级大国拥有毁灭地球的详细计划,泰尔哈德以为原子弹将平息人类的杀伤欲，这种乐观简直幼稚得可笑：

(物理学家)："……又一颗原子弹刚刚诞生……比在广岛爆炸的那颗要大一千倍……不止……大一百万倍或数十亿倍……真的，一百万倍或数十亿倍！……就像祖鲁人回部落一样……我们掰着手指说……我们看见了一个、两个、三个、……很多的人……三个以后，超出了想象力……超出了我们的想象力……他们的想象力……

……总之！'你不要杀生'的禁忌……使我们闯过了投弹器和投石器时代……活到了Ｘ弹时代……大家都在谈Ｘ弹，但是，谁也不用……因为手里还有另一个从来不说，但是早晚会用的武器……

(三分钟沉默，然后)

……人类在一万多次战争中……屠杀折磨了四十亿人……和现在地球上人口的总数一样多！……所以，对于人来说，未来不可避免的那场灾难实在不算什么……所以，面对即将到来的灾难，人们无动于衷……不满与指责反而显得很无聊……

……这一切都和某种再也不能完全停留在潜意识中的愿望相符合……从集体角度讲，死亡的念头从来没有比现在更为普遍……从来没有比现在更自然……

……死亡？……得啰！……

……人受到威胁……实在难以忍受……于是情愿让威

胁成为现实……如果可能，人情愿让自己所受到的威胁在宇宙中变成现实……这场大的灾难会使……而且肯定会使罗马的烈焰……和现代焚尸房呛人的浓烟相形见绌……

（五分钟沉默，然后）

……为时不远了！……周期性灾难已经到了最后的重复阶段……因为，从伊德潜能的角度看，人类的尝试没有变……这些尝试之间的相互作用正在使人类的过激欲成十倍地增长……一发不可控制……

（五分钟沉默，然后）

……一般所说的青少年罪犯……在没有成为恐怖分子之前……这些人正是过激行为欲望伊德连锁反应的原型……他们的疯狂破坏出自一个无遮掩的伊德……它制造某种中性的、无前途的无政府状态，目的就是制造虚空……

……世界各地出现的土匪黑帮是不是意味着灾难的开始？……如果是的话，我们看到的就是伊德相对动力的真实表现……它将继续在这里或那里，随便什么地方……造成这样或那样一种情况……"

伊德振荡的随机干扰和尝试的随机组合使全世界的人面对同样的灾难时限。人的每一个细胞、每一个心理步骤都可以成为过激活动的自动起爆器，由此，我们已经可以想象那场不可避免的心理生物革命的规模。更有意思的是，对于伊德来说，人类目前一发不可收拾的、疯狂的破坏活动只不过是一些无关紧要的局部冲突，正餐前的开胃酒而已。越来越多的人，受某种或多或少来自潜意识的逃命感的驱使，试图弄明白自己究竟怎么了，于是，他们发现，在认识自我方面，人类并不比磨制石器的时代具有更优越的条件。

这里，我们又一次看到，微精神分析学几乎是应运而生。虚空—虚空中性动力—伊德和具有伊德特性的本我使人与潜意识保持一定的距离，能够对过激活动形成新的科学的看法，更重要的是，能够从能的角度，用中性的词语对它进行重新定义。过激活动依赖于睡眠-梦的活动（参见本书"睡眠-梦的活动"一节），性活动是过激活动最有代表性的生理发泄方式（参见本书"性与过激行为的关系"一节），过激活动与其他两类活动一样：

> 过激
> 是
> 活动，
> 而不是冲动或本能。

过激是本我接合部特殊功能的表现，换言之，尝试的中性能量网和共冲动动力之间具有独特的协同作用，这就使心理生物实体、心理实体与身体实体竞相趋于一个共同的、总的以自体或异体为对象的暴力活动：

（精神病医生）："……过激行为从来就是我们的难题之一……各家理论不一——一九七一年，在维也纳国际大会上，两千多位精神分析学家讨论这个问题……平静的安娜·弗洛依德没有为调和各种偏见做任何努力……

……过激是本能吗？……性本能？……是本我？是自我？还是两者的冲动？……是一种自卫机制吗？……里比多心理活动固有的放电反应？……运动反应？……反射？……它可以自己调节？……以 Thanatos 为主的、Eros-Thanatos 的混和物？……死亡冲动天然的使命？……等等……

（两分钟沉默，然后）

……神经生理学家也研究过激行为……反复出现在学报头版上的标题无非就是：'过激行为终于被控制住了！'……要不就是德尔加多（Delgado）通过体外电刺激牛大脑的某一特定区域，制服了斗牛场上的公牛……要不就是实验室里受人摆布的猪和猴的表演……

……很快，所有的实验心理学研究所或者医学院都会配备专门人员研究过激行为……通过这些研究，人们将发现，大脑中主要与过激行为有关的神经中枢……发现外侧下丘脑核群和中脑被盖胶内侧核群对过激行为起活化作用……而下丘脑内侧核群、丘脑外侧核群和中脑的中央灰质则对过激行为起抑制作用……

(两分钟沉默,然后)

……但是……随着大脑研究技术的发展,人们会不断发现新的与过激行为有关的中枢神经……发现支配过激行为的神经组织比支配骨骼肌运动的锥体系和锥体外系还要复杂……最后,神经生理学专家们会对一些已经明确的过激行为的解剖传导路失去信心……

……拉保利(Laborit)论述过激行为的著作标志着神经生理学在这方面研究的失败……当拉保利试着确立过激行为的生物基础时,他肯定要做经典的麦克兰(MacLean)爬行动物脑实验……于是,他被大脑边缘皮层和先天与后天形成的'情感活动'搞得晕头转向……更严重的是,在他的著作的目录页里,根本就没有'过激'这个词儿!……

(两分钟沉默,然后)

……行为主义者和新行为主义者对过激行为也很感兴趣……他们在实验室里获得了一定的测试方法……尽管这些方法可以在一定范围内得到证实,甚至可以用统计学的方法进行解释……但是,它们对进一步认识过激行为却没有什么帮助……最多只能提供一种用处不大的客观性……道拉尔(Dollard)正是在这类测试的基础上建立了他的失望-过激行为理论……

……动物生态学家几乎到处发表他们通过观察获得的

那些似乎很迷人的研究成果……他们的最大贡献就是把过激行为分为两大类：同种内部的过激行为和不同种之间的过激行为……并且提出了二者分别对个体生存与系统生存所起的作用……令人遗憾的是，他们中间大多数人认定过激是一种既定的遗传本能……在道德的作用下成为一种'自然的恶'……更令人伤心的是，他们经常借助精神分析的方法解释自己的理论……例如，劳伦兹（Lorenz）提出，过激行为本能地服从某种特定的、长期存在的能量……这种能量不断积累，在达到一定阈限时放电……这种'水力模型'不禁让人想起恒定原则和快乐原则……

（三分钟沉默，然后）

……这就是学者们……虔诚的哲学家们的研究成果……总之，他们至今还在琢磨狮子吃掉驯兽员或母鸡吃掉地蚕算不算过激行为……为了能够做出最终的判断，他们成了这个世界的法学家……为武装伤害、合法自卫、间接伤害、经济伤害、心理伤害、判处侵犯者或判处侵犯者所造成的威胁等诸如此类的问题制定各种法律……

（两分钟沉默，然后）

……没有微精神分析学，简直不可能理解过激行为……真的……只有通过长分析才能体验到……识别出……自己不同尝试之间的交错、混杂与重叠，它们那难以数计的断裂和半途而废……每一个尝试都像一个独立自响的鞭炮……出人意料地占满那个本来也许会由其他尝试偶然占据的空间……然后又消失在空间中……

（五分钟沉默，然后）

……我认为，过激来自中性尝试能……

……我觉得自己解决了一个大难题……过去，我总把伊德当成过激本能……"

……如果读者还记得：（一）一个尝试是相互作用的基本尝试的总和；（二）一个基本尝试是相互干扰的伊德振荡的总和；（三）每一个基本尝试或伊德振荡的运动曲线都与其他基本尝试或伊德振荡的运动曲线相交—再相交，那么，就不难明白所有这些相互作用—相互干扰—相互交叉的现象中都含有伊德干扰，即：处于心理物质和心理生物组织过程中的能的中性过激活动。过激活动以基本尝试和伊德振荡相交动力为基础，通过调动伊德能和服从虚空恒定规律而起作用。在此基础上，我提出一个适用于三种战争（子宫内的战争、童年期的战争、成年期的战争）的定义：

> 过激
>
> 是伊德能与死亡冲动之间的
>
> 动力黏合剂。

有活动才会有过激吗？答案当然是肯定的。但是，我们的观点与阿德勒（Adler）的观点完全不同，阿德勒一会儿认为过激是本能，一会儿又认为过激是一种耗力冲动；

我们的观点与弗洛依德的观点也不同，弗洛依德认为活动是"一切能够启动运动机能的冲动所具有的普遍的、必不可少的特点"。不过，值得一提的是，弗洛依德最后还是将过激与冲动力联系起来，他已经很接近全能的伊德内在的过激性，这一点很重要。

微精神分析学认为，从活动这一概念的定义本身看，尽管共冲动有将过激活动的伊德能集中于一个心理生物目的的趋势，共冲动所起的作用总是事后的、次要的。特定的过激性共冲动，即：与过激活动的总目的直接相连的共冲动，包括：

（一）破坏共冲动，它以取消共冲动源或它的内在客体为目的。当它指向个体自身时，这一共冲动首先表现为自我毁灭；如果这一目的没有得到实现（这类失败远比经典精神分析所认为的更为频繁），很容易形成对外在客体的投射，将破坏共冲动导向自我保护动力；

（二）自我保护共冲动，其目的在于全部或部分摧毁一切外在的干扰客体，保护共冲动源或其内在的客体。因此，它是一种破坏力，其目的在于保护个体内在的稳定性；

（三）过激共冲动，它以破坏共冲动和自我保护共冲动的混合形式服务于性活动，一般直接指向某一偶然与性共冲动有直接或象征性联系的外在客体（参见本书"性与过激行为的关系"一节）。

简而言之,过激从本质上讲是伊德的一种中性和相对的活动:1.它偶然产生于伊德能,并将后者与死亡冲动紧密结合在一起;2.它靠伊德振荡与尝试形成的能量网的动力线维持自己的存在;3.它从这个能量网的每条线上获得普遍的中性、内在的无特定性和无道德性;4.随着尝试群的心理生物结构的形成,它建立自己的共冲动运作,并在上述诸点的基础上,确立其运作的破坏-自我保护的随意性。

微精神分析学从伊德的中性特点出发,重新定义过激活动,这样能改变人类的命运吗?从集体角度讲,只有当心理突变体发生有效的内破裂时,才会出现涉及人类命运的变化;从个人角度讲,微精神分析学的确有很大把握(但是,不应该忘记个人的破坏-自我保护共冲动植根于集体之中,和集体保持着不断的渗透关系)。无论如何,了解过激活动所采取的破坏-自我保护方式的来龙去脉,这似乎是最基本的常识,更何况……

认识虚空和虚空—虚空中性动力—伊德模型,可以使我们更清楚地看到,在人的能量组织中,有三个层次对过激活动影响很大:

(一)虚空中性动力—伊德层。这里,影响作用于微粒能。然而,由于初级运作完全在人的心理物质世界之外进行,所以,它不可能受到任何直接的影响。那么,微粒

"生泡"临界线前后依然处于连续状态的虚空会不会构成初级运作易受影响的媒介呢?这完全有可能,但是,至今无法核实。此外,我们倒是可以设想,伊德偶然实现那些以加强过激活动的自我保护性为目的的尝试的潜在能量。发生在伊德层的这一变化,如果我们可以这样称呼它的话,只有通过心理稳定化(在复现表象、情感和幻觉中)或生物稳定化(借助遗传学),才能真正起作用。根据我们目前对进化的了解,这类稳定化一般需要很多代人才能够实现;

(二)伊德振荡层。这里,一切都发生在心理物质组织的空隙内。诺贝尔奖获得者已经成功地拍摄了一个电磁波中粒子之间的空隙(请注意,他们拍下的是"不存在的东西"),而且,轰击这些空隙能使电磁波完全消失。尽管如此,目前来说,在驾驭虚空方面,物理学和化学都没有超过微精神分析学,这不仅仅因为每一次长分析都要轰击心理空隙,而且因为微精神分析学家能够很好地控制心理空隙。由此看来,以过激活动的伊德能为主攻方向,进行系列微精神分析,有可能造成人的心理变化,然后通过潜意识之间的交流,以无性繁殖的方式,形成一种具有可控破坏力的新的人类群体;

(三)尝试层。无论受什么理论的影响,无论是否是有意识的,所有精神分析学家都研究尝试群组,这些尝试群组构成人的心理生物实体,形成人的共冲动的特点。然而，只有微精神分析学家以研究尝试本身为目的，超越潜意识和本我捕捉尝试，穷追不舍，直至尝试那无名的能量网。可以说，经典精神分析学感兴趣的是，从复现表象和情感角度讲相对结构化的过激行为；而微精神分析学则长驱直入普遍的、中性的过激活动的内部，甚至能够在过激活动组织中引起心理生物变化，延长个人的生存寿命。我在前面已经讲过，完全有可能在集体范围内引起类似的心理变化，只是后果至今难以预测。

上述第二点和第三点给人类的生存带来了某种朦胧的希望。接受过微精神分析的人似乎心态比较稳定，他们的坚强比教徒们的坚毅更清醒，因为宗教是靠狂热使人承受坟墓、竞技场和圣战。如果地球上一定要有人做出牺牲，那就牺牲自己，而不是他人，不是那由于客观原因尚未学会生存的人。

第三节
性

一、性与过激行为的关系

（女精神分析学家）:"……没有人知道这个世界上究竟在发生什么事情……我知道不能把一切都看成是性……但是，有一点我可以肯定，精神分析就是性……不管接受分析者是男的还是女的……是工人、医生或是教士……不管他（她）是五十岁还是八十五岁……

（两分钟沉默，然后）

……在沙发床上，接受分析者代表所有的人……他（她）在生活，把别人掩盖和不敢说的一切都暴露出来……用性的语言把这个来来往往、气急败坏、吵嚷不停的世界上正在发生的一切翻译出来……有人开玩笑说：'做一次精神分析就等于享受一次心理上的性感震颤。'……其实不是那么简单……人在做长分析时摘下了日常的面具……摆脱了社会上那些掩盖性活动……禁止和摧残生命的谎言……

……我不禁问自己：

两千年来

我们试图强加于自己的道德

是不是不道德的？……

它把我们和我们的本我装进一个绝无仅有的、人为的圈套里……造成一种可悲的精神状态……

……所以，我个人认为，拒绝色情影像与幼年性压抑成正比……当接受分析者把一份色情杂志带到分析现场……根据那些使他兴奋的东西进行自由联想时……很快，他（她）就不再觉得那里面有什么色情或刺激的东西了……

……见到色情的东西就兴奋或愤怒的人肯定有病……要是不信，可以试试！……

（三分钟沉默，然后）

……在日常生活中，在某些情况下，当行为中虚伪的东西消失以后，性活动共冲动的真实面目才会显露出来……比如，请您仔细观察临终的人……

……我父亲临终的时候失去了日常的伪装……他把一

只手从床栏杆里伸出来……去碰他妻子的大腿……她出去的时候,他就抓住我的手……用力把我的手拉向他的阴茎……我克制自己……不是因为他是我父亲……他已经不知道自己在做什么……而是因为站在边上的护士……

……这说明,在清醒的时候,他曾经把自己的性欲压得多么深!……临终的时候,一切检查制度都不再起作用……于是,他的死亡-生命冲动……还有他性活动共冲动的萌芽全部暴露无遗……"

微精神分析学认为,性是人的第三项主要活动;从心理生物意义上讲,它排在睡眠-梦活动与过激活动之后。性以中性尝试的能量网为背景,以心理实体(复现表象、情感、幻觉、欲望)和身体实体(性感活动区)作为活动基础,这些心理实体与身体实体的总的共冲动目的在于建立接触,甚至是心理生物融合。因此,可以将性活动定义如下:

> 性活动
> 是伊德与冲动的结合,
> 它试图摆脱那无所不在的虚空
> 固有的孤独。

共冲动动力的特性就是建立运动关系,因此,可以说,一切共冲动都以不同的方式参加性活动,其中性共冲动特定性最强,因为它的目的正在于暂时缓解人的内在的心理生物孤独。无论个人的里比多的心理能量活动取向是自我肉欲的、自恋的或是客体关系的，无论它所采用的方式属于初始期、口腔期、肛门期、阳物崇拜期或是生殖器期，性共冲动总是倾向于满足人的这样一个欲望，即：通过身体的某一开口处，进入对方身体内部或被对方插入，与肉体的、人工的或幻觉中的阴茎合为一体：

（一位接受分析的女士）："……只有当男人在我身体里时，我才会感觉良好……每次我都对自己说：留住它，留住这个阴茎……我使劲儿抓住它不放，不想再还给他……甚至不怕把它弄坏了……只要它先进来……进到我的阴道里……变成我的……只要我的肚子能开开把它藏起来……我不喜欢让阴道空着……

（两分钟沉默，然后）

……是阴道吗？……还是阴茎？……和我的女朋友在一起，一切都可以照常进行……或者说重新开始……没有阴茎……我的乳房照样肿胀……连两只手都有快感……我的两腿提起，紧紧贴着她的身体，夹紧她的身体……好像她是个男人……我的骨盆收缩越来越快……直到整个人变成一块软散的……无边无沿的布……

（三分钟沉默，然后）

……您认为雌雄同性会使我变成一个完整的人吗？……"

在长分析中，难以抑制的心理生物结合的需要往往表现为这样一种幻觉或欲望，即：先将头，然后再将整个身体进入性活动伙伴的身体内，这种幻觉或欲望往往"以局部代替整体"的形式象征性地得到实现，也就是说，通过在潜意识中将身体的某一部分和整个身体之间建立同一关系而得到实现。接受分析者所做的这方面的自由联想，无一例外，均与母亲有关，这是因为：

（一）从受精到口腔期，母子本为一个整体；

（二）人在一生中继续有意无意地以为自己完全占有母亲，而且完全属于母亲。

根据"头先进去"的幻觉或欲望（我这样称呼这类幻觉或欲望）进行自由联想，可以使接受分析者重新体验自己的出生过程，甚至联想到精子进入卵子时的情景：

（一位男性接受分析者）："……有时……我试着把一只脚或一只手放进我妻子的阴道里……我真想全身都钻进去……缩进她的子宫里……就像当年在我母亲肚子里一样……那时母亲完全属于我……

……有一次，我把阴茎放到她的嘴里，又把手指放进她的阴道和肛门里……您说，还能比这样进得更多吗？……

……当然！……我是说进到我妻子……而不是我母亲的身体内……

……或者，也许我其实想说进到我母亲的身体里？……

(两分钟沉默，然后)

……当我在我妻子上面时……我总是不停地舔她的脸……直到她满脸都是我的口水……然后我又用前额和脸在上面蹭……想象如果她愿意，我就一下子钻进她的身体里去……头先进……对！就是这样……头先进去……"

如上所述，共冲动的目的所具有的相对性决定任何共冲动都可以参加性活动。尽管如此，性活动却有它自己的优先选择，它与过激活动保持着特殊的共冲动关系。弗洛依德曾经常常提到二者之间的这一关系，但是，他从未能做出过明确的阐述。今天，精神分析学家们仍然在考虑性活动究竟是第一位的，还是第二位的，究竟是性活动维持过激活动，还是过激活动维持性活动。这完全可以理解，由于不掌握虚空—虚空中性动力—伊德与死亡-生命冲动的基本理论与实践内涵：1.他们不可能理解尝试、共冲动和活动的概念；2.他们不可能从伊德的中性与相对无目的性中获得任何启发；3.所以，他们很难想象，性活动共冲动与过激活动共冲动虽然各有自己的特殊使命，却可以相互任意交换动源、客体与目的。

睡眠-梦活动是一切活动的伊德-冲动的中心环节，从这个角度讲，过激活动是第一的，性活动是第二的。但是，这丝毫不妨碍参加过激活动的三个共冲动（破坏共冲动、自我保护共冲动、过激共冲动）完全可以不依赖于任何支撑(精神分析意义上的),具有性活动的反响,这一反响以下列诸项为基础:1.正如艾瓦(P. Evard)在讨论雅克布逊(E. Jacobson)提出的未分化原始冲动假设时所指出的,性活动与过激活动具有同一个中性能量背景;2.性活动共冲动与过激活动共冲动的冲动源、客体及目的之间具有相对的重合与互惠关系;3.性活动的特点在于,它是一项最能适应周围世界的活动,是心理生物平衡最经济的共冲动(尤其是过激活动共冲动)放电渠道。

在长分析过程中,研究性活动—过激活动关系的方法与研究梦的方法一样,接受分析者必须超越共冲动意义上的性活动或过激活动的内容,暴露出一切活动共有的中性尝试,才能最终发现性活动与过激活动的伴侣关系:

(医生):"……护士在注射时出现性高潮……外科医生在切开人体时阴茎勃起……神甫在做弥撒时,尤其在扬撒圣体时会出现同样的情况……煽动闹事者、屠夫、行刑者……前线的战士都会出现这种情况……拿破仑在准备一场战斗时兴奋异常,不得不借眼前的随便什么人来满足自己,不管男的女的……也不管是不是亲属……

(两分钟沉默,然后)

……性活动,就是过激活动……反之亦然……

……亚克布(Jacobs)几年前发现,一些罪犯有一条额外的Y染色体……他认为性遗传基因畸变是过激行为的原因，目前，美洲的大部分精神病学家已经放弃了这种假设……但是这方面的研究并没有停止……人们继续在性活动和过激活动之间寻找联系……遗传学家一般认为，过激行为与雄性染色体的遗传有关……

（两分钟沉默，然后）

……和微精神分析的长分析相比，生物学的发现，即使是分子生物学的发现显得多么苍白无力！……自从认识到了尝试，……那些在虚空中纵横交错的尝试……自从我明白了原来是本我把伊德的运作与冲动的动力结合在一起……性活动的概念对我来说再也不是陌生的了……

……那些尝试的光点……它们在构成我的虚空里相互干扰、相互碰撞……在这里或那里成为共冲动的跳板……构成施虐或受虐的阴谋……然后又重新开始相互干扰碰撞……现在，我能够从这一切中看出我的性活动和过激活动的秘密……

（三分钟沉默，然后）

……首先……而且很清楚……一切活动的都是过激的……因为一个力如果不以某种方式刺激另一个或几个力，它就不可能存在……

……其次……一切活动的都与性有关……因为一个力最终总要创造一种张力……从心理生物层解除这一张力，

必然要采用性活动的方式……

……这就是性活动与过激活动之间的真正关系……无论二者的产物是繁殖还是毁灭……"

性活动是伊德的活动，它通过共冲动，以性-过激相对联合的方式进行。这一新的定义动摇了弗洛依德提出的施虐-受虐的概念。弗洛依德发现了 Thanatos 和原始受虐癖，于是，他成功地将施虐-受虐行为从道德划出的性反常的圈圈中解放了出来，但是，他始终将二者视为一组基本上以主动-被动关系相联的矛盾。很多精神分析学家至今坚持这一观点，尽管他们中有些人试图从共生关系学（人们一般这样称呼人类共处的艺术）角度出发考虑这一问题，提出人正是以施虐-受虐的方式与自己和周围的一切建立联系。

从微精神分析学角度出发，我们初步提出：

施虐-受虐

是一种共冲动的形式，

它在性活动与过激活动之间

建立起反馈的关系。

在建立这一共冲动反馈关系的过程中，压抑起着首要的作用，事实上，正是前原始和原始压抑（尤其是肛门期形成的压抑）偶然使性活动与过激活动之间的非特定性能量关系结构化，形成了性活动共冲动与过激活动共冲动的特性之间的对等的关系，这一对等关系使：（一）性活动与过激活动经常拥有同一个共冲动客体和目的；（二）在这种情况下，心理生物实体具有关联动力，其反馈的性质随心理生物实体的结构化程度而变化，时而是正的，时而是负的。在此基础上，我们可以提出第二个定义：

> 施虐-受虐的隐意
>
> 首先是性压抑，
>
> 其次是过激压抑。

由此可以看出，根据原始压抑的相对特定性，施虐-受虐表现为不同程度的性活动或过激活动。性活动的动机可以完全是潜在的，比如社会施虐-受虐活动（参见作者的《疯子是正常的》一书）或道德施虐-受虐活动。在性活动中，施虐-受虐行为可以达到很极端的程度，请看下面的例子：

（一位接受分析的女士）："……我还从来没有跟任何人讲过……

……为了让他和我做爱，我必须打他……很野蛮地打他…，打得我都要发疯了……他们一共四口人住在一间屋子里……父亲是个残废……看见我兴奋了，他就喊：'上呀！'……我就像只野兽一样扑向他的儿子……他爸爸大声喊：'就这样，这样他就学会了，这个没用的废物！'……我扯下他的裤子……他们穷得连内裤都没有……

……我想让他从后面干时……就给他爸爸做个手势……老子鼓励儿子:'从后面干!……对准她的屁股干!……你没看见她喜欢这样!'……每次听到这个我就浑身冒汗……

……我用两只手抓住他使劲摇……他射精时我还摇……摇得他直哭……他得为自己的享乐付出代价!……我给他提供快乐,他得为这个付出代价!……

(两分钟沉默,然后)

……他有两个弟弟……我和他父亲商量好,把他们留给我……其中一个刚刚做完阑尾手术……有一回,我借口给他洗澡,用马鬃做的手套搓他的伤口……直到把伤口搓开……直到伤的两侧全部翻出来,像外阴……像张开的肛门……我搓的时候,那个白痴呆在那儿……吓得一动也不敢动……于是我开始舔他的伤口……把舌头伸进伤口里面……

(两分钟沉默,然后)

……现在一想起来,我就很难过……我发誓我不是故意的……可怎么办呢?……我已经走到了悬崖的边上……可是我还是觉得不够……这个白痴简直让我发疯……他那清瘦的脸……那么苍白……还有太阳穴两侧的细细的、蓝色的血管……

……我知道自己还会再干……还会再干……再干……

再干……

　　……我真想从地球上消失了算了……

　　（十分钟沉默，然后）

　　……每次去他们家……我浑身发热……他们肯定感觉到了……尤其是，我经常不由自主地戴一顶红色的风帽……

　　……有一次，我在一本书里看到，在纽约，很多人为看一个电影排队，电影里有父亲鸡奸四岁儿子的场面……那一天，我整个人简直就是一团火……不停地痉挛……那男孩子刚从我的肛门里出去……我就朝他父亲喊：'他把我弄疼了，也这么弄他！'……看着父亲弄儿子，我快乐得浑身乱扭……

　　（三分钟沉默，然后）

　　……一个医生说我有求偶狂……但是，不是女人的求偶狂，而是母马的求偶狂……另一位医生说我有施虐性反常……其实，他们自己什么也不懂……

　　（两分钟沉默，然后）

　　……都说出来了，我自己感到很恼火……尤其是，您很有可能按习惯对我说：'这些都是梦的显意……先重复二十回，慢慢地……潜意识就会开始高强度的心理活动……我要是照您说的去做，绝不可能不失去什么……高强度心理活动……正因为它是高强度的，所以不会让人有休息的工夫……根本甭想保留什么……所以，我现在就能知道自己不会再想冒那种险了……而且……最可怕的是，这种事干多了，连我自己都开始觉得腻了……

……今天，我还有点儿离不开……明天呢？……如果我照您说的去做……就根本不可能再对那种事儿感兴趣……即使强迫自己，也不会再感兴趣……

（五分钟沉默，然后）

……换句话说……我是不是会变成一个可怕的正常人？……

……无论如何，我必须明白我为什么在这方面像个恶魔……我的父母都很可爱……没有任何问题……没有任何家庭问题……

（四个星期后）

……过去我每年都要到我的祖父母那里住很长一段时间……我爷爷老给我讲死的事情……他说：'相信你自己的愿望，有一天，你和我，我们会什么都不是了……连灰尘都不是。'……我看着他，不敢相信他说的话……也不明白……但是，他的话很厉害……我时不时感到很气愤……不能相信自己什么也不是……

……是不是从那时起，我决定要证明自己是个人物？……总之，从那时起，我想尽一切办法树立自己的威信……我还不想给任何人带来痛苦……这种愿望是慢慢形成的……从一种需要……变成了一种要求……周期性反复出现……

（五分钟沉默，然后）

……我不想杀人……我只对性感兴趣……别人越痛苦，我越开心……我喜欢自己的残酷……为享乐而残酷……这是不是为了报复我的祖父？……还有他说的那可恶的灰尘？……好像我每一次都能向他讨回一部分他欠我的东西……但是，每次又都不满足……于是，我又重新开始……

（十分钟沉默，然后）

……可是，我究竟从中得到了什么？……这么干并不能减轻由于认为自己什么也不是而产生的厌恶感……

（六个星期以后）

……灰尘等于虚空……但是，是受压抑的虚空，它带有情感和道德的色彩……所以，不能把我爷爷说的'你会重新变成灰尘'换成'你将重新变成虚空'……我过去就是空的，现在还是空的……没有什么办法变成空的……更不可能重新变成空的……

（两分钟沉默，然后）

……我再也不会那么激动了……灰尘就是虚空……如果说我是空的，我就是空的……

（两分钟沉默，然后）

……近来,我的施虐欲平息了……我的那些发作在慢慢被内心的平静所取代……"

以伊德能和冲动动力为出发点,我可以提出第三个定义:

> 施虐-受虐
> 是一种共冲动的形式,
> 它在生命冲动和死亡冲动之间
> 建立起反馈的关系。

更确切地讲,施虐-受虐以共冲动的方式实现生命冲动的倾向,即:试图顺应死亡冲动的倾向,通过玩弄客体(外在的或内在的客体),摆脱虚空,也就是说,试图将客体缩减为构成其存在的虚空。因此:

(一)伊德实现自己所含的尝试潜能,从这一角度讲,我们很想回到弗洛依德最初的假设上去,认为施虐在先;

(二)但是,从冲动系统的角度看,受虐在先,因为它与死亡冲动相对应,而施虐则在后,因为它与生命冲动相对应。

施虐-受虐在生命冲动与死亡冲动之间实现的共冲动反馈使施虐与受虐不可能独立存在。它们必然在一个人身上共存,而且,尽管二者之一有可能表现得较为突出,但是,它们在生活的每一个细节中都是互补的。总之:

> 施虐-受虐

对死亡-生命冲动

具有推进-缓冲的

重要作用。

可以用一个几何模型表现施虐-受虐的天然不可分性：施虐与受虐相当于等腰三角形的两条等边，不管它们之间的夹角怎样变化，这两条边永远相等。要想证实这个比喻是否正确，只需想一想施虐狂怎样巧妙地给自己制造补偿性痛苦，受虐狂又如何使自己周围的人经受负罪感的折磨。没有人能够摆脱这个恶性夹角。我个人认为，在西方，没有比萨德[20]更大的受虐狂了，他的地狱、他的恶性夹角的两条等边挑战性地直冲九天：

（精神病医生）："……看看现在世界上正在发生的一切……光天化日之下发生的一切……我花很大力量制服那些纠缠我的患者们的幽灵……尽力理解自己潜意识中的那些阴影……现在，我终于能够用比过去更中性的眼光……可以说更宽容的态度……看待施虐-受虐，尤其是施虐……

（两分钟沉默，然后）

……我再也不会搞错了！……是施虐控制着人……有人高喊：'我将给你们带来饥饿、寒冷、战争和死亡。'……这比任何演说都更能煽动起民众的热情……

……再有就是折磨人的刑法，国际特赦组织列出的最残酷的刽子手中尽是医生和法官……

……而且……要不施虐，要不受虐而死，二者取一，很简单……最伟大的施恩者实现其神圣抱负的道路上尸骨累累……施虐在各家宗教的经文里……在各民族的神话中享有最高的赞美词……

（两分钟沉默，然后）

……都说施虐是恶的表现……这是对的……但是，必须明白作恶……使别人痛苦……

或伤害别人……

从本质上讲

并不是恶……

没有恶，人就会发疯……更何况，人根本不用强迫自己作恶……因为恶与善一样，是人的本性的一部分……

……正因如此，那些曾经在战争中杀害过数百万人的人没有一点儿负罪感……也不会因为杀过这么多人而失眠或失去性生活能力……他们不会受自己良心的折磨，至少我没有见过一个是这样的……

……在我们中间，有很多爱希曼（Eichmann）……或比他更可怕的人……

（三分钟沉默，然后）

……施虐-受虐是母亲与胎儿之间的性-过激关系的力与反作用力的共冲动的结果……它的起源要比弗洛依

德想象的早得多……他始终认为性活动中的施虐-受虐行为产生于童年期……尽管他也试着从过激冲动的角度深化这一假设……克兰学派的精神分析学家们沿着这个思路研究了半天,最后还是把施虐-受虐和过激行为联系了起来……

(两分钟沉默,然后)

……微精神分析学对过激活动的定义……对死亡-生命冲动和共冲动的定义……帮助我看清了过激活动和施虐-受虐的关系……过激活动直接依赖虚空能量组织……属于尝试内在的东西……而施虐-受虐只靠死亡-生命冲动及其共冲动而存在……过激活动比施虐-受虐更原始……而施虐-受虐活动则不会出现于尝试潜能形成心理生物结构体之前……不会出现于尝试通过共冲动进行组合之前……"

性活动与过激活动之间存在能量与共冲动的联系,这一点不仅可以解释施虐-受虐行为,而且可以解释一切客体关系的动力与组合关系:

(一)从胎儿期开始(初始期),里比多心理能量活动的进行与停止就受爱与恨的双重支配;

(二)在口腔期,里比多心理能量活动的进行与停止形成真正的客体关系:乳房代表母体的一部分,首先成为爱的对象,然后又成为恨的对象,随后成为爱与恨的对象;

（三）此后，性活动服务于过激活动并与后者一起形成客体关系群组。

只有这样才能解释"过渡客体"的形成及其效力。威尼克特（D. Winnicott）于一九五三年提出"过渡客体"的概念，它指儿童在母体和自己的身体之外（not-me possession）占有的第一个客体。克吾特（H. Kohut）认为，过渡客体是儿童自恋性内境恒定的必要条件，微精神分析揭示出了过渡客体的功能：1．从本质上讲，它是双重性的；2．它是母子构成的整体的投射部分；3．从性活动共冲动角度看，它能使儿童的过激共冲动得到更好的满足。因此，它并不像人们一般以为的那样，只是个过渡性的东西，恰恰相反，成年人不仅在潜意识中对它有很大的依赖性，而且还在日常生活中不断发明各种各样难以数计的崇拜偶像和吉祥物提醒自己。只需听听接受分析者怎样激动地反复提到自己的过渡性客体，就会明白它具有相当的持久性：

（反复出现的句子：）"……我的被子上全是洞，特别难闻……我妈扔一回，我捡一回……"——"……我的手绢越脏，我就越舍不得扔……"——"……没有我的毛线团，我就睡不着觉……我又吮又咬，它变成了一个死硬的团子……"——"……自从我妈拿走了我藏在枕头下的破布，我就开始尿床……"——"……我的娃娃破得不能要了,它被拿走扔掉了……我为这个哭了好几天……那是我第一次失恋……"——"……我的熊破得没法儿再要了……被扔掉了……我伤心死了……"

从过渡性客体过渡到"完成性"客体(即:不再具有以部分代替整体作用的客体),在这一过程中,肛门期的活动起主要作用,但是,只有在俄狄浦斯阶段,完成性客体才会最终获得性活动-过激活动的色彩。当儿童感到自己不可控制地受双亲中一方的吸引,欲杀死另一个而又不能时,他(她)就进入了命中注定的里比多阶段,冒着生命危险孤注一掷。

在文学作品中(无论是否与精神分析有关),在社会上,甚至在街头,到处可以见到、听到人们谈"俄狄浦斯情结"。一般来说,精神分析学家将"俄狄浦斯情结"分为下面三类:

(一)正俄狄浦斯情结:三至五岁的儿童无意识地尝试与双亲中的异性一方相结合并取消同性一方;

(二)负俄狄浦斯情结:三至五岁的儿童无意识地尝试(这一尝试或多或少可以得到实现)与双亲中的同性一方相结合并取消异性一方;

(三)全俄狄浦斯情结:由上述两种情况混合而成。

通过在长分析中接触不同种族、不同文化的人,我个人认为,应该取消"情结"两个字,以下列诸项作为衡量俄狄浦斯的标准：

（一）俄狄浦斯（正、负、全）由伊德遗传负载：1. 从卵子受精时开始存在；2. 随后进入第一潜伏期；3. 在初始期发生第一次爆发；4. 随后进入第二次潜伏期；5. 在三岁至六岁时结晶；6. 形成固定的压抑，在儿童与成人之间建立过激-性活动的同谋合同：我将这一阶段称为合同期、双务期或同谋期，在这个时期的生活照片上，总可以看到儿童（男童或女童）紧紧抓住成人中或多或少是同谋者的那一个（无论是否是亲人，无论是否穿着衣服），把脸藏在后者的生殖器的凹陷处或大腿中间；7. 随后，开始第三次潜伏期；8. 在青春期出现第二次爆发；9. 随后潜伏下来，每逢生活的关键时刻爆发一次（如婚姻、丧事、事故、临终），如此直到生命结束。

（二）俄狄浦斯不仅仅指儿童相对于双亲之一的无意识的性-过激活动（这一活动或多或少可以得到实现），而且指双亲之一相对于儿童的无意识的性-过激活动（同样或多或少可以得到实现）。即：我在《反对婚姻》一书中曾经讲到的俄狄浦斯。

（三）俄狄浦斯是心理生物立法，它由伊德和死亡-生命冲动授意于本我，通过系统发育和个体发育，确立性活动无条件的、过激的需要：1. 以爱或恨的形式紧紧抓住源自伊德的某一特定分支；2. 使自己对客体的选择与其相符；3. 怀着矛盾的心理使一个任意的客体服从于伊德的这一分支的需要：

（女精神分析学家）："……噢！弗洛依德……究竟是什么使您向那些永远不会理解您的人做出了这样的让步？……在您看来，俄狄浦斯就是俄狄浦斯，您怎么居然同意在后面加上'情结'两个字呢？……真滑稽！……有什么'情结'曾经让您发抖吗？……

……是'情结'使您成了人类的希望吗？……

……肯定不是！……在您年轻的时候，在您提出俄狄浦斯时，您早就知道这一点……后来，您不得不讲'情结'，您被迫做了多少不情愿的事……

……您肯定是屈尊就下……不惜一切代价……为了让您想告诉人类的事情最终能够得到传播……这样做的时候，您也许盼着某一天、某一夜，在一个无人知道的角落里，有一位无名氏能够理解您……

……对了，告诉我！……您和您的父亲亚克伯谈过消解俄狄浦斯'情结'吗？……肯定没有！……否则您会笑死的……您差点儿因为您的父亲丧了命……

（三分种沉默，然后）

……俄狄浦斯不是情结……不是神话……不是疾病……除非哪一天有人能够证明呼吸是疾病……那就得另想办法，也许应该停止呼吸……不用呼吸活着，这个问题恐怕比不要俄狄浦斯活着更容易解决……因为：

> 如果我们的不幸——俄狄浦斯
>
> 消失了，
>
> 我们也将消失……

……俄狄浦斯是生命……正像朗伽内（Langaney）所说的，它是性活动产生之前的生命……这一生命靠俄狄浦斯维持，直到后者在性活动-过激活动共冲动造成的未满足—难以满足的压力下，使人死亡、杀人或自杀……

（两分钟沉默，然后）

……俄狄浦斯是个理论吗？……如果承认人是靠不偏不倚的伊德而存在……靠充满激情的俄狄浦斯去爱、建设、厌恶、杀害……就必须承认，俄狄浦斯不是理论，而是理论的反义词……

……一些精神分析学家认为，俄狄浦斯过时了……人总是很容易地就把自己不理解的东西说成是过时的！……我们大家都这样做过……但是，这并不解决任何问题……

……说穿了，人之所以拒绝俄狄浦斯，是因为怕被它引向虚空……因为俄狄浦斯是人与构成人的虚空之间的水平通路……人既不可能改变……也不可能去消解那令人难以忍受的虚空……

（三分钟沉默，然后）

……了解俄狄浦斯比学习念书写字还重要……比学一门手艺还重要……在生活的关键时刻，会读书写字、有一门手艺都不会起作用……俄狄浦斯最重要……了解它比挣钱糊口还重要……如果说人有时真的会饿死，那么

　　不了解俄狄浦斯

　　就等于自己给自己判处了死刑……"

二、从尝试本能角度看性活动

　　性活动需要无数的尝试，用以实现共冲动的总目的，即：填充构成人体的虚空。这些尝试的特点是，直到特定组合层，即尝试群组的心理生物结构化过程中，它们始终保持着伊德的中性、无目的性和相对性。

　　下面我们先来看看性活动的伊德中性特点。地球上生活的人类不停射出的精液最能说明性活动尝试与共冲动的动力是中性的。

　　地球上平均每秒钟

　　有五千男人射精。

这并不是假设，就在我写这行字的时候，地球上有十万男人同时射精。

　　一个男人一次射精排出的精液重约五克，世界上每二十四小时要排出两千吨精液，把这些精液放进载重量十吨的火车车厢，足可以装满二百多个车皮，总长将近

三公里。

一个男人一次射精排出的精液含三亿精子，三或四次射精足可以使地球上所有的妇女受孕，再多几次足可以使人类充满宇宙。

据统计，每个男人一生中产生的精子足可以制造一万亿个孩子。请读者注意：

  每个男人

  可以生

  一万亿个孩子。

很难准确设想地球上每日数千吨精液的自然周转。可以说，这些精液能够满足大约一亿人日常对基本蛋白和氨基酸的需要。由于虚空的存在，一个男人一次射精排出的精子的DNA连接起来可达四十万公里，相当于从地球到月亮的距离（而人体内全部DNA连接起来只有一亿五千万公里，相当于地球和太阳之间的距离）。

长分析的方法使人的天性处于中性自由状态，每个接受分析者都能暴露出一种集体原始口腔欲，我称其为精液欲。结合我们通过从伊德角度释梦所获得的材料，仔细研究这一欲望，我们发现：

  精液欲

  是阴茎欲的系统发育内容

  和它的心理物质参照。

正因如此，梅拉妮·克兰（Melanie Klein）和乔伊斯（E. Jones）才会认为阴茎欲反映人的一种混同欲，后者属于最早的投射—认同；正因如此，吸吮生殖器（拉丁语 fellare＝吸吮），作为一种性活动，自古就有，古希腊酒杯和双耳爵上的装饰物或很多印度寺庙里的浮雕（尤其是 Khajuraho 寺庙里的浮雕）可以作证：

（一位接受分析的女士）："……我……作为一个上流社会的女人……我非常爱干净……但是，我最渴望的，就是随便躺在什么地方……地上……泥里……让所有路过的男人把他们的那两件东西放到我的脸上……让我舔……让我嗫……又咸又难闻……让他们把他们的尾巴……甭管大小……放进我的嘴里……一直到嗓子眼儿……把我灌满精液……把我的肚子灌满……我才不在乎他们的头、身体……和尾巴……我就想被灌满精液……

……我根本不想知道他们的名字……要是他们问我叫什么，我就回答：'妈妈'……

（十分钟沉默，然后）

……最后……不需要任何东西……也不需要任何人……摆脱了一切……彻底自由了……摆脱了这个世界……摆脱了自己……摆脱了父亲……我的父亲……都是因为他的精液……我像个雌性动物一样……看见他就流口水……

(五分钟沉默,然后)

……我很热……好像性高潮就要到来一样……

(十分钟沉默,然后)

……过去了……没有出现性高潮……难道因为我还不够自由?……不够无拘无束?……"

目前,越来越多、越来越年轻的女性(年龄因种族而异)有强烈的吸吮生殖器的要求。从微精神分析学角度看,为了摆脱一切超我的控制,现代人终日挣扎于过激活动之中,对精液的贪婪正是处于这种状态中的现代人生存冲动的表现之一:

(精神病学家):"……吸吮生殖器从来就有……,不过,二十年前还很少听说……而且,好像妇女不是很情愿吞下精液……如今,全世界的年轻女性比着……看谁吞下的精液多……从迈阿密到日内瓦,从东京到巴黎……她们互通消息,几乎不加掩饰地宣扬自己的成果……评判她们的最高纪录或失败……交换那些满嘴流着精液的照片……

……她们贪婪得像吃奶的孩子……我在说什么!……她们恨不能吞下整个宇宙……在吸干了乳房、吞下了母亲之后……她们现在要的不是奶……是精液、精液、精液……她们要吃精液……靠吃精液活着……

(两分钟沉默,然后)

……总之,她们的行为与性活动根本不协调……与儿童期的性活动也不协调……没法儿用语言形容……我个人认为,这种过激行为是世界末日到来的征兆……世界末日的一种表现……是向虚空的一种挑战……或者,也许……是一种非宗教仪式性的反恐怖的手段……意思是:'这么干我就什么也不怕了……我身上留有复活的种子……为摆脱虚无……为能够活着……我要把你彻底摧毁。'……

(两分钟沉默,然后)

……最终,问题在于……阴茎之所以存在,是不是就是装个样子?……它不过是不可见的精液的直接的、可见的掩饰物?……"

吸吮生殖器与雌雄同体阉割欲有关,在普遍的精液欲的驱使下,它的表现方式可以是异性间的、同性间的或者是自身的。在长分析中,相当数量的接受分析者明确表示有吸吮自己生殖器的欲望。在人体条件允许的情况下,这一欲望往往能够得到满足:

(反复出现的句子:)"……我兴奋的时候,就把自己缩成一个球……舔自己的阴茎……"——"……我很喜欢自己的精液喷到脸上时的感觉……"——"……为了能吞下自己的精液,我什么方法都试了!……"——"……全靠瑜伽功,我现在能自己吸吮自己的生殖器了……"——"……啊!我多么希望身体柔软得能自己吸吮自己的生殖器!……"

性心理尝试绝对的中性和随机性凝聚为最基本的无目的性，我们正是通过性心理尝试的无目的性出生、生活、死亡。无论人是否愿意承认，

> 女人和男人
> 首先是卵子与精子
> 盲目的分发者。

表面上看，人们一天忙忙碌碌，但是，无论他们的潜意识的伪装力或升华力有多么强大，人只能依靠性活动尝试偶然的外显提供的那点点幸福而生存、不朽。

世界上每天大约有三十五万婴儿出生（不包括一百万流产），然而，即使依靠最先进的电脑，也没有一个学者或一组学者能够计算出制造一个生命所需要的心身尝试的数量。要实现多少伊德潜能才能生出一个孩子！现代医学告诉我们，一个胎儿究竟是男性还是女性与很多因素有关：pH 值、温度、母体阴道内钾离子、钙离子和镁离子的浓度，甚至母亲的饮食构成。

此外，不存在妊娠目的性。假如人的诞生真的是妊娠的目的，孕妇就不会总在念叨：但愿一切顺利！其实，孕妇比任何人都更接近动物，她知道或者至少感到胎儿面临的威胁。正是因为这类威胁的确存在，地球上今天才只有四十亿居民，而不是数千亿居民。

认为存在生殖或繁殖本能，就等于用决定论的观点把

性活动套进一个狭窄的框框里,而无视下面这一事实:

> 我们的生命
>
> 完全偶然产生于
>
> 性活动一次盲目的喷发。

性活动是伊德能量和死亡-生命冲动的中性结果,它充满过激活动,支配着人类命运的偶然变化。如果弗洛依德正是在这个意义上提出了"泛性主义",即使按照麦克多格尔(J. McDougall)的说法,弗氏将泛性主义归为偶然,人们以往对他的指责也是错误的。应该首先明白弗洛依德的本意是什么,然后再宣布自己是拥护还是反对他提出的泛性主义观点。弗洛依德的性理论,并不像当年在维也纳人们所说的那样,是什么下流的东西(eine Schweinerei),它唯一的目的就在于让我们能够生活。当然,除非认为树脂的流动是下流的:

(医生):"……发现童年和老年性活动……打破了人们数千年来对生殖本能的信仰……

……马斯特(Masters)和让森(Johnson)为证明性活动是一种细胞现象做出了贡献……尽管今天没人愿意相信他们的某些推断……我发现性活动是细胞—伪足—中性的……既不是道德的,也不是不道德的……应该像研究消化功能或心血管功能一样研究性活动……它的目的性即使不是附加的,也完全是次要的……

……这才是弗洛依德的本意和他一再强调的……也是荣格曾经理解了,但是后来出于谨慎又放弃了的……"

加卡(A. Jacquard)从伊德角度提出,我们的尝试和性共冲动偶然决定着我们的命运,他写道:"……设想一对遗传负载量非常低的男女,他们只有二百个异型接合体,尽管如此,这对男女仍然可以制造十的九十五次方个从遗传学角度讲完全不同的孩子,这个数字远远超过了构成整个宇宙的原子的总量。"如果一对只有二百个异型接合体的男女能够繁殖十的九十五次方个孩子,那么,一对有数万异型接合体的男女呢?他们能够繁殖的孩子的总数至少是十乘几十亿!

从性活动的中性与无目的性的角度看,那些令人激动、信誓旦旦的"我爱你"意味着什么?由此引发出的各种真真假假的悲喜剧意味着什么?数不尽的"没有你我就没法活"的浪漫而又动人的故事意味着什么?这一切表明,爱情作为性活动心理-情感投射的一种,有自己独特的方式,

爱情

是

避免孤独的尝试。

然而,伊德相对的中性和无目的性决定这一尝试迟早要失败,任何手段都不能使它摆脱失败的命运。

在这个世界上,我只见过占有型的以自我为中心的尝

试和奉献型的自恋尝试。一些男女自以为占有另一些自以为被占有的男女。我从未见过一对不散的情人，两个人以上的就更不用提了。我曾经接触过一些印度的秘密宗教团体，发现以集体为单位进行的心理-情感甚至心理-性融合的尝试往往同样以失败告终，这种尝试对于这类群体中的某些人，甚至对于整个集体来说是致命的。

人类历史上的伟大的情人们只知道爱情的排他性和不妥协性，而不理解"爱情不允许任何被爱的人不爱"（但丁语）这一宿命思想。他们维特式激情洋溢的尝试、那出于嫉妒的多愁善感和怀旧的自私态度最终葬送了他们的爱情：

（一位接受分析者）："……我主张爱所有的人……突然，她开始实践起我的理论来了……爱所有的人……于是，我完蛋了……我那么说的时候是不是为了维护我自己的性自由？……也许……但是，时间一长，这可不是什么好办法……一点也不是！……

……现在，我还得学着跟想干什么就干什么的人在一起生活……过去这些人只做我让他们做的事……

（两分钟沉默，然后）

……我总在自己打自己的嘴巴……我想让她在爱别人的同时只属于我自己……但是，一个人有什么权力这样占有另一个人？……为了自己？……一个人怎么可能完全属于另一个人？……只属于一个人？

……爱所有的人！……试着把这一理论付诸实践,当有一天就剩下你一个人……一个人……当你重新感到可怕的'人人为自己'时……"

爱情尝试的失败或许是最令人伤心的失败,因为,爱情本是缓解心理生物虚空的最省力的方法。不幸!非常不幸!在伊德的作用下,无一例外:

> 没有比永恒的爱情
>
> 更短暂的东西了,

无论它的表现是温情脉脉还是激情似火:

(一位接受分析者):"……人试着爱……试着爱了再爱……但是,两对儿情人中就有一对儿得分手……几乎全是为了尝试新的爱情……有时是和过去的朋友或前妻……我认识一位著名律师,他和同一个女人先后离过五次婚……"

似乎这还不够,还要加上禁止爱情的法律、禁止真正的爱情的法律:

(一位接受分析的十六岁少女):"……我父母把我送到您这儿来,是因为我正处在愚蠢年龄……愚蠢年龄!……是不是因为我准备向所有的人献出我的心?……为什么一定要有个借口才能爱?……为什么不能自然而然地、无偿地爱?……我觉得,承认不能无条件地爱才是进入了愚蠢年龄……"

简而言之,

  在这个世界上,

  既庸俗又崇高的爱情的惨败

  屡见不鲜。

情人们自认为他们的爱情是崇高的,其实,全是平淡无奇的重复。我记得,一位接受分析者在研究自己的情书时沮丧异常,她躺在沙发床上,读自己过去写给未婚夫的信(她与这个男人结婚,十五年后又离婚):

"……瞧瞧我写的这些信!我会给另一个男人写同样的东西吗?……"

(一个小时后,在读自己刚刚写给现在的男友的信时,她号啕大哭:)

"……同样的句子……同样的引言……写爱情那个词时,字母O上同样有个小圈儿……这是怎么回事?……人与人之间根本没有任何关系……不承认这个就是弄虚作假……

(两分钟沉默,然后)

……我不知道自己为什么哭……是伤心离开了丈夫……还是觉得和现在的男朋友也不会比过去好多少……

……我的伤心和眼泪会不会和他们两人根本没有什么关系?……"

我研究了将近一万五千封情书,在我的文件柜中,至今还保存着接受分析者不要了的几万封情书。这些可怜的死亡之花神奇地使情人们过一天算一天！当人再也不能忍受孤独的时候，向随便什么人、什么东西献出自己的爱，这是人面对生命与死亡所拥有的天然避难所……弗洛依德曾经疯狂地给未婚妻写情书，在进行漫长的自我精神分析期间，他曾经不停地给当时的朋友们写信，谨慎小心地给所有愿意来信的人回信，弗氏在经历过这一切之后才明白了上述的道理。

既然爱情不可避免地要失败，它又怎么可能永不枯竭？换句话说，为了避免孤独，人需要爱，这难以抑制的、强迫性的需要的核心是什么？我们知道这个问题的答案：母亲。人毁灭于自己的母亲涅槃，正如我们已经看到的，这一涅槃并不是绝对完美的，恰恰相反，它通过分散的、不加选择的形式得到实现：

（一个接受分析者）："……我不想要一百个女人……也不想要一百万个女人……我都要，天下所有的女人，您听明白了？……把她们揉在一起……弄成一个东西……做成奶油……做成我母亲怀里的奶油！……她全身上下的奶油……"

从其客体-客观的结构本身看，爱情的尝试相当于一种收复、重新征服母亲的尝试，因为，爱情尝试在本我和潜意识中必然经过压抑愈合，这一压抑形成于子宫-童年

战争期间,母亲是最大的引力极。所以:

  爱情

  产生于

  母亲固恋的一个症核。

对爱的需求相当于寻找替身的过程,或者说,相当于达成妥协的过程。

  找到爱情,其实是重新找回爱情,或者说是自以为找回了爱情,因为,事实上,由于俄狄浦斯的作用,

  人

  只忠实于

  不忠实的母亲,

幻想被母亲所爱。这一不公平根深蒂固,需要不断地纠正弥补,面对这个问题,人的潜意识除了自杀、杀人或集体屠杀以外,别无其他的办法:

  (女精神分析学家):"……回顾我做过的精神分析……被分析者无休止的号啕……无休止的尝试……要想知道这些眼泪……这些吓人的、自杀性的、徒劳的尝试的罪魁祸首是谁……很简单……在父亲后面,总能够找到母亲……但是,唯一可以肯定的是,最差的母亲的最差的孩子也永远不会相信这一点……

  (两分钟沉默,然后)

  ……既然我们在精神分析中观察到的一切就是社会上

所发生的一切的缩影……那么就应该有勇气宣布：

  个人和集体的一切犯罪行为

  均源于母亲……

罪行的大小直接与人在母体内和童年期对母亲所怀有的不满足—难以满足的爱的程度成正比……为了她，这个客体之客体，人不惜付出一切代价……

  ……但是，最令人不安的是……母亲与孩子都不是这一切的罪魁祸首……因为，是伊德完全出于偶然……在一瞬间……把母子放到了同一个虚无之上……

  ……当风吹过空旷的荒野时，没有人知道沙子会飞向何方……变成什么……

  ……这就是我通过微精神分析发现的……这就是为什么这个世界那么可怕……因为它完了……这个世界……它被自己失去的本源摧毁了……它是一个被自己失去的本源吓呆了的俘虏……

（两分钟沉默，然后）

  ……没有微精神分析……不理解生存就是虚空……接受分析者还会在他们的潜意识里继续以三个人为自己爱的参数：母亲……母亲……母亲……

  ……接受微精神分析的人明白关键的问题不是母亲……也不是父亲……上帝！……而是自己的最初的俄狄浦斯尝试本能……是那个停泊在虚空中性动力微粒的无穷

尝试潜能之中的……来自虚空基本能量的……自己的伊德的数不尽的尝试潜力……

……微精神分析学证实：

> 任何精神分析
> 只有在解决了虚空的问题之后
> 才算完成……"

综上所述，爱情尝试失败的原因在于：

（一）伊德的中性、无目的性和相对性使一切主客体关系趋于破裂；

（二）伊德的振荡干扰不断发生变化、波动，产生一些尝试、消除另一些尝试，所有的尝试最后都消失在虚空中；

（三）死亡－生命冲动不断使象和心理生物实体结构化—非结构化；

（四）对母亲的俄狄浦斯式固恋正是从爱与恨难解难分的矛盾中吸取养料；

（五）共冲动随着习惯与共同生活的形成，不断破坏爱情存在的条件。

三、性高潮

也许，性高潮最能够说明性活动中伊德所具有的中性、无目的性和相对性的特点，而手淫又是性行为中最有代表性的，这是因为，由于性伙伴不在场，性紧张可以自

由发展:

(一位接受分析的女士):"……即使在最成功的性交之后,我也总是觉得和谁在一起都不如自己一个人时体会到的快感强烈……一个人时,我付出多少享受多少……不多不少……我知道怎样能使自己产生快感……

……和最强壮的男人在一起,我可能会有两—三次的性高潮……一个人的时候,我可以有连续十次性高潮体验……而且,这和跟男人在一起时的体验完全不同……好多人不知道,有的时候,我们应该自己照顾自己……

(两分钟沉默,然后)

……来您这里之前……我和自己疯狂地做爱……自己强奸自己……来月经的时候,我不停地抚摸自己……到处都是血……疯了—疯了—疯了……好像是处于生命和死亡的疯狂状态……

……现在,我几乎不用动……轻轻夹紧两腿……就能觉得整个人在被一股浪卷起……完全失去控制……不知会被卷向哪里……

(五分钟沉默,然后)

……又开始了! ……我的呼吸集中在腹部……用这种办法给自己提供热量很不错……我出汗了……自私? ……也许……但是,这种感觉才是唯一真正重要的……这是一种多么柔和的快感! ……它充满全身……使精神感到愉快……精神离开了肉体……到了虚空之中……我在虚空中失去了没用的东西……舒展……放松……

（五分钟沉默，然后）

……这怎么可能？………只有这种状态能在很长时间内让我感到腹中热乎乎的……

……对了……您觉得我的灵魂还能找到比我两腿中间滚烫滚烫的那个地方更神圣的去处吗？……噢，上帝！……"

一个人在手淫的时候，摘下了他（她）强加于自己并出示给社会的面具，面对无人称的虚空，快感来自性活动不可战胜的、天然的随机性。尽管如此，如果以为手淫是一个人孤独的享乐，那就完全错了：

（重复出现的句子：）"……我手淫的时候，不光是为了我自己……"——"……手淫使我能够实现接触另一个人的欲望……"——"……手淫的时候……我的想象力异常活跃……"——"……我一边从窗子看着一个女人，一边手淫……"——"……看着演员的照片，手淫的效果会更好……"——"……手淫的时候，我的镜子里反射出另一个女人的影子……"

人们一般以为，手淫是一种简单的性行为，微精神分析学则认为，手淫作为一种性活动远比人们想象的更复杂。随着性兴奋程度的不断提高，手淫者重新变成可接受的振荡，这振荡驱向无数分散的、不一致的东西。伊德神奇的万花筒！手淫者成为一种驱向 quo ante 状态的动力、向此处和彼处同时发出的召唤。表面上看，手淫者的快感似乎产生于由细胞组成的系统，然而事实上，它来自每一个独立的细胞。手淫者的性快感突然爆发，随后又很快消融在虚空那同时属于过去与未来的、中性的伊德之中。

至于性高潮本身，它由下述系列反应组成：

它始于心理（复现表象、情感、幻觉）或身体（口腔、乳房、肛门、尿道、阴茎、阴蒂、外阴、阴道、子宫、身体的任何一个部分。弗洛依德提出"应该把整个身体看成性兴奋区域"），在共冲动层产生性紧张，性紧张传到心理生物实体并通过不同的阈值不断得到增强（不快乐），使越来越多、越来越无控制的尝试极化，干扰共冲动的运行，动摇本我，扰乱本我与细胞系统及潜意识—前意识—意识之间的连接，刺激象的虚空屏幕功能，启动死亡-生命冲动的虚空瓣阀，后者在尝试群组中引起一次猛烈的力的释放（快乐），最终达到伊德能量的平衡。

换言之，

> 性高潮
> 是
> 在心理生物实体与虚空基本能量之间
> 实现的一次脉冲短路。

莱西（Reich）坚持对性高潮进行过于生物化的构想，长期陷于其中，我们对于性高潮功能的定义肯定会让他心服口服。此外，从控制论角度讲，在性高潮过程中，尝试本能的发展呈相对阶梯状，这一递进过程所依据的正反馈的启动因素与终止因素完全是任意的。

尽管性高潮过程中产生的"热血沸腾"完全是中性的、无客体-目的性的，男女双方的体验却相对不同：

（一）女性的性高潮一般持续一到数分钟，而男性的性高潮一般持续数秒钟。在一次性高潮过去以后，女性几乎立即可以得到恢复，而男性的恢复期则或多或少相对长些。因此：

1．对于女性来说，出现快感意味着性高潮的开始；

2．对于男性来说，射精意味着性高潮的结束。

无论男性怎样夸口，实际上，他不会使女性得到满足。男性在自己得到满足之后，不可能满足女性。尤其是，男性一般很难想象并承认：

女性的性高潮体验

几乎是无限的。

（二）与男性的性高潮相比，女性的性高潮更强烈、更过激，她们在性高潮过程中反复出现的极度快乐状态会让人感到害怕，甚至会使同性恋者（公开的或潜在的）惊慌失措，这是因为后者潜意识中的问题正是母体—虚空，所以，男同性恋者对女性的潜在的性欲望少于女同性恋者对男性的潜在的性欲望，用微精神分析的方法研究同性恋者的梦同样可以发现这一现象：

（反复出现的句子：）"……她没完没了的快感让我浑身直起鸡皮疙瘩……"——"……我真害怕她那爆发性的快感……"——"……在高潮到来之前，她完全变了样……整个脸都变了……看了真让人害怕……""……性交的时候，她变得力大无比……我再也控制不了她了……"——"……在像魔鬼一样发泄了之后，她好像突然要死……想想就害怕……"——"……高潮到来的时候，她能把我撕成两半……"——"……不撕我不抓我，她就不能进入高潮……"——"……她已经用指甲在我的肛门里弄了两个肛漏……够了！……"——"……说好了她不喊……结果她喊得一个区都能听见……"

微精神分析学认为，造成女性性高潮体验上述特点的原因在于：

女性与虚空

有着天然的、密切的心理生物联系。

这一联系是她唯一的重要参考，使她具有从身心两个方面控制细胞虚空伸缩的奇特的能力，例如：1. 经期伴随出现的组织膨大变化：组织可以在几秒钟内明显膨胀或缩小，而且可以在一分钟内完全消失；2. 性兴奋可以使女性身体的某些部位（面部、前胸、腹部、后背）出现短暂的、阵发性的血管扩张。

在长分析过程中，女性与构成其自身的虚空之间的心理生物默契总会以不同的方式表现出来：

（精神病医生）："……一些性学家认为，大部分女性直到二十世纪都不知道什么是性高潮……一直是男人利用女人……女人伺候男人……这些男性的奴隶，她们中一半以上到死都不知道什么是性高潮……我认为这种观点是错误的……用微精神分析学的方法研究这个历史问题，可以发现女性从来就知道什么是性高潮，而且知道怎样给自己创造性高潮……

（两分钟沉默，然后）

……和男人那简单的一下子相比……女人的性高潮是个多么奇特的事情！……她用自己的整个身体……直到手指和脚趾……去尝试使自己突然集中于某一个不可能再确定的部位……

……是不是正因如此，女孩子……在阉割情结再活化，接触到俄狄浦斯时……她的超我比男孩子的更宽容……男孩子的阉割情结封死了俄狄浦斯……

（两分钟沉默，然后）

……这就是为什么，作为精神病医生，我完成了自己的微精神分析，不久将开始为别人做微精神分析……我毫无保留……但是，我还是对自己不满意……感到还没有到达目的地……好像什么地方出了故障……

（十分钟沉默，然后）

……也许，弗洛依德在《受老鼠折磨的人》一书中说的不对，女人的潜意识是不是与男人的潜意识不一样？……

……是不是正因为没有阳器，女人才不那么骄傲……还是因为她们比男人更习惯于虚空？……

（三分钟沉默，然后）

……大概就是这么回事……从身心角度讲，女人比男人对虚空更有准备……她能感觉到虚空，而且比男人更容易吸收虚空……

（五分钟沉默，然后）

……如果说，认识虚空等于认识自我，那么……

　　做女人

　　就意味着

　　在连续的虚空中

　　接受自己……

（两分钟沉默，然后）

……由于她很熟悉虚空，女性不欠任何人的……而且能尽情享乐……甚至能为自己的快乐而快乐……

……最终……女人与男人之间的最大区别就是……女性的性享乐是属于神的……而男性的性享乐则是人的……

……女人的虚空不变,她靠在上面像靠着一根安全的芦苇……嘲笑男人像被绑在岩石上一样,受着自己的阳器的束缚……那个东西就是一切幻觉假象的墙垛……"

尽管女性性高潮的特点很特殊,我们也不应该因此而忘记,性高潮的后果就是取消一切客观—客体的相互关系。无论男女,人在性高潮状态中,均独自处于虚空的门口。确确实实:

> 性高潮越成功,
>
> 爱情越失败。

性高潮与爱情的关系很简单:

(一)性高潮的出现意味着彻底的孤独。因为,处于性高潮状态中的人发生性心理分裂,在那气喘吁吁、不再属于自己的瞬间,他(她)脱离了世界,成为孤独者,摆脱了精神与肉体,在虚空中蔓延消散。因此:1. 其实,那些令人神往的、成功的性交是人为了摆脱个人内在的孤独而进行的伟大的、失败的、绝望而又令人绝望的尝试;2. 性高潮的出现很有可能不取决于性交伙伴;

(二)如果性高潮是装的,那么还可以对那可怜的伙伴说"我爱你",其实,性交伙伴与潜意识伪装性高潮的动机没有任何关系。关于这一点,我们对配偶所做的分析表明,伪装性高潮的现象要比人们一般想象的更普遍:

(丈夫,上午:)"……很少有比我妻子更走运的女人了……我可以告诉您……她快乐得都要窒息了……当我在她身上立起,再来最后那一下时……我既是她的上帝,也是我自己的上帝……"

(前者的妻子,同一天下午):"……我丈夫很粗野……他把我弄得很疼,结婚十六年来,我从来就没有过乐趣……"

所以,即使在最兴奋的时刻,男人和女人相互之间仍然是深深隔绝的,彼此很不了解,这比让克雷维奇(S. Jankelevitch)所说的"误会"还要深。性高潮的这一特点使虚空产生回响,暴露出最令人满意的性交伙伴所具有的中性功能,表明他(她)是可替换的。微精神分析的这一观点完全符合性一词的本意,该词源于拉丁语 secare,意为切断、分开、截断、使痛苦。下面引用的两段分析记录(与本书中所引用的其他分析记录一样)既不特属于今天,也不特属于过去,而且严格地讲,也不是地球上某一区域的特殊产物:

(一位接受分析者):"……其实……性交对象……他的性器官……出身、优点、缺点……其实,所有这些对于我来说都不重要……

……我感到欲望来了,就找一个性客体……假装挑选一下……因为我很有教养……但是,我很清楚自己根本不挑……碰上一个算一个……

……随便什么样的人,只要能降低身体里的压力……我对别人也没有其他要求……很久以来,我已经不再以为他或她看上我,是因为我的美丽的眼睛……

(两分钟沉默,然后)

……我觉得,异体肉欲的概念(allo-érotisme)很可笑……和另一个人结合,不管是不是异性的,都是一个圈套……精神分析学家应该重新研究'客体选择'这个问题……我个人认为,这是一个带有说教味道的概念……恋爱的客体是无限可换的……一个人之所以要和另一个人在一起,完全是为了以放电的方式或其他不知道什么方式……排空自己……

(两分钟沉默,然后)

……唯一的需要就是建立接触……性高潮完全是机械的……快感的强度只取决于在本我的伊德电池接触后,线路的质量……"

(一位接受分析的女士):"……当我进入性高潮时……在我的身体里和我的灵魂里……很多快感融为一个……周围的一切都不存在了……

……我喜欢让我丈夫在半夜和我做爱……在我睡着的时候……在快乐的极点,性伙伴完全可以是另一个男人……或一个女人……一个男人和一个女人……好几个人……一个动物……随便什么东西……

……而且,早晨醒来,我不知道夜里是不是真的做过爱……这根本不重要……

(两分钟沉默,然后)

……我对能从性方面满足我的人没有一点感情……有时我甚至对自己说:'看下一个了。'……可是,我能非常爱一个根本不碰我……我自己也没有任何欲望的人……

(两分钟沉默,然后)

……在性高潮时,一切都是空的……高潮过去后才产生焦虑……当一切都结束了的时候……当那个没有面孔的男人……又出现在眼前的时候……他还是那副面孔……我感到好像受了他的欺骗……被奸污了,这是一种很可怕的感觉……

(三分钟沉默,然后)

……我的快感!……为了能重新享受性高潮带来的快感,让我无条件地干什么都行……随便什么人都可以给我这种快感……苦行和放荡的梦!……我的性高潮!……我生活中唯一快乐的时刻……真实的、纯粹的时刻……最高的真实!……在它的过程中和它过去之后,一切都不再存在……只剩下虚空……和它那具有溶解力的底流……"

因此,性交伙伴们往往并非情愿地,而且似乎很痛苦地(我是指普通正常的人)通过以实现性高潮为目的的各种尝试,进行漫长的性高潮尝试的艰难跋涉。他们一次又一次地尝试,一次又一次地陷入对往日的怀恋和对未来的憧憬之中,希望有一天能和某一位伊德价相当的人结合,与其分享象的某一特定方面。噢,个别欲望的空想!完全没有必要的拥抱!在死亡冲动的作用下,这一切带给性交伙伴的只不过是虚空!

人们或许以为乱伦可以摆脱性交快感造成的普遍的性心理空虚,因为乱伦可以在双方伊德遗传的若干成分之间建立起联系。我指导的对乱伦者的微精神分析证明,情况完全与人们想象的不同。除非乱伦者自己完全没有负罪感。面对虚空,乱伦客体似乎没有任何特殊之处,在性高潮状态中,它同样是一个无特征的中性客体。

这使我们对性交有了进一步的理解。无论在长分析中,还是在研究日常生活素材时,我都用处理梦的显意内容的方法处理有关性交的叙述。当我请接受分析者第n次重复自己最后一次性交的细节时,他首先感到很厌烦(我完全理解这种感觉),接受分析者很希望能继续研究自己的高尚行为,但是,他(她)慢慢会理解我这样要求的原因,接受分析者先是惊讶,随后目瞪口呆,然后逐渐意识到:

性交

是爆发在虚空中的

一个共冲动的焰火。

性交与性高潮一样,但是,它又独立于性高潮。性交唤醒人生早期的感觉-运动体验和系统发育拥抱的体验,在调制虚空的伊德能中,启动各种局部共冲动。微精神分析学不仅能够理解成年人的各种各样的性反常和混乱的性行为,而且谴责对生殖器的崇拜,认为它是性活动贫乏的表现,而非性活动的心理生物的桂冠。从这个意义上讲,我们称性反常为性活动的补习性行为,这似乎更科学:

(一位接受分析者):"……和女人在一起,我的神经官能症越来越严重……每次做爱之前,我必须得反复对自己说:'上,干哪!'我当年那么经验丰富……后来居然不愿再看见女人……看见她们我就从心里发怵,头疼得厉害……

(两分钟沉默,然后)

……我的那个东西没人说话了……那东西就是我啊……我的行动的中心……我的活跃区……过去我一天到晚为我的那个东西发愁……遭罪啊!……问问那些有过这种体验的人,有那东西没法儿用是什么感觉!……一个没用的东西……就是这么回事儿……连女人都知道……她们立刻就能明白是什么感觉……等于是自杀……我就是在慢性自杀……

(两分钟沉默,然后)

……和我女儿在一起可就完全不一样了……我一点儿问题也没有了……我让她干什么,她就干什么……她不懂……也不惊讶……也不讨价还价……尤其是……尤其是……她从来不跟我的那个东西较劲儿……

……她唤醒了我的童心……唤醒了我全身的每一个细胞……在这之前,我简直老得可怕……我至今都不敢相信……好像我开始痊愈了……更重要的是,我发现了自己的身体……和它那无限的性活动潜力……那两个家伙里面又重新充满了数不尽的性活动景象……总之……现在想一想……阴道从来就没帮过我多少忙……把那个东西放到阴道里根本不能解决任何问题……

(五分钟沉默,然后)

……尽管我还说不清楚这一切是怎么回事……但是,我可以提一个问题……是不是成人的性活动是反常的……而儿童的性活动才是正常的、自然的?……"

微精神分析学从伊德角度出发,研究性高潮的发展过程,为治疗早泄做出了贡献。目前虽然已经有很多治疗技术,但是,数百万患早泄的男性仍然陷于难以自拔的境况之中。早泄患者对虚空所具有的特殊焦虑与过激性极强的输尿管固恋有关。受这种焦虑的影响,患者在性高潮发展的第二阶段停下来,集中正反馈,不等伊德能来减少共冲动的压力,而是将压力立即释放掉。微精神分析可以重新恢复爆发的阶段,使早泄重新获得它在性交和性高潮中应有的位置。

早泄(它与进入阴道不久立即射精的症状不同)是病灶微精神分析的典型,所谓病灶微精神分析是指,间接以某一症状为中心进行的长分析，总时间量为五十——一百五十个小时。我想进一步明确，从技术上看，病灶分析完全符合微精神分析的一般规律，只是组织结构更为灵活，对一个症状的研究不能孤立进行，必须将其放入生活的整体关系中去进行考察：

（一位接受分析者）："……这差不多是我的第八十个小时了……

……我已经不再在阴唇上射精了……开始能够在阴道里待三分钟……后来能待十分钟……现在我想待多长时间就待多长时间……为这个，我不光想给您舔脚，还要给您舔脚趾……您让我舔什么都行，只要您一句话……

（两分钟沉默，然后）

……说真的，已经越来越好了……您让我每次分析时提到我父母或祖父母就叫他们的名字，不要姓儿……这又是您的一个高招儿，这看起来没有什么，实际可很有用……我费了多大劲儿才习惯！……真的……如果父母叫孩子可以不叫姓儿……为什么不能反过来？……

（五分钟沉默，然后）

……我想……孩子们一般不敢那样做的原因……是不是正是我在性交中出现分流的原因？……俄狄浦斯？……是它造成了令人焦虑的虚空……代替了我的性伙伴……像大地呼唤雷电一样呼唤着我……"

我在前面讲到世界上有数百万早泄患者，实际上有好几亿。女性呢？女性性高潮超前症并不罕见，尽管它鲜为人知，而且没有被列为一种病症。很多女性在阴茎插入时出现性高潮。男性很难掩盖早泄，而女性却很容易掩饰性高潮超前，不过，在这种情况下，性交会使她感到很痛苦：

（一位接受分析的女士）："……没人想到……能在最初的接触中体验快感……结果对方是个粗心壮汉……什么也觉不出来……折磨我整整一个小时……直到我开始叫唤……是因为疼才叫，他还以为是他的成功呢……这个老粗！……"

注释

[1] 莫瑞（Alfred Maury，一八一七——八九二），法国人，十九世纪研究睡眠与梦的专家。一八六一年出版《睡眠与梦》一书。

[2] UCLA，美国加利福尼亚大学洛杉矶分校。

[3] Inserm（Institut national de la santé et de la recherche médicale），法国国家医学卫生研究院。

[4] 蒙田（Michel Eyquem de Montaigne，一五三三——五九二），法国著名作家、散文家。

[5] 奥尼尔（J. O'Neill）。

[6] 萨洛美（Salomé，约公元七二〇年），犹太公主，承其母旨意，为她的叔

叔跳舞，要他割下圣徒让的头。

[7] 斯皮乐海茵（Sabina Spielrein，一八八五——一九四二），荣格和弗洛依德培养出的苏联精神分析学家。

[8] 沃尔夫（Toni Wolff，一八八八——一九五三），曾经和弗洛依德、荣格一起工作过的英国精神分析学家。

[9] 凡尔来纳（Paul Verlaine，一八四四——一八九六），法国著名象征主义诗人。

[10] Lilly Research Laboratories，美国一家制药厂。

[11] 戈诺（Raymond Queneau，一九〇三——一九七六），法国著名超现实主义作家。

[12] 霍德金（Thomas Hodgkin，一七九八——一八六六），英国著名医生。霍德金症就是根据他的发现命名的。

[13] 尼尔森（Lennart Nilsson，一九二二——二〇一七），瑞典人，著名医学、科学摄影家。

[14] 梅拉妮·克兰（Melanie Klein，一八八二——一九六〇），出生于奥地利，精神分析学家，儿童精神分析学的先驱。

[15] 邦雅曼（Walter Benjamin，一八九二——一九四〇），德国著名哲学家、批评家、散文家。

[16] 巴特（Roland Barthes，一九一五——一九八〇），法国著名结构主义批评家。

[17] 阿塔利（Jacques Attali，一九四三— ），法国作家、经济学家。

[18] 阿达姆斯（Charles Addams，一九一二——一九八八），美国幽默画家。

[19] 塞利纳（Louis-Ferdinand Céline，一八九四——一九六一），法国著名小说家。

[20] 萨德（Donatien Alphonse Francois, Marquis de Sade，一七四〇——一八一四），法国作家。

第三章 人的心理生物现象

第一节
心理状态

一、心理带

（一位接受分析者,在一场分析开始后的第四个小时:）"……我只喜欢表面是平的东西……这间屋子的白色让我感到很累……墙好像马上就要倒下来砸着我……这儿的一切都在抖动……天花板正在裂开……这一切都是为了给我个下马威……

（两分钟沉默,然后)

……我的身体处于失重状态……比一根羽毛还轻……比空气还轻……它从沙发床的这一侧荡到那一侧……从左到右,从右到左……

……一切都在动……连我的骨头都在互相摩擦……我能听见它们发出的嘎吱嘎吱的响声……它们在我的体内弯曲……用手指摸摸我的头盖骨,它不是平的……坑坑洼洼……这儿鼓出来……那儿瘪进去……像我妹妹的娃娃一样……小时候,我常用拇指使劲儿按她的娃娃……我一抬手,赛璐珞重新鼓起来……'啪'地一声……

……这张沙发床滑腻腻的,很潮……我脚下放的那个被子是干什么用的?……这么热……这么潮……好像在一个热带植物的暖房里……

(两分钟沉默,然后)

……这里很安静……很静……我什么欲望也没有……既不想动……也不想睡……

(十分钟沉默,然后)

……我垮了……我刚才晕过去了吗?……"

这位接受分析者是正常人还是不正常人?想要回答这个问题并不那么简单,这表明,很难明确区分正常心理状态与不正常心理状态,换言之,很难在正常心理状态、神经症和精神病之间划出明确的界线。

瑞克劳夫特(Ch. Rycroft)提出,精神分析学面对的是患有神经官能症,同时又没有精神健康问题的人,由于"精神健康"一词十分含糊,他又进一步明确:"所有正常的儿童都会在发育过程中经历若干精神病阶段。"我个人认为，儿童期经历的这些精神病阶段继续在成年人的心理生活中起作用，请不要忘记，成人的潜意识完全形成于幼年。

弗洛依德认为，"正常与不正常精神状态之间的划分完全是约定俗成的，事实上，二者之间的界线非常模糊，也许，我们每个人每天不只一次越过分界线。"在此基础上，我提出：

  人不停地在

  正常状态、神经症和精神病之间

  摇摆，

我每天为来自不同阶层和不同大陆的人做微精神分析，每天都在证实这一点：

（一）在分析进行到一百多小时以上的时候，无论接受分析者是正常人、神经症患者或是精神病患者，他们在分析中反映出的主要问题及其冲突结构完全相同；

（二）在整个分析进行到一半的时候，剖析冲突结构的形成过程可以逐渐暴露出个人神经症与集体的联系和充满每个人生活中的精神病插曲的核心；

（三）在分析的最后几百个小时里，心理天平获得一种动力平衡，它仍然在正常状态、神经症和精神病之间摆动，不同的是，这种摆动对个人的冲击力有所减轻，在周围人看来也不像过去那样明显。

为了便于向接受分析者解释，人始终在上述三种精神状态之间摇摆不定,讲清它们之间的延续性及其意义,我用一个任意等分为三段的带子做模型。带子的第一段代表正常心理状态,第二段代表神经症,第三段代表精神病,三者之间不存在任何屏障与分界。通过慢性渗透或急性穿透,代表正常状态的一段可以被代表精神病的一段占领,代表精神病的一段因此而趋于获得正常状态的色彩;至于代表神经症的一段,它永远处于另外两段的拉扯之中。所以,人不断地、或多或少不加区别地向带子的两个方向摆动,从三者之一摆向另一个。

当然,之所以这样解释人的心理平衡运动,目的在于使接受分析者能够通过模型理解我们的意思,而不是模型本身。我很清楚带子的线性特点使我的模型具有一定的局限性,环面似乎更好些,但是,我还是决定用带子来表示,因为,它在实践中更具有说服力。

大部分从事精神研究的专家了解并承认上述基本情况,但是,我们至今尚未找到科学的依据。人们曾经将希望寄托于反精神病学和"开放"学派[早在一八五〇年,考诺利(J. Conolly)就竭力提倡这一学派的理论],而今只剩下了怀疑与不信任。翻看我过去所做的数千页的笔记,不禁想到,四分之一世纪前,自己险些误入歧途!库伯(D. Cooper)和莱恩(R. Laing)试图用萨特和列维-斯特劳斯(Levi-Strauss)的理论重新解释弗洛依德的理论,结果迷失了方向。匝滋（T. Szasz）和巴撒格利亚（F. Basaglia）二人大胆尝试，想在精神病学领域中进行一场思想意识革命，结果徒劳一场。因此，尽管拉康进行了一些大胆的尝试，如今的中小学和大学教育仍然坚持在正常状态、神经症和精神病三者之间划出明确的界线（即使这样做是出于教学的需要）。

微精神分析学使我们第一次能够不加评判地、以运动的眼光看待各类精神疾病，它告诉我们，本我的心理一侧（潜意识—前意识—意识）与虚空之间的关系决定着人的各种心理状态、它们的不同结构及相互之间的转换。本我的心理一侧与虚空的关系决定人的心理素质，它以下列两个因素为基础：

（一）伊德能（虚空中性动力—伊德—尝试），它使不同的心理状态具有一个共同的基本结构，决定它们彼此之间不存在分界线，因此，

> 虚空中性动力—伊德
> 是正常状态、神经症与精神病的
> 公分母。

但是，这并不妨碍伊德的伪足运动、由此而产生的变化无穷的振荡干扰和由中性尝试造成的不停的心理波动；

（二）冲动系统（死亡-生命冲动与共冲动），它使心理实体结构化并根据虚空恒定规律不断改变它们的相对的

特定性。

换言之，由于对图像屏幕试图保留的虚空具有独特的亲和力，

> 心理素质
> 是正常状态、神经症和精神病表现形式的
> 决定因素，

而且，

> 初始期
> 对个人心理素质的形成
> 具有决定性的影响。

事实上，一切心理-情感状况的形成与解除均取决于死亡-生命冲动与共冲动对尝试群组、心理物质实体、心理生物实体及心理实体的影响。如果无视微精神分析学提出的这一观点，那么：1．任何心理计量标准都是站不住脚的；2．对精神所做的任何心理学或精神病学研究都是危险的；3．任何精神分析都是空谈。

根据微精神分析学对心理素质的定义去探讨人的心理活动，我获得了难得的理论和临床材料。这一新的发现不仅使精神病的符号学研究和分类学研究走出了死胡同，更重要的是，它使我们不再将正常状态、神经症和精神病看成是固定的状态，而是把它们看成或多或少具有过渡作用的当前状态。

二、正常状态

今天,人们对精神正常的理解仍然是经验的,无论所使用的标准是质的还是量的,它们基本上是社会文化的,而且与时空的相对性紧密相联:

(一位接受分析者):"……什么样的人是正常人?……可靠的银行家?……正直的政治家?……不受贿的法官?……耶稣的门徒?……试着过群体生活的人?……既能灵活适应外界又不受外界左右的人?……

……我们常在街上碰见外表正常的人,他是干什么的?……他是不是刚从监狱出来?……刚从救济所出来?……刚杀了人?刚偷了东西?刚强奸过妇女?……世界上每天发生十万起强奸案……

(两分钟沉默,然后)

……是不是说谎时脸不红、眼不眨才是正常人?……

(三分钟沉默,然后)

……作家、学者或国家元首爱在自传中写他们的祖上有部长、大学教授、传教士……他们是不是以为这样就可以向自己证明自己是正常的?……要不然,怎么会只字不提家族里的疯子、罪犯和骗子?……

(两分钟沉默,然后)

……无论如何,我个人认为,凡是说正常的时候,一切就都是假的……"

可以说,没有被排除在社会交往之外的人就是正常的人。这是我曾经使用近二十年的定义,也是对于大多数心理学家、精神病学家和精神分析学家来说,唯一有效的定义。

微精神分析学认为,可以从限定心理素质的诸因素出发研究心理正常状态,也就是说所谓正常状态与下列条件有关:

(一)对虚空的心理亲和力:1. 听任冲动系统与调节心理机器运转的主要规律自然吻合;2. 使图像屏幕具有一定的可塑性;

(二)成功地整合心理尝试及这些尝试在个人与社会方面的组合;

(三)能够迅速地意识到以上诸点综合产生的平衡,而且从情感角度讲,这一意识是和谐、平静的。

综上所述,

> 正常状态
> 反映心理能量组织各层次
> 与虚空的和解,

它产生于虚空—伊德能—冲动系统的和谐运作。于是我们发现,能量与冲动的偶然性决定着心理素质和它的不同表现,这就意味着人具有一整套向偶然挑战的条件,因此,从本质上讲，正常状态是偶然的、时有时无的。此外，状态这一概念含有一定的持续性和稳定性的意思，然而，事实上，这个意义上的正常状态根本不可能存在。正因如此，弗洛依德才把正常状态称为"理想虚构"，一些精神分析学家则视其为讨论"禁区"（A. Green），或将它看成是"月亮的阴影部分"（J. McDougall）。根据我个人的经验，只有在长分析中，当接受分析者渐渐进入与虚空相互渗透状态，成为伊德能与冲动的平衡对象时，正常状态才会闪现：

（女精神分析学家）："……现在，精神分析学家，尤其是社会精神分析学家，还在围绕着琼斯一九三一年提出的问题争论不休……正常状态是不是和潜意识中的什么东西有关？……如果从本质上说初级运作是非社会的，与一切规范无关，那么，我个人认为，弗洛依德的经典理论根本解决不了这个问题……

（三分钟沉默，然后）

……我忽然清楚地意识到了微精神分析学的真正的尺度……按照这个尺度，潜意识只是虚空中性动力—伊德通过本我的伊德一侧表现出的能量后果……我终于明白为什么

> 要想理解潜意识
>
> 就必须超越潜意识……

进入比潜意识更深远的地方……进入另一个世界……

……总之……格罗迪克引进了本我……您引进了潜意识……

……因为,虚空—虚空中性动力—伊德操纵潜意识……通过潜意识造成心理波动……而死亡生命冲动和它产生的共冲动则试图锁住心理波动……

(两分钟沉默,然后)

……我觉得,虚空中性能的流动性正是正常心理状态的特点……虚空中性流动能的平移……或者说里比多的过渡……从本我到潜意识再到周围世界……也就是说从内在客体到外在客体……永远畅行无阻……在正常心理状态和心理冲突之间,不存在任何不兼容性……从心理生物角度讲,前者是后者最自然的后果……

(两分钟沉默,然后)

……从虚空—虚空中性动力—伊德和死亡-生命冲动的辩证关系出发,重新定义正常心理状态,完全可能最终发现正常心理状态与潜意识之间的对应关系……所谓心理正常状态,就是初级运作在心理层极为简要的表现……是虚空能量组织的最低压保险……它特有的流动性决定它根本不可能稳定下来或结构化……这一动力特点决定正常心理状态不仅完全是虚设的,而且根本就是空想……"

我个人认为,严格地讲,不存在正常心理状态的人。参考长分析提供的科学依据,甚至可以说,从某种潜在的、

恒定的层次上讲,

   正常人

   是

   精神症患者。

无论是真正的精神分析学家,还是伪精神分析学家,无论是教皇,还是反教皇的人,无论是国王,还是无政府主义者,他(她)都有听任自己的疯狂自由发泄的时候。这似乎令人难以相信,但是,微精神分析每天都在证实这一心理现象的存在。所有"正常的"接受分析者,经过每天连续数小时(连续数日)解剖自己当前的、与生命密切相关的问题:

  (一)都或迟或早会讲出一个生活中不时出现的精神症插曲,然后还会讲出第二个、第三个、一个又一个的插曲。这里,值得引起我们注意的,不仅仅是这种情况往往是由紧张、疲劳、一时中毒或丧事所造成,或是接受分析者是否对插曲的精神症特点有所意识,而是事实本身:在生命的每时每刻,"正常的"人都浸在精神症状态之中。罗森弗尔德(H. Rosenfeld)认识到了这一点,他指出,在每一个人身上都存在自我爆炸的成分,后者可以在某些情况下活化;拉卡米埃(P. Racamier)也注意到了这一点,他认为,所有人都会不时处于"难以掩饰的精神症状态"中;

  (二)往往在分析过程中,根据自己的心理素质,通过某一种精神症，直接将自己天然的疯狂外在化。这是否意味着微精神分析会影响人的精神健康？绝对不会，因为接受分析者的精神症发作：1．是暂时的；2．在分析现场结束；3．不进入社会生活；4．没有结构化的倾向。还可以补充一点，这类发作往往是清除潜在精神症结、预防幻觉症与妄想狂发作的必要手段。

开始进行微精神分析的人越"正常"，越容易发生这类令人难以想象的发作，因为，这种人潜意识层对自己潜在的疯狂有极强的抵抗力，所以才会在完全意想不到的时候，突然引起某一精神症结的爆发。典型的神经官能症患者或接近极限（borderline）的人则完全不同，为这种人做微精神分析，我从一开始就胸有成竹，他们有规律的精神症发作对巩固心理治疗起着促进作用。因此，在我中途停止分析的人中，"正常人"或轻度神经官能症患者多于前精神症患者：

（精神病医生）："……看了您的书《疯子是正常的》，我曾经意识到正常人也会不时受精神症发作的冲击……那是二十年前的事了……后来，我发现在一个集体中，没有一个成员能够根据自然规律生活……没有一个成员遵守精神卫生最基本的规律……换句话说，我必须面对这样一个事实，在社会上，尤其在集体中，人是被异化了的……如果没有虚空—虚空中性动力—伊德这个模型，我肯定还停留于这个肤浅的认识……反精神病学正是在这种认识的基础上产生的……

（两分钟沉默，然后）

……通过微精神分析，我慢慢发现了……自己的神经官能症的精神病分支……我发现，面对精神病那深不可测的虚空，我的俄狄浦斯情结是我进行自我保护的最后防线……噢！我付出了多么大的代价才明白了这一点！……在亲身经历了这样一次分析后，我开始进一步理解，最正常的心理建筑也有它的精神症灾难……所谓结束分析肯定是指接受分析者已经能够驾驭自己的精神症……"

三、神经症

英语的神经症一词 neurosis 最早出现在一七七七年卡伦（W. Cullen）的实用医学论著中。大约在一七九〇年，皮乃尔（Ph. Pinel）将这个词翻译成法文 névrose。

神经症曾经在一百多年间充当精神病学与医学疾病分类学的杂货间，一些本来临床差异很大的症状均被列为神经症，如歇斯底里、帕金森综合征、神经衰弱、癫痫。无论这些疾病的临床表现是心理的，还是身体的，它们均具有两个共同点：1. 均对中枢神经和周围神经有影响；2. 均无任何明显的器质性损伤。

对神经症的科学研究始于一八八〇年，主要研究对象是歇斯底里。夏尔科（J. M. Charcot）和本海姆（H. Bernheim）用催眠术研究歇斯底里，布劳尔（J. Breuer）脱离格里辛格（W. Griesinger）过激的研究组织，梅南特通过分析女患者安娜开创了"话语治疗法"（或曰"通烟道法"）。一八八二年，布劳尔把自己的研究介绍给弗洛依德。这就是精神分析最初的探索，弗洛依德于一八九六年提出了"精神分析"说。

尽管精神分析的先驱者们曾经对弗洛依德产生过一定的影响，但是他立排各种学院式偏见，以全新的思想紧紧抓住神经症不放。他甚至忘记了自己是医生，研究起神经症的征候。他以真正从事研究的人所具有的中性的恒心，耐心听任症状充分表现，不仅不刺激，甚至迎合神经症的某些需要，就这样，他终于发现了童年期的性活动，并以潜意识为基础，提出了梦的解析，进而逐渐澄清了心理病理分类，形成了有关神经症病因的设想：

> 神经症
> 是由童年期受压抑的性活动
> 逐渐形成并长期维持的
> 潜意识冲突的表现。

今天，精神分析学有了可观的发展，但是，弗洛依德对神经症的定义依然有效：

（女精神分析学家）："……半个多世纪以来，神经症一直是精神分析学家们要求收回的领地……这很自然,因为,只有他们学会了怎样估价特权的权税……半个多世纪以来,无论是传统派,还是改革派,所有精神分析学家都在继续围绕着弗洛依德有关神经症的理论争论不休……

(两分钟沉默,然后)

……童年与性究竟是不是神经症的原因,这是争论的焦点……从星期三心理学讨论会到一九〇八年维也纳精神分析学年会,这个问题引起了多少次激烈的争论……甚至成了内部分裂的借口……

……一九一一年,阿德勒离去,他认为过激本能是神经症形成的主要原因……社会竞争暴露出个人体格上的劣势,神经症是对这种自卑感的补偿……

……一九一二年,斯蒂克离去,建立了他的积极精神分析学,主要研究当前神经症冲突……

……一九一三年,荣格离去,他认为情结最初并不产生于童年期性与情感的体验,而是与集体无意识的神话原型有关……

(两分钟沉默,然后)

……再近一些,就是美洲的文化主义学派,这个学派拒绝承认性冲动和性冲动在童年期所受到的压抑在神经症发展过程中起决定作用……苏利万(Sullivan)、弗洛姆(Fromm)和荷尼(Horney)都认为,家长的指责、文化方面的挫折和来自社会的敌意扰乱人对安全的基本需求,是产生神经症的真正原因……

……至于鲍斯(Boss)的Daseinanalyse或曰存在精神分析学,他们对神经症的研究与其说是心理的,不如说是哲学的,或者干脆说是神秘的……他们靠直觉研究神经症的症结,并采用象征的手法对它进行分析,既不参考冲动的力量,也不考虑它与童年性体验的关系……最终,他们认为,每个人都有通过身心自由表达自己与外界关系的能力,神经症是这一自由受到破坏的表现……

(三分钟沉默,然后)

……简单说吧,很多精神分析学家为了赶时髦……或者是把弗洛依德的理论与他们个人的特点相结合……使神经症冲突现实化或者使它成为一种形而上学的东西……无论他们怎样解释,这只能使他们成为一些不断翻新各种内省方法的心理治疗师……美国大概有好几百这类新的心理治疗技术……

(两分钟沉默,然后)

……我差点儿忘了一个例外……一个值得那些坚持弗洛依德理论的人骄傲的例外……梅拉妮·克兰……她在费兰奇指导下对儿童进行精神分析,提出儿童神经症是哺乳期婴儿用来抵抗自己的性欲的一种结构化极强的防御系统,它维持某些类妄想狂和抑郁状态造成的焦虑……她证实了弗洛依德提出的神经症产生于童年性活动的假设……而且，她提出的状态的概念为弗洛依德关于成人和儿童神经症具有同样的病因和发病过程的理论提供了论据……因为这个概念充分体现了客体化关系的特定性和永久性……

（两分钟沉默，然后）

……至于弗洛依德的忠实门徒们，他们并没有把我们对神经症的认识向前推进多少……他们所做的最严肃的研究，也不过是在阐述弗洛依德思想的某一个方面，主要有心理冲突、性创伤和固恋等概念……

……所以……微精神分析学是深化弗洛依德神经症理论最好的方法……有了虚空—虚空中性动力—伊德模型和死亡-生命冲动，神经症冲突摆脱了一切病理意义……神经症只是心理能量的一种失律……它造成心理实体结构化与虚空能量之间的不和谐……形成个人障碍和个人相对于社会的障碍……

……既渴望存在，又害怕存在，个人面对自我与社会为解决伊德与死亡-生命冲动之间的问题进行大量的尝试，神经症是这些尝试失败的结果……"

我们可以从微精神分析对心理素质的定义出发，参照前面定义正常心理状态的标准，将神经症定义如下：

（一）对虚空的心理亲和力：1.扰乱冲动系统，使其不能与心理运作的主要规律相协调；2.降低图像屏幕的可塑性；

（二）心理尝试及其组合在个人与社会方面的整合不完全成功；

（三）对以上诸点综合产生的心理状态意识迟缓并感到焦虑。

综上所述，

  神经症

  反映心理能量组织各层次

   与虚空的冲突，

它产生于虚空—伊德能—冲动系统的机能障碍。

在上面的定义中，没有出现"性"这个词，这是因为，从微精神分析学角度看：1. 这一定义本身已含有"性"的内容。正如前面所述，初始期性冲动是个体心理素质形成的决定性因素。2. 尽管从整体上看，性属于人的三项主要活动之一，但是，性共冲动与其他共冲动一样，是一种共冲动。3. 随着里比多的发展，不仅性共冲动发生极化，而且，所有共冲动都在极化，尽管性共冲动在过激活动的作用下，扮演性欲发生起搏器的角色。

由此看来，神经症是梦在白日的变种，它与压抑紧紧相联，像梦一样调动整个共冲动系统，换言之，

  神经症结的形成、

  它在潜意识中的结构化活动、

> 它表现为某种症状,
>
> 这一切需要调动所有共冲动才能完成。

此外,还存在这样一个问题:神经症是"紊乱"(D. Lagache)、"错乱"(L. Eidelberg)、"混乱"(A. Haynal)、"疾病"(J. Laplanche 和 J. B. Pontalis)、"病患"(E. Bergler)吗?当今的精神分析理论似乎都倾向于将神经症看成是一种疾病。事实上,如果没有虚空—虚空中性动力—伊德模型,如果不了解死亡-生命冲动的概念,我真的不知道除了偏见以外,对神经症还能有什么其他的解释。

微精神分析学认为,神经症症状本身就是伊德的中性和神经症冲突的无目的性的反映,所以,与其说神经症是疾病,不如说它是一种心理-情感误会。误会一词似乎很恰当,它科学地反映神经症患者的误会,他(她)是在从虚空焦虑中吸取生存的养料。我并不想淡化一些神经症的严重性,我知道尽管神经症是以缓慢的、点滴渗透的方式摧毁生命,但是,它可以是致命的,这是因为神经症自我组织并形成一种状态,一种"稳定的结构"(J. Bergeret),这种状态很难解除,而且绝大部分人都是处在这种状态之中。

在里比多发展的不同阶段形成的固恋产生特定的欲望与抵抗的核心,人们一般以此为标准,认为神经症有三个主要的表现形式:

1. 癔症，2. 恐怖症，3. 强迫症。

从微精神分析角度看，这一划分的意义并不大，因为，尽管每个人的心理素质和心理条件不同，各种神经症均以伊德-冲动关系为背景。尽管如此，我们下面还是分别看一看三种神经症的结构：

（一）癔症是精神分析学的宠儿。患者女性多于男性[尽管西登汉（Th. Sydenham）曾经对十七世纪男性癔症患者有过描写]。生殖器-俄狄浦斯情结及其症状决定癔症属于"神经症"。它起因于初始期和口腔期，患者天然具有癔症倾向，喜欢仿同并爱钻牛角尖。肛门期的作用也很重要，它决定着对同类的过激潜力，而后者则是"否定性认同"（D. Geahchan）发作的前提，否定性认同可以造成抑郁甚至自杀，在精神分析过程中，它完全可以导致一种否定的治疗态度。

关于癔症的仿同性，有必要明确指出，它并不仅仅是一种特殊的客体同化形式，而是尝试本能的一种功能，它远比人们一般想象的要普遍，发生在每个人生活的每时每刻。这一功能源自子宫战争，经过初始期的磨炼，它的运作以潜意识中极细微的亲和力为依据，伊德随机相互作用的潜能正是这种亲和力的基础。

幼稚、爱说谎、令人失望、依赖性很强、可怜、好作媚态、脾气暴躁、爱威胁、爱夸张、赶时髦、爱卖弄风骚、风流浪荡、性欲冷淡、虚弱无力……癔症是一场闹剧。往往令人很痛苦，有时甚至是悲剧性的，但是，它的确是一场闹剧。甚至可以说，是伊德为自我消遣或是为了给它最宠爱的虚空开心制造出的闹剧。因为，

  癔症

  是

  虚空神经症。

癔症患者把时间全部用在：1. 与虚空真正的万有引力作斗争，他（她）的心理素质决定他（她）不得不面对这一引力；2. 消除在这场斗争中产生的心理生物压力；3. 代谢由图像僵化造成的焦虑；4. 减弱压抑-焦虑的正反馈，而癔症症结正是在这一正反馈的基础上形成的。

癔症患者精神高度紧张，只能通过身体获得短暂的轻松。因为虚空是连续的，所以，身体才能够选择某一部位或某一器官释放压力，进而获得松弛与舒适。癔症患者为了消除心理虚空的压力，利用自己的身体虚空进行性欲活动，无论明显与否，这就是心身转换。然而，不应该由此认为癔症患者通过身体进行思考和表达，这并不完全正确，从微精神分析角度讲，

  癔症患者

  在虚空中，

  以空对空

> 思考并表达自己的思想。

在这没有语言的活动中，身体只是释放心理虚空多余能量的工具。

所有对癔症患者进行的微精神分析都证明，"精神分析与癔症几乎不可分离"(L. Israel)。通过长分析，心理虚空中形成的癔症能量核逐渐解体，心身隐喻随之消失，治愈的速度与我刚才讲到的肛门期固恋的情况有关，往往会发生一次暂时的、局部的癔症发作，甚至会出现夏尔科所谓的大发作：

（一位接受分析的女士）："……我的蜜月旅行从布达佩斯到苏黎世的软卧车厢里开始……软卧车厢……布达佩斯……苏黎世……

（她像是在梦中一样，越来越慢、越来越有力地重复这几句话，而且轻轻地转向我，好像是为了看看我是否还在）

……我的蜜月旅行从布达佩斯到苏黎世的软卧车厢里开始……

（三分钟沉默，然后）

……在餐车里吃饭时……我非常烦躁……眼泪不断向外涌……我忽然觉得我丈夫很可怜……我目不转睛似看非看地盯住他……无数模糊的画面把我们分开……我在心里进行比较……向他挑战：我一定会找到比你更英俊、更有钱的人……心里这样想,眼泪还在不停地流,我突然放声大哭起来……

……我丈夫起身离开餐车……我从来没有觉得自己是那么孤单……一个呃逆从全身翻上来……嗓子里好像有个球……憋得我上不来气……列车员把我送回车厢……我丈夫当着他的面打了我几个耳光……我的嗓子里立刻不堵了,呃逆也没有了……我做出很可爱的样子……但是,我说的那些好听话全没用,他没法开心……我的外阴总是干的,阴茎根本没法儿进去……

(十五分钟沉默,然后)

……布达佩斯、苏黎世……布达佩斯……苏黎世……那时,我六岁……和我父亲一起……公务旅行……我想起来了……他给我穿上睡衣……他穿着睡袍……我们手拉着手睡着了……

……手拉着手……

(五分钟沉默,然后)

……火车……软卧……蜜月旅行……公务………公务—蜜月旅行—软卧—火车—软卧—火车……卧铺—睡衣—结婚……

(两分钟沉默,然后)

……来—来—来!……(重复二十多遍,而且声音越来越大)

（一分钟沉默，然后）

……来—滚开—滚开！……（重复喊这几个字，全身痉挛。虽然没有任何危险，但是，这往事心忆恢复的'大场面'仍然给年轻的分析家留下了很深的印象。她突然发作：）

……痛快吧……猪！猪！……在我脸上、头发上、头发上痛快吧！……在我头发上……再来！……在我的头发上蹭干净！野人！……流氓！……

（整个屋子在她的喊声中颤抖，我发现她用脚后跟和枕骨撑着身体，两臂僵直地伸开，她的身体渐渐支成一个半圆，两手越握越紧。我当时怪自己无法把这一切拍摄下来，让她自己事后能看一看，和她一起分析这次发作。她的脚后跟还在沙发床上，可是头却突然滑向地板；我轻咳一声，她醒了，躺平，一面整理衣服，一面很吃力地问：）

……刚才发生了什么事情？……我说我丈夫来着？……说我父亲来着？……"

（然后，她昏睡过去，出了很多汗。经过一百多个小时的病灶分析，她完全康复了。）

（二）可以将恐怖症放在癔症范围内进行研究。在弗洛依德给斯蒂克提出建议之后，人们又称恐怖症为焦虑型癔症。微精神分析告诉我们，第二种称呼完全有道理，因为恐怖症的形成以癔症生成核为基础，而且由虚空引力天然造成的压抑与焦虑正是形成癔症生成核的基本因素。尽管如此，这两种神经症释放癔症生成核及其所含焦虑的方式则不同，心理素质和图像模型是决定这一区别的根本因素。系统发育阉割情结占优势，这是恐怖症患者的俄狄浦斯情结构成的特点，它决定患者更倾向于通过心理渠道（甚至是泛灵的），而不是身体渠道，解决自己与虚空之间出现的令人不安的矛盾，确切地讲，

> 恐怖症患者
> 将虚空焦虑与古老的阉割幻觉合为一体，
> 并将其投射到一个外在客体上，
> 以此达到消除虚空焦虑的目的。

恐怖症客体的选择与癔症的仿同一样，符合伊德的一般规律，也就是说与初始期紧密相关。它根据客体-客观微观的相互性偶然形成，选择范围几乎是无穷的。因此，恐怖症的症状可塑性极强，那些具有解除焦虑作用的微观相互关联性维持着这种可塑性。

现将恐怖症的机理综述如下：

癔症发生核与系统发育阉割情结合为一体，形成恐怖症发生核，借助与某一满足恐怖症发生条件的外在客体之间随机形成的微观相互性，以投射的方式释放虚空焦虑。

一般来说，恐怖症最适合精神分析治疗，但是，这类治疗往往需要很长时间（E. Pappaport）、很难进行（M. Schur）或注定失败（P. Vau der Leeuw）。原因在于，恐怖

症患者的焦虑与虚空有很强的、直接的联系，传统的精神分析方法对此无能为力，而微精神分析采用的日继一日的长分析手段，不仅能够很快根除恐怖症的表现（使其自动退出舞台！），而且使虚空引力不再造成焦虑：

（一位接受分析者）："……我忘了告诉您，两个星期以来，我每天早晨淋浴……在水和我之间，还没有形成和谐的爱……但是，我已经觉得水不像过去那么危险、那么有伤害力了……尤其是，它再也没有让我产生那种可怕的、全身的感觉……过去，一见到水，我就觉得自己全身的皮肤在变……突然变成鳄鱼皮或癞蛤蟆皮……三年来，我第一次能控制自己的恐惧……控制自己见到水就想跑的欲望……

……我觉得阴茎勃起好像也比过去频繁、有力……要不了多久，我就得给自己找个女人了……我总不能重新开始像青春期那样疯狂的手淫吧！……

（两分钟沉默，然后）

……我的恐惧，那简直是噩梦！……小的时候，我为自己的恐惧而害怕……怕当着人小便……从怕当着我爸爸小便开始……那是在一个沙滩上的厕所里……在一个小湖边上……我大概五岁……还从来没有见过我爸爸的阴茎……我觉得它大得吓人……上面一层深色的皮……厚厚的……一直盖到头……他小便的时候把皮拉上去……就是这皮把我吓呆了……一滴尿也撒不出来……我使劲撒，用力用得全身发抖……我爸爸看看我，挖苦地说：'你的脸红得像只公鸡'……从那天起，如果旁边有个男人，我就甭想撒出尿来……

（两分钟沉默，然后）

……为这，我出了多少汗！……上学时，课间休息，我把自己关在厕所里……两手握拳用力压肚子……使出全身的力气压……我知道怎么弄也撒不出来……

……我长时间地琢磨自己的阴茎……不明白为什么被割过包皮……那时，我把这看成是最严重的缺陷……

（三分钟沉默，然后）

……我现在忽然发现，当我开始怕脸红时，小便恐怖症就消失了……怕脸红好像和很多事情有关……我在客厅里……以为没有别人……仔细看自己勃起的阴茎，突然，我发现我妹妹在看着我……我吓得出了一身汗……浑身都湿透了……脸热得发烫……要不是我妹妹立刻离开了客厅，我非死了不行……

……当时没死，日子也就更难过了……我的苦难从十四岁时开始……后来，在公共场合，我怕脸红怕得要命，不得不千方百计想办法补救……先是戴墨镜……非常难看的、具有挑衅性的墨镜……后来，又改用化妆品……家里来客人，我就厚厚地抹一脸化妆品……后来又用石英灯……想把脸照黑，最后，烤坏了一块皮才算了事……

（五分钟沉默，然后）

……结婚后，怕脸红慢慢好了……但是，我现在明白，恐怖症的一时平息往往意味着更大的发作……一离婚，它又出现了……分居两个月后，我搬进了一个新的公寓……一天，我在公寓里走来走去，听到水响……忽然觉得不自在……身体里好像缺点儿什么……空空荡荡的……女佣进来告诉我，洗澡水已经准备好了……很难形容当时我的感觉……我突然感到很害怕，一动不能动……血液也不流了……前胸发紧……皮肤开始发胀……发硬……和肉分开……我感到自己开始变形……我想喊，叫人来把这该死的一缸水全放掉……可是，我发不出一点声音！……我想站起来跑出去……可是，两条腿沉得像死的一样，我只能等死了……让那杀人的水吞没……我不知道后来发生了什么事情……但是，从那天起，三年以来，我像躲鼠疫一样躲着水……

（十分钟沉默，然后）

……怕小便……怕脸红……怕水……我发现这三种焦虑之间有联系……而且它们的表达方式都是一个：都是通过皮肤……

……包皮……脸皮……全身的皮……

……阴茎……嘴……表皮……"

上面这段分析摘录告诉我们，接受分析者对自己的恐怖症的结构性分析越深入，他（她）就会越经常联想到一些从胚胎学角度讲很基本的因素。由此看来，个体发育阉割情结在初始期已经形成并且直接与母体的过激活动有关。毋庸置疑，这只是初始期对人生的诸多影响之一。

强迫症

与癔症或恐怖症相比，强迫症与虚空的联系似乎不是那么紧密，但是，事实上，强迫症的基本结构同样来自虚空，是虚空的输导，唯一不同的是，癔症和恐怖症通过将冲突极化，解决与虚空的矛盾，而强迫症则孤立与虚空的矛盾，进而否认它：

> 强迫症
> 千方百计否认虚空。

大量长分析证实，强迫症患者的心理素质的特点就是对虚空极为敏感，受这一心理素质的影响，患者的图像屏幕加倍僵化，甚至不能容忍人与虚空之间一般的图腾关系，在这种情况下，患者不可能遵守原始虚空禁忌（其他禁忌均由此，通过象的图腾结构化衍生而来），只能无意识地以初始期形成的症结为替代物，代谢虚空焦虑。更确切地讲，

> 强迫症就是
> 将虚空禁忌转化为
> 接触禁忌。

下面是这一转化的基本过程：虚空禁忌转化为伊德禁忌，再转化为接触禁忌。一般来说，人与虚空之间的联系是图腾式的，强迫症患者的秘密就是把自己与虚空之间的图腾式联系集中在伊德上面，然后利用伊德的平台能将它们释放到本我—潜意识中，这些联系在患者的本我—潜意识中结构化并与象相对照，然后才被投向外界；强迫症患者就是这样实现自己最初的特定投射与转移，形成患者赖以生存的无数投射与转移的能量原型。

伊德禁忌是强迫症患者的震源，它在潜意识中的作用有两个：（一）直接为行动与抑制的过激幻觉提供养料，患者的梦中充满这类幻觉，它们是患者自卫机制的基础；（二）为接触禁忌动力提供伪足运动模型，使接触禁忌成为伊德最称职的共冲动代理，伊德能的理想代表。

由此看来，与弗洛依德想象的不同，接触禁忌不是强迫症的核心，但是，这并不妨碍它是矛盾的震中，它使虚空禁忌与伊德禁忌发出的禁令能够得到执行，它制定图腾战略，其主要目的不仅仅是维持"有距离的关系"(M. Bouvet)，而且避免任何接触，实现这一目的的最佳战术就是：隔离。这一战术被广泛用于各个方面，而且在不同情况下，会出现不同的方案：将心理尝试和心理实体与物质尝试和物质实体（身体的）相隔绝、将死亡冲动与生命冲动相隔绝、将过激共冲动与性共冲动相隔绝、将复现表象与情感相隔绝、将中枢神经系统与整个身体相隔绝、将大脑皮层与皮层下的组织相隔绝。

隔绝的目的就是不接触。强迫症患者终日重复这一禁令并一定将它付诸行动。这是一个可怕的禁令，因为它的对象是虚空，然而，一切都是虚空，所以，患者总在被迫不得已地触犯这一禁令，然后又通过事后取消或否认自己的犯禁行为，陷入一种连患者自己也感到荒唐的行为之中，

> 强迫症患者
> 由于害怕虚空
> 而空转。

患者的幻觉、思维、想法、穷思竭虑、迷信、咒语、顾虑、怀疑、怪癖、刻板、重复性动作、懊悔或提防性自我惩罚、一时冲动、强制思维与悔恨，这一切最终与外在客体毫无关系，而且，与童年的体验也没有根本性的联系。因为，初始期定型后，肛门期固恋才在虚空禁忌和伊德禁忌的基础之上，在接触禁忌的结构范围之内介入。

正因如此，传统精神分析学家分析强迫症时才非常谨慎。因为，如果不掌握虚空—虚空中性动力—伊德模型，分析的标准只能是任意的，所以，即使是最敏锐的分析学家，如英格拉姆（J. Ingram）和格林，没有长分析的技术，分析者必要的介入也有可能使分析永无终结。微精神分析

则不然，它逐渐剥析出肛门期冲突中过激活动与性活动的脉络，使像触手样伸向四面八方的接触禁忌最终暴露出它与虚空—虚空中性动力—伊德的联系：

（一位接受分析的女士：）"……无论我是不是在想什么事情，我的思想总也停不下来……不停地想……日夜不停……像一个思想的磨盘……只有头脑简单的人才会有孤独的问题……像我这样不停地受各种念头干扰的人怎么可能感到孤独？……我的脑袋里，思想像波浪一样滔滔不绝……胜过我的意志……它的令人痛苦的回流不断敲击着我的前额……简直不可思议，思想的释放居然能够造成这么大的痛苦！……哪！哪！哪！……

……我很清楚自己的精神结构……它完全独立运行，分为两组特定思维……一个是无导向抽象思维……另一个是有导向非抽象思维……它们各自独立工作……相互保持一定距离……彼此之间不能有联系……因为，它们之间稍有接触，我的大脑立即受阻……那时候只能把头往墙上撞才能使大脑恢复正常……我怎么撞都不会觉得疼……整个头是麻木的……

（十分钟沉默，然后）

……我有一些办法可以避免这种情况的发生……比如，进行快速复杂运算……数字和代数符号对我具有很大的魔力……它们可以驱走那些研磨我的大脑的念头……也许，这就是为什么，上中学的时候，我的数学作业最整洁……但是，这又解释不了为什么我那么怕碰钱，怕数钱……

（两分钟沉默，然后）

……我还有其他的办法……比如，我从自己的思想中分离出一个词或一组词……在脑子清楚的时候，把它们存进大脑……靠它们保护我，使我不至于陷入强制思维之中……或者，我把一些我认为具有治疗作用的中性念头……引入反强制思维之中……

……不过，最有效的办法还是驱魔……尤其是镜子驱魔法……当我觉得自己的思想马上就要喷出来时，就立刻扑向一面镜子……或者随便什么反光的东西……然后，有节奏地从左向右扫视头发的缝儿……而且必须避免看镜子中自己的眼睛……

（两分钟沉默，然后）

……我不能看别人的眼睛……

（十分钟沉默，然后）

……十岁以前，眼睛让我受到过伤害……我的邪恶的母亲的眼睛！……怎么可能忘了她的眼睛？……即使在她死了以后，她的那双眼睛都没有熄灭……那是一些常常发生在厨房里的事情……她给我洗澡，然后把我放到桌子上躺下，擦干，撒爽身粉……她的手在我身上一圈一圈向外擦……她的手在我的外阴和肛门之间变得犹犹豫豫……她最后总要把食指伸进我的肛门里……然后再抽出来放在鼻子下闻……一般情况下，她似乎很满意……这些事情做完了，可怕的节目就该开始了……她睁大双眼……盯住我的眼睛……然后，突然向我迎面逼近……看着她那双越来越大的眼睛，我感到自己好像正在消失在令人眩晕的深谷之中……她往往反复几次，直到我大叫起来……

（五分钟沉默，然后）

……每天晚上，在强制思维到来之前，她的眼睛先出现……在我快入睡的时候，她的眼睛发出的光一下把我穿透，然后，那光变得越来越强，越来越强……变成无数火花，不断刺激我的大脑……有的时候，这种情况会突然出现在睡眠中……太可怕了……比做噩梦还可怕……

（十分钟沉默，然后）

……我妈这个下流的女人……要是她没死，我真想把她杀了……都是她，我简直像生活在地狱里一样……是她的眼睛、是她眼睛里的虚空……是那虚空一直在诱发我的强制思维……我敢肯定……只要我感到有被虚空吞没的危险，强制思维立刻出现……那些魔鬼样的强制思维保护我，使我不再感到母亲的威胁……"

四、精神病

（精神病医生）："……我最喜欢的人就是精神病患者

中病情最严重的人……最严重的躁狂症患者……他们赤身裸体被关在空空荡荡的屋子里……当医生或护士出现时，他们的反应像猛兽……我待在他们的屋子里，在他们的唾沫和排泄物中……分享他们的焦虑和冷笑……我的很多时间都花在这上面了……说真的，我从来不认为疯子是疯子……

（两分钟沉默，然后）

……凡是和疯子对视过……凡是和疯子情人般相处过的人都知道

精神病院里，

尽是些对社会威胁最小的人……

……疯子摆脱了那些左右正常人、积蓄他们的过激活动潜力的虚表的责任与义务……他们把家庭、宗教和政治都送到魔鬼那里去了……所以，疯子没有空谈理论的对手……既不直接也不间接参加全球大战的准备工作……

……从微精神分析学角度重新看反精神病学，我敢说，精神病是消除本我和集体无意识中强大的过激活动潜力的一个和平的办法……精神病患者用他们自己一般来说无伤害性的疯狂代替了正常人的功能性虚伪和致命的社会幻觉……

（三分钟沉默，然后）

……尽管精神病患者是和平的，但是，他们还是让人感到害怕……哪一位精神病医生或精神分析学家能解释这是为什么？微精神分析学使我明白了，人们对疯子有意无意的恐惧来自一个令人焦虑的事实：精神病患者的所有尝试都是注定要失败的……精神病患者的所有尝试在虚空中均以失败告终……他们最终降服了虚空……我开始意识到，人们之所以害怕疯子，是因为害怕堕入他们的虚空中去……

……我认为就是这样，因为

> 精神病患者
> 是虚空的反应堆

……他们的本性就是放射虚空……所以，他们让人感到害怕……所以，人们才把他们关起来，不让他们讲话……

（两分钟沉默，然后）

……精神病并不像人们一般认为的那样会传染……它最多可以通过虚空加强潜意识的磁化强度……每个人都有磁化现象……它来自我们的体内……我们的身体是由与虚空紧密相联的自然原子所构成的……因此，当人们说

> 真正的精神病医生
> 与自己的患者不分彼此，

意思是说，医生通过与患者的接触，再造自己先天对虚空的灵敏度和抵抗虚空的、天然的自卫手段……

……我现在终于明白，为什么我从来没有见过哪一位

一定要弄明白精神病患者所要传递的信息……因为,或者是他自己有精神病,可以直接在自己的潜意识里发现患者极其细微的尝试本能动机……或者他很正常,不可能通过意识层的任何努力,发现正在虚空中进行的尝试……"

一八四五年,维也纳的精神病医生弗希德斯勒本(E. Feuchtersleben)建议将精神疾患(Seelenkrankheiten=灵魂的疾病)统称为精神病。这一称呼沿用至今,而且它的病症分类也与十九世纪时完全相同。事实上,尽管现代精神病学自认为正在日益朝着力学、电学和跨文化方向发展,但是,事实上,它始终死守克拉波兰(Kraepelin)的临床记录,坚持以描述为主的符号学的方法,使实验室与临床很难相互配合,实验-临床精神病学在发展中所遇到的困难就是最好的证明。因此,虽然有一些还算令人乐观的统计数字,现代精神病学的治愈率并没有实质性的提高。

的确,微精神分析的主要对象是神经症,但是,精神病对于它来说并不陌生。微精神分析学家每天不可避免地面对所谓正常人和神经症患者的精神病发作,他们终于依靠虚空—虚空中性动力—伊德模型,抓住了精神病的真正含义,并以较其他心理研究技术更为科学的方法对它进行了描述。

我们可以从微精神分析学有关心理素质的定义出发,参考前面有关正常状态和神经症的定义,将精神病定义如下：

（一）对虚空的超敏感的、难以满足的心理亲和力：1. 使冲动系统几乎完全与心理运作的主要规律相脱节；2. 造成图像屏幕的极度僵化并使其变得异常脆弱；

（二）对于几乎不断在社会方面遭到失败的心理尝试及其组合进行自恋式整合；

（三）对上述诸点综合造成的心理状态只有短暂而混乱的意识。

简而言之，天然受虚空吸引，却又竭力抵抗虚空，

> 精神病
> 是人与虚空之间形成的一种
> 不完整共生关系的反映。

与正常状态和神经症状态的定义相比，精神病的定义更突出心理素质的作用，强调初始期在精神疾患形成及发展过程中的作用。当然，这里所谓的心理素质是指微精神分析学意义上的、人与虚空之间重要的心理能量关系，而不是传统精神病学中所谓的心理素质。班考（G. Pankow）认为"空洞结构"对精神病的发作具有决定性的作用，虽然他没有很明确地提出虚空的概念，但是，他的观点与微精神分析学有关心理素质在精神病发作中具有重要作用的思想十分接近。

虚空共生心理-能量删减发生在本我的心理一侧，它

造成的正反馈激活返回虚空倾向（死亡冲动）和摆脱虚空倾向（生命冲动）之间的竞争，并以此维持精神病发作过程。玛莉·卡第娜（Marie Cardinal）将精神疾患描述为"充实的、结实的虚空"，也许她正是要说明冲动的这一基本双重性（使患者特有的以虚空摆脱虚空的虚空亲和力得到满足）？精神病正反馈的作用如下：1. 垄断本我的心理一侧（同时又不排除本我的身体一侧；参见本书"精神病与癌症"一节）及其与潜意识的一切联系，以此代谢与虚空有关的两种对抗性倾向之间的冲突；2. 使图像屏幕极度强化，以此缓解不断增强的虚空引力；3. 使心理实体不断结构化-非结构化（不一定是明显的）。

许多精神病学家和一些精神分析学家（尤其是克兰学派）认为精神病与神经症之间的区别是量的，其实不然，二者之间的区别以特定的心理素质为基础，从根本上讲是质的。伏尔马特（R. Volmat）和德赖（J. Delay）专门研究"精神病的美学表达"，正像他们通过这一前沿研究所发现的，精神病是一种独特的虚空体验生存方式，是人对虚空的独特的反应，而神经症只是一种夸张。但是，这并不排除精神病患者可以在与虚空的斗争中借用神经症的手段，换言之，神经症可以掩盖精神病（P. Federn）或者促成精神病发作（S. Nacht, Racamier）。因此，精神病与神经症同样是人与虚空辩证关系的反映，它们之间存在很多过渡点和类似的症状,这是因为,它们共同拥有一个伊德能量网。

从微精神分析学角度看,各家精神病理论分别说明的只是精神病不完整虚空共生关系在某一层次上的一次重复性投射:

(女精神分析学家:)"……过去,只要接受分析者一喊'我要疯了!'……我就绞尽脑汁想是不是我的工作出了什么问题……那时,我认定只有往日创伤的再现才会诱发精神病……

……微精神分析使我发现了虚空……我对精神病的理解也发生了彻底的变化……我发现:

很多人

总在试着变成疯子……

但是,他们中几乎没有人能够成功……因为,没有天然的倾向,想变成疯子和突然想改变自己的外形一样难……也就是说,心理生理同构并不能使人如愿以偿地变成另一个自己!……

不是谁想疯

就能疯的!……

……从另一方面讲,精神病患者也不会轻易恢复正常……化学药物治疗的失败证明精神病患者在潜意识中竭力进行抵抗,不愿变成正常人……

（两分钟沉默，然后）

……我个人在长分析中经常体验精神病的状态……我知道

    疯狂

    是

    虚空的圣殿……

……但是，这和弗洛依德在《论神经症与精神病》中所说的不一样，不是生活在基本与外界现实相隔绝的真空中……也不像维尼考特、斯皮慈和马勒所说的那样，由于客体关系破裂，才制造与生活完全不可调和的虚空……也不是像莫德·马诺尼（Maud Mannoni）说的那样，为逃避周围世界，制造一个充满幻想的、令人难以摆脱的虚空……疯子之所以疯，是因为他（她）从生命开始的那一刻起就与虚空处于一种难以实现的共生关系之中……因为他（她）的心理生物运程完全受这一不可能实现的共生关系在其实现过程中不断经历的各种失败的左右……

……越来越多的人预感到精神病反映某种共生状态……不幸的是，由于不了解或否认虚空，他们一般停留于母-子，甚至亲-子层次上……例如，阿蒙（Ammon）提出，精神病的共生结相当于神经症的俄狄浦斯情结……马勒把梅拉妮·克兰提出的偏执-分裂双重性综合为'共生精神病'，认为它是复杂的孤独症候群的根源……拿西特

(Nacht)和拉卡米埃认为,'身体的不成熟'有可能导致精神病发作……其他精神病学家,如欧拉尼埃(Aulagnier)坚持认为胎儿与母亲之间的不和谐是形成精神病的主要原因……杰克森(Jackson)、包文(Bowen)或维茵(Wynne)提出'病原家庭'的概念,他们只注意家庭在危机形成很久之后所起的'融和性''整体性''共生性'作用……卡耐(Kanner)、利迪(Lidy)和西尔斯(Seales)提出的所谓'病原家长'的概念也是如此……更不用提反精神病学家最感兴趣的病态家长和他们有病症表现的孩子……

(三分钟沉默,然后)

……疯子之所以疯,是因为虚空紧紧粘住了他(她)的灵魂……最后,灵魂破碎了,灵魂……四分五裂了……破碎的灵魂又开始分裂肉体……肉体即使存在,也只不过是为了'呼吸虚空、虚无',这是班考的话……所以

> 精神病人与虚空的关系
> 永远处于吸引-排斥的矛盾状态之中……

……精神病患者像固执的西西弗一样,由于对虚空既爱又恨,把自己搞得精疲力尽……他(她)反复思考,陷入说不清的矛盾之中,最后失去了睡眠,不得不粗暴地实现自己的梦……既不考虑所采取的方式属于初级运作还是

二级运作，也不参照内外现实……其实，疯狂就是梦中欲望以幻觉的方式在虚空中气化，在气化的同时摆脱虚空……这是从伊德角度看疯狂，与此相比，其他心理学或有机遗传学的假设都是虚构的显意……

……拉康的假设倒是很值得我们从虚空—虚空中性动力—伊德角度重新进行探讨……拉康认为，权力丧失是精神病机制的关键，他的所谓权力丧失很像以虚空为特定因素而形成的压抑……既然我们发现被排开的、与潜意识保持一定距离的能指的内容最终总与阉割有关……也就是说，与虚空有关……既然拉康认为精神病正是从被排除的能指留下的缺口中产生的，那么，他所说的权力丧失就是微精神分析学意义上的虚空……

（三分钟沉默，然后）

……福科（Foucault）说虚空充满疯狂……其实，不仅仅如此，疯狂同样尝试着填充虚空……与虚空融和的失败表现为心理机器解体、精神混乱、身体极限崩溃……

……精神病患者与现实处于直接的、共时的状态……他（她）像阿米巴菌一样存在……对于疯子来说，虚空相当于菌类的伪足……他们听任内外现实漫延弥散……

……席尔德（Schilder）对这种植物性生存方式做过绝妙的描述……这种生存方式使我们发现，复因决定是精神病患者最喜欢的手段……这是伊德复因决定……它不是仅仅从一个复现表象导向另一个复现表象……而是先从一个复现表象导向一组心理尝试……然后从这组心理尝试之一导向一组伊德振荡……最后再从这组伊德振荡导向虚空中性动力尝试的无穷潜力……

……这也许就是弗登（Federn）试图说明的，他指出精神分裂症患者的思维具有'重新活化印痕'的特点……在患者眼里，生存客体分裂为无数有关个体发育的模糊的回忆……也许，这就是美国神经生理学家通过实验所发现的……他们提出大脑具有活化作用的上行网状结构有可能造成大脑皮层对外界信息选择性过滤的失败，使灰质充满混乱的信息……

（五分钟沉默，然后）

……今后，凡是对这个问题感兴趣的微精神分析学家……无论是不是医生……都可以研究精神病……从目前情况看，我个人认为，长分析是唯一能够面对精神病患者与虚空之间的矛盾关系的技术……只有长分析能够以科学的、谨慎的、尊敬的态度对待精神病患者，这一态度是直接接触虚空时必不可少的……"

可以说，微精神分析学为精神病研究提供了全新的发展方向：

（一）它确立了特定心理素质在精神病形成与发展过程中的重要性，明确提出特定心理素质就是与虚空不完整的

共生关系,说明:

>精神病
>
>是一个相对稳定的状态,
>
>它始于初始期;

(二)它明确提出主要精神综合征的临床的、心理动力的、生物化学的或遗传的爆发均为一定基本矛盾的副现象,证明精神病既可以潜伏下来,也可以突然爆发,既可以在某一时期内独立出现,也可以定期重复发作,既可以无声无息地发展,也可以表现为一般性的吵吵闹闹,其症状既可以很简单,也可以很复杂;

(三)它明确了精神病与无所不在的虚空及主要原型之间的关系,提出

>疯狂
>
>是维持暂时精神平衡之必需,

而且,

>精神病患者
>
>是未来世界上
>
>正常人的
>
>原型。

目前来看,微精神分析学家的分析室是进行科学研究的最佳实验室,不久,他们的发现将引起世人的注意,因为,他们每天在分析室中对所谓正常人进行的心理解剖远

比在地球上或空间的任何实验室里所进行的研究都更具有启发性。那些决定根据虚空—虚空中性动力—伊德模型，重新考察（哪怕是小心翼翼地）自己的社会文化标准的人，他们属于希望的未来。

第二节
身心关系

一、人体微精神分析

无论精神与肉体之间的相互作用关系是身心的,还是心身的,微精神分析学均能依据伊德本我的概念和虚空—虚空中性动力—伊德的模型,对其做出科学的解释。弗洛依德一定对此感到很满意,因为,他"历来为自己是一个科学家而感到自豪,强调精神分析是一门科学"(K. Horney)。

正如贝鲁弗(N. Peluffo)在一次大课中讲到的,
   微精神分析学
    超出了纯心理范围,
它不再满足于研究客体的一半,而是全力以赴研究人体,

而且证实:

(一)"从方法论角度讲,精神分析学的优势就在于它是以生物学为基础的"(H. Hartmann);

(二)"潜意识同时在心理和生物层运作"(S. Lebovici)。

在开始介绍人体微精神分析之前,我们先从四个方面来看一看心-身、身-心关系:

(一)偏见。这条逻辑思维很强的人特有的海蛇,它是某种病态的反映,其特点是谵妄。的确,偏见并不意味着一个人有自己的观点,而是一个有病态观点的人将自己的观点强加于另一些情愿接受他的观点的人。也就是说,一个病人控制着其他的病人。梅南格提出:"偏见是美洲最大社会神经症,它严重影响着数百万美洲人的精神健康,从某种程度上讲,它起源于童年。"长分析表明,梅南格太保守了,事实上:

> 偏见
>
> 是
>
> 人类普遍的
>
> 类妄想狂综合征的表现,

它起源于子宫期战争,形成于童年期战争,是细胞的、遗传的:

(医生):"……从受精的那一刻开始,我就继承了很多偏见……我母亲的偏见……我父亲的偏见……通过伊德和遗传交叉，他们两人的偏见……

……在胚胎状态中，我承受母亲的偏见……而且，通过初始期的接触，承受我父亲的偏见……在我的胎体心电图上，完全有可能看到我对这些刺激的反应……发现偏见固定在我的细胞中……细胞通过生物电言语-动作模仿做出各种反应……

……哺乳期，在吸吮奶头和吃奶的同时……我继续接受母亲的偏见……那奶味儿，我从出生后的第六天就能识别出来……

……在这个十分重要的阶段，在我的本我之上，形成自我和超我……我正在变成今天这个样子……我周围的人用他们的偏见滋养浸泡着我……

（五分钟沉默，然后）

……为了摆脱这些细胞记忆……这些像歌德所说的……来自古老的过去、不断来干扰我的记忆……我付出了多少努力……多少超人的努力……"

偏见以系统发育的形式开始，在心身中结构化，它具有反射弧的力量和恒定性。偏见能够在瞬间抓住我们的注意力，最终使人以为它是个自然现象，是生活中很正常的事情。一般来说，简单的理论均有利于偏见，对偏见所做的任何批评都相当于犯罪。爱因斯坦意识到了偏见的力量，他指出："打破偏见比打碎原子还要难。"如果有人能发明出抗偏见的血清,那么这位魔术师肯定要进监狱,人类社会甚至有可能为此恢复古代处置犯人的火刑。迪德罗说"激情比哲学更能打破偏见",他错了。无论是暴力的,还是和平的,革命家都是用自己的偏见代替他人的偏见。这个恶性循环远远没有结束。

(二)身体暗示和贝可夫(Bykov)反射。它们很像偏见,靠的是偏见的传染力:

(一位接受分析的女士):"……我很喜欢度假……真的!……阳光和海水给我带来很大的快乐……可是,突然,我出起荨麻疹来,发烧、恶心……是饮食不适应?气候不适应?还是由于时间安排上的变化?……和我一起度假的人都没病……我不明白……后来,我才想起来,临行前,我母亲告诉我,她曾经在这个地方得过荨麻疹,伴有恶心、发烧……我的潜意识在我的意识之前回忆起了这件事……"

美国公共卫生部门的修伯纳(R. Huebner)先生也这样认为:伤风、流感和很多种病毒性感染往往是由暗示,而不是病毒本身所造成的。从微精神分析学角度讲,身体暗示是一种心身转换,它以虚空的连续性为基础。如果说,我们完全有理由想象暗示对身体最初的影响发生在细胞之外,那么,从细胞外到细胞内的过渡依靠的仍然是虚空的连续性。因此,身体暗示的机制最初与歇斯底里的心身转换机制完全相同,然后才造成细胞的损伤。可以这样解释暗示与病毒的病原关系：病毒一般固定在核酸螺旋链的空隙中，身体暗示通过固定在细胞中的病毒而具体化。

因此，无论是简单身体暗示，还是病毒性暗示，

  虚空

  是

病原的原发灶。

（三）条件反射。巴甫洛夫认为，条件反射与神经系统之间的关系是强制性的，是周围环境数不胜数的诸多因素之一与身体的某一特定活动之间形成的暂时的关系。我们认为，条件反射与偏见有关（即使这种关系只是结果性的），它涉及身体的每个细胞，由此看来，我们的观点的含义比巴甫洛夫的略微广泛些。

麦克考纳尔（J. McConel）和琼（R. John）研究涡虫——一种生活在淡水中、体长八—十五毫米的扁形虫，他们的研究出色地说明了细胞的条件反射：

（一）涡虫在受到电刺激后收缩。用一个完全无害的光信号伴随电刺激，作为条件因素。这样，当实验重复至一百次以上时，只需发出光信号，涡虫便收缩；

（二）将该涡虫切成碎块，如果这些碎块中有再生的，就把它碎成泥；

（三）用被切成碎块的涡虫喂另一个没有经过上述实验的涡虫；后者只需吃下很小的一部分（无论是头，还是尾），

就会对光信号做出同样的反应,出现条件反射性收缩。

细胞是条件反射的基础,这是目前很多研究的主要课题,这些研究都是海登(H. Hyden)研究的继续。海登于一九五九年发现条件反射过程中RNA在神经元中的变化。这里仅举乌恩格尔(G. Ungar)一九六八年的实验为例:在对老鼠进行了回避黑暗条件反射训练后,他将老鼠的核糖体中新获得的一种肽分离出来,称它为scotophobine,然而,正像涡虫条件反射以分子为基础一样,这个与恐暗有关的肽也是可以转让的。微精神分析学认为,这一发现进一步证实:

1. 神经系统

  并非条件反射的

  必要条件;

2. 因为伊德不具备组织层记忆,所以,大脑只注意复杂刺激并接收它们的特定反射程序;

3. 每个细胞所含的伊德信息量完全相等,所以,每个细胞都具有(至少具有这种潜力)通过自己的核糖体中的RNA制造新的肽分子并进行条件反射的功能,在此基础上,神经系统才发生作用。

(四)潜在抑郁症。一九五二年艾伯(J. Lopez Ibor)第一次对这种被一个或数个器质性损伤或功能性失调所掩盖的抑郁症候群进行了描述,他的研究使我们能够追寻正在发展过程中的身心转换。请看一位接受分析的精神病医生的分析记录摘要：

"……一九七三年，在圣毛里次召开过一个国际大会，专门研究潜在抑郁症……这是一种看似身体疾患的精神疾病……

……那次大会没有能够解决的主要问题就是潜在抑郁症的病因……

……大部分人认为潜在抑郁症的病因是身体的……生物胺起着重要的作用……认为在这种情况下，人体会出现去甲肾上腺素的分泌量降低……5-羟基色胺减少……或者这两个神经元传递器功能衰弱等现象……

……基尔荷慈（Kielholz）认为刺激因素的积累很重要……根据他的思想，Birkmayer、Neumayer 和 Riederer 提出了一个很有意思的假设……抑郁症可能是由控制自动与情感功能的生物胺的动力平衡受到干扰所造成的……他们又提出，如果这一不平衡发生在大脑层，那么抑郁的表现会十分明显……如果这一不平衡发生在周围神经系统，那么，抑郁就是潜在的，表现为多愁善感……

……安格斯特（Angst）认为，抑郁的身体症结是超文化的……它的心理症结受文化的影响……是次要的……

……另一些研究人员坚持认为抑郁症的病因是心理的……他们强调身体的各种紊乱……心理与身体症的频

繁交替出现……还有大部分潜在抑郁症特有的神经症前兆……这些前兆不禁让人想起阿伯拉姆对原始阉割的研究……尤其是他对口腔期撤掉乳头可能导致抑郁症的研究……

(五分钟沉默,然后)

……根据我在长分析中所学到的,可以在这两种理论中建立某种联系……潜在抑郁与自我肉欲多形态性反常的微型固恋有关……这些微型固恋依靠连续的虚空进行心理生物转换……并利用生物胺使它们特有的伊德动力得以外在化,这一动力是变化的、无目的的、无特定客体的……"

综上所述:

(一)心身医学服从身体的规律,如果把这一规律比作一条链子,那么,整条链子并不比链上最小的环节的力量大多少,这就证实了古代医学关于微小局部之抗力(Iocus minoris resistentiae)的假设;

(二)不存在纯粹的、脱离一切的心理能。复现表象、情感、幻觉和潜意识欲望都属于具有潜在物质后果的能;

(三)本我是伊德-冲动的坩埚:1.尝试与尝试群组在本我中分化为心理的或身体的尝试,并且开始形成心理生物结构;2.从本我开始,压抑中固定下来的能既可以通过身体渠道,也可以通过心理渠道得到代谢;

(四)但是,如果说本我是心身的转盘(即:人与构成

自己的虚空之间保持的特殊的心理生物关系),那么,伊德就是本我心身两极的支轴,是二者分界线上的无名哨兵;

(五)因此,伊德是一切身心、心身转换的第一中性动力,在此基础上,死亡-生命冲动和共冲动才作为系统发生作用;

(六)虚空的连续性是不同层次身心、心身转换的基础。

上述诸点不仅揭示出了一切身心医学的基础,而且帮助我们澄清了身体健康的概念。根据前一节我对人的正常心理状态所下的定义,我认为身体健康意味着:

(一)身体对虚空具有最佳亲和力;

(二)本我具有一定的弹性,能够调制来自伊德能和冲动系统的冲击;

(三)从与虚空的和谐中,直接地、愉快地意识到身体处于平衡状态。

换言之,

> 健康
> 是与既没有受到损害、又无伤害性的虚空
> 达成的妥协。

从伊德的相对性出发,很容易理解,身体的这一状况(正常心理状况也是如此),从整体上讲是假定的,而且只能是局部的、暂时的。

二、精神病与癌症

微精神分析学有关精神病与癌症关系的研究既是对上述身心关系的补充，也是它对癌症研究做出的贡献。

精神病与癌症都具有这样一个特点，即：尝试组合的无政府化和共冲动的我向运行（至少是局部的）。从一切身心转换关系的双向联结点——本我的角度看，精神病与癌症类似心理生物代谢中出现的误差，它发生在：

（一）对于精神病来说，在本我的心理一侧；

（二）对于癌症来说，在本我的身体一侧。

连续的虚空、中性的伊德和无目的性的死亡-生命冲动决定我们不能将心理与身体看成是稳定的两极，而必须把它们看成是相对的、变化的跳板；二者之间极易发生转换，其原因在于精神病与癌症：

（一）同样以特定心理素质为基础，其主要特点就是对虚空具有很强的亲和力；

（二）同样引起并自动维持返回虚空的倾向（死亡冲动）和逃避虚空的倾向（生命冲动）之间的激烈竞争；

（三）同样使不完整虚空共生关系具体化。

因此，精神病与癌症之间的区别比人们一般以为的要小，它主要来自个人素质的某些特点，确切地讲，随着心理物质实体和心理生物实体的结构化，伊德遗传在本我中分化，获得一定的身体的或心理的特定性，这一相对特定性决定着精神病与癌症之间的细微的区别。

精神病学将精神病分为症状性精神病和功能性精神病（也称原发性精神病），即：把由器质性损伤（颅脑损伤、脑瘤、中毒、脑炎、基因或激素异常等）造成的精神病与一般很难找到器质性损伤的精神病区别开来。当然，功能性精神病同样有微神经突触联合损伤，神经元传感器的综合、储存、释放和降解功能的变异的现象，然而，仅仅根据这一点就得出结论，认为功能性精神病的根本原因是器质性损伤，这不能解决任何问题。相反，应该进一步认识神经突触间隙在"电—化学—电"转换过程中的作用，以便更好地把握它对"身体-心理-身体"关系和本我-潜意识关系的影响。

很多研究癌症的专家也正在（从心理到身体的转换中）发现同样的问题：

（一）勒尚（L. LeShan）专门研究癌症与个性的关系，他指出：1. 癌症与某些特定的心理环境有关，尤其是感情破裂；2. 肿瘤的种类、生瘤的位置与个性有关；

（二）班森（C. Bahnson）在纽约科学院组织的一次讲座上提出："忧伤、抑郁、失望和失去客体是癌症产生的主要原因"；

（三）梅南格基金会的伏次（H. Voth）指出：1. 癌症

一般在一次不可替代的感情破裂后的五年内发生；2. 最容易出现在易焦虑者、消沉者、刻板者和忧郁者身上；

（四）罗切斯特的研究人员提出，癌症一般发生在这样一类人身上，他们往往：1. 无能力应付紧张生活造成的压力；2. 有"无能为力或被遗弃"感（R. Ader）；3. 失去或感到就要失去一个非常满意的快乐源（A. Schmale）。

但是，我们尚不能由此得出结论，认为癌症的病源是心理的。微精神分析学认为，癌症是在死亡冲动和具有控制细胞有丝分裂及整个细胞社会的伊德振荡的作用下，人体中出现的一种外泄（escape）。很多科研成果似乎可以证实这一假设。如诺贝尔奖获得者 A. Szent-Gyorgyi 提出，肿瘤的出现是由"电磁闸"断裂造成的，所谓"电磁闸"在正常情况下控制着"每个细胞所具有的爆炸性成倍增长的功能"；又如达马迪安（R. Damadian）对肿瘤组织"核磁共振"变化及有关干扰素的研究，他提出：这种由脊椎动物细胞合成的蛋白具有抵抗病毒感染的功能，它可以变成一种异常强大的抗癌物，因为它能够抑制细胞分裂。

更重要的是，如果从微精神分析学的角度看待癌症和精神病，从伊德能与冲动系统的关系出发去研究它们，那么，我们就可以发现初级运作层的一切变化都是前心理的、前身体的，因为它是虚空能量组织内在的东西：

（精神病医生）："……精神病和癌症之间有很多相似之

处……但是,没有一本医学著作对此有过论述……

……我发现精神病患者和癌症患者在病的晚期都面色蜡黄……很像孕妇特有的肤色(chloasma)……而且,皮肤干瘪多皱,触摸时感到像脆硬的纸板……尤其是,他们的眼睛里都有一层膜,让人一看就知道死亡将至……

……大家都知道精神病一般与早年形成的固恋有关……不仅仅是口腔期母亲非真实性在场造成的固恋……甚至与初始期的体验有关……癌症破坏身体内某些细胞的分化,使它们的无政府潜力得到实现……癌细胞产生的分子具有胚胎分子的特点……如甲胎蛋白和致癌胚胎抗原……

(两分钟沉默,然后)

……我在想那天晚上,我们吃饭时有关电击疗法的讨论……您说,您在一九四二年使用的无麻醉电击疗法比今天医院里使用的电击疗法效果要好得多……因为,过去的技术可以使患者对死亡有更强烈的体验……诱发出更强烈的生命冲动的反跳……刺激生命共冲动的反应……如刺激肾上腺素的分泌……

(两分钟沉默,然后)

……就好像,为了治好精神病,必须先把患者领到死亡的边缘……

……对癌症进行的药物治疗和放射性治疗也是这

样……在消灭疯狂增长的癌细胞的同时……也去掉了大量的健康细胞……使一些生存功能,尤其是血细胞生成功能,遭到破坏……为了试着挽救癌症患者,也要先把他们领到死亡的边缘……

……我不禁想到一个很可笑的问题……不久的将来,是不是可以用电击治疗癌症,用放射治疗精神病?……

(两分钟沉默,然后)

……精神病和癌症都让人感到害怕……对精神病的恐惧主要表现为社会的和集体的……对癌症的恐惧表现为个人的……精神病患者和癌症患者都是'受隔离'和'入了另册'的人……前者在社会范围内受隔离,后者在自己的身体内受隔离……这是伊德天然的非典型性决定的……正因如此,极度受压抑、身患癌症的佐(Zorn)在临终前说:'我是这个社会的一个癌细胞。'……

……这种恐惧从何而来?……长期以来具有禁忌威力的一体化、融化是不是造成这种恐惧的原因?……

……精神病人是一体的、统一的……至于癌症患者,他们的细胞失去了对有序有丝分裂在数量和节奏上的控制……这一控制本来是由接触抑制通过电化学当量实现的……癌细胞不再能够意识到接触点和增长与停止的信号……

……精神病患者由于丧失了自己的心理特性……能够

彼此合为一体……这就像癌症患者丧失了自己的细胞增长的特定性……他们借助虚空,成为一个有机的整体……

……最后,他们都死于这个……在我们看来是病态的同一性……"

总之,从虚空—虚空中性动力—伊德角度讲,死于精神病和死于癌症没有太大的区别。当弗洛依德在感到死亡将至时,庄重地请书尔先生给他注射毒芹。他(由于必须走完自己的生命之路)一生都在受神经官能症和癌症的折磨。假如他只患有其中一种病,弗洛依德会是什么样子?他是否在灵感出现的时候给自己提过这个问题?"给伊尔玛打针"的梦是否告诉我们他对此有预感?假如没有神经官能症,他是否会更早死于癌症?假如没有癌症,他是否早就精神失常了?或者,谁知道呢,是不是女儿安娜无条件的爱、她对一切的虔诚和她给予的源源不断的里比多对弗洛依德有很大的帮助?救了他?因为,在母亲死后,俄狄浦斯与女儿一起流落异乡,成了一个面对死亡的自由人。

三、人体的孔窍

人以为自己通过五个感官(听觉、嗅觉、视觉、触觉、味觉)与所谓的外界进行交流,他彻底错了。事实上,如上所述,虚空的连续性体现在心理生物组织的各个层次上:

(一)人通过自己的每一个细胞和细胞单元与外界接触;

(二) 外界是人的组成部分。

接受分析者可以通过长分析认识自己的孔窍,即:那些使人的生物功能与周围环境发生心身相互作用的孔窍,进而产生下列内省认识:

(一) 为了能够与外界保持渗透性的共生关系,人的胚胎从原肠期就开始吮吞外界;

(二) 正如托马斯在他写的福音书中所说的:"如果您还不能将外在看成内在,将内在看成外在,那么,您还没有走进上帝的王国。"他的话很像佛祖的话。

微精神分析学对人体孔窍的研究促使我们提出这样一些问题:不能正常代谢内在化了的外界是不是心身紊乱的第二个原因?是不是因为难以排出产生于内在化的心理的和/或身体的代谢物?这是一些很重要的问题,因此,完全有必要在此重新考察人体的孔窍与通道:

(一) 嘴唇、口腔、咽喉、食道、胃、十二指肠(包括它的分支:胆道、Wirsung 胰道)、小肠、大肠、直肠、肛肠、肛门,上述孔窍和通道使所谓的外界就存在于人体内。人体巨大的消化道的上下开口在胚胎中形成的过程完全一样,嘴和肛门分别通过吸收咽膜(第三周龄)和肛肠膜(第九周龄)而形成(某些无脊椎动物,如水蛭,只有一个同时起嘴和肛门作用的出口),这两个口的膜具有一个共同的特点:它们都是真皮,却又都由直接与外胚层接触的内胚层构成,而没有中胚层,这一组织学的特点与性感区域的共冲动组织关系密切(上述与胚胎学有关的诸点在这里具有十分重要的微精神分析学的意义):

(一位接受分析的女士:)"……当我丈夫和我进行口腔性交或肛交时……他变得非常粗暴……好像是疯了……他到底在找什么?……找光?……真蠢!……是为了找光吗?……我的肠道里的光?……他自己的肠道里的光?……

……每次听到他抱怨:'我早晚能找到我要找的东西!'……我真不明白他为什么使那么大劲往我的嗓子里撞……为什么人都说肛交是一种发泄?……

……当他那沉重的呼吸……从他的肺里就像从火炉子里……直喷到我的脖子上时……为了避免被他撕成碎片……我放开自己……尽可能张开所有孔窍……整个人好像变成了一个大洞……一个从肛门到嘴的通道……"

上面这段分析摘录不禁让人想到格罗迪克的话:"对于儿童和成人来说,灵魂之府在腹中,它的主要入口是嘴和肛门,主要出口还是嘴和肛门,外加尿道……"

(二)尿道口、尿道、膀胱、输尿管、肾盂、肾和循环管道,这些孔窍与通道使人具有外界环境的特性、外界环境具有人的特性。我们将在讨论人体泌溺功能时做进一步阐述。

（三）尿道口、尿道，男性的射精管、输精管、附睾和睾丸，女性的阴道口、阴道、子宫、输卵管和卵巢，这些孔窍和通道使人成为外界环境的一个组成部分。值得我们注意的是，输卵管与卵巢并不是直接连在一起的，输卵管伞自由地在腹腔中张开；在排卵期内，如果卵子没有被张开在卵巢上的输卵管伞接住，那么，它就会掉进腹腔。输卵管的伪足运动力很强，在左侧卵巢不发达和右侧输卵管堵塞的情况下，左输卵管甚至可以将它的管伞伸到右输卵管上接收健康卵巢排出的卵子。

（四）气管的交换面积达二百平方米，有五亿个肺泡，这使人能够直接与外界保持联系。每天，有五百五十升氧经过肺静脉、心脏和动脉进入我们的组织，直达我们的指甲和头发……四百五十升二氧化碳经过静脉、心脏和肺动脉到达肺和气管并被排出体外。

（五）人脑通过鼻孔、鼻道、筛骨的筛板和硬脑膜与外界保持着密切的联系。在做气脑投影像时，将气体注入脑室，不会造成任何不良的感觉。也许有必要在此提醒读者，嗅觉神经不是颅神经，而是一个憩室，即胎脑的外延部分，如果读者还记得嗅觉在超我形成过程中的作用，就不难意识到这一胚胎学细节的重要意义，就不难理解为什么超我的结构与脑的发育紧密相关。

（六）外耳（由耳廓和耳道组成）、鼓膜（直径一毫米、厚十分之一微米的弹性膜)、中耳或曰鼓室（有椭圆形的窗口和一些小骨头：锤骨、砧骨、镫骨)、内耳或曰内耳迷路，这些孔窍和通道使外界环境就在构成人体的虚空之中，中耳通过咽道与鼻咽部相通，即与呼吸道和消化道相通。而且，乳突、骨突和岩部均有气腔———一种充满气的泡室，与中耳和内耳相通。因此鼻咽炎往往会引起中耳炎，或曰鼓膜炎，甚至有可能引起鼓膜穿孔、脓液外流。中耳炎甚至有可能影响整体机体，引起乳突炎、血栓性静脉炎、鼻咽炎、败血病、岩部炎、面部神经麻痹、内耳迷路炎、脑膜炎、脑炎……

（七）人通过皮肤不断与周围环境保持直接的联系。一个成年人皮肤的总面积达两平方米，它分为三层：表皮、真皮、皮下组织，基本上由孔隙构成。在电子显微镜下，皮肤的表面像一个粗网眼的网，又像一个令人目眩的坑洼地。正是这个起伏不平的表面使我们的身体能够与外界保持全面的接触，一旦它的孔隙受阻，人就会死亡。正是因为有了这些孔隙，皮肤才是一个复杂的器官，才具有保护、吸收、分泌、调节温度、感觉、免疫、激素等重要功能。

人体的毛孔（毛囊的管口，如皮脂腺和汗腺）每天排出一至五升体液（这个数字可以随用力情况发生变化，最高可达十五升)，与肾排出的体液一样多，比肺的排气量多两倍。由此不难想象人体通过皮肤进行交换的强度与幅度。

在伯德（B. Bird）尚未提出某些湿疹是由抑制愤怒所致之前，在尚未证实皮肤的电阻强度直接随人的情绪变化之前，观察和触摸患者的皮肤就已经是经验丰富的医生了解病史的重要手段之一。

微精神分析能够使接受分析者（即使是医生）惊讶地发现自己身体孔窍的动力；当他们在长分析中重新变为哺乳期婴儿时，当突然出现腹泻或极度疲劳时，接受分析者发现：1．自己的身体与外界混为一体；2．在这个由虚空和外界构成的内部，一切都是相通的；3．人体孔窍的生物功能是可以互换的（如：以笑代替吸吮，以小便代替哭泣）；

（医生）："……比查（Bichat）有可能列出二十多种基本组织……现代组织学将组织分为四大类……上皮组织、结缔组织、肌肉组织、神经组织……但是，从虚空—虚空中性动力—伊德角度看，这种划分没有什么道理……

……通过微精神分析，我发现人是由一个多孔的……长期与外界保持直接联系的组织所构成的……这个组织像海绵一样，它的屈伸调制着器官和空腔……这个海绵样的组织使器官之间能够发生相互作用、形成相互依赖的关系……

……通过长分析，我才对人体有了一个总的、综合的了解……否则，我很难理解一些生物学和临床的问题……

比如，我永远不会明白为什么鼻腔黏膜中像生殖器官一样，有勃起毛细血管……

……为什么大肠杆菌不加选择地出现在肠道、尿道和鼻腔……为什么金葡萄球菌是肠道、鼻腔、咽道和皮肤的共栖菌……为什么流行性腮腺炎的黏液病毒同样会侵入卵巢、睾丸、腮腺、唾液腺的薄壁组织……为什么肝炎可以通过性关系传染……为什么 Candida albicans 可以出现在儿童的口腔里、经期妇女的阴道里、老人和癌症患者的肺里……

……为什么分析耳垢可以发现妇女有无患乳房癌的危险……为什么胰腺先天性黏液稠厚容易引起消化系统、呼吸系统和皮肤疾病……为什么可以通过化验汗液或者直肠活检进行诊断……

（五分钟沉默，然后）

……说真的，没有虚空—虚空中性动力—伊德模型，虽然我是医生，但是，我根本不懂医学……不了解这样一个科学的现实：人体就是一个筛子……一个过滤器……总之，无论人体的大小孔窍是体外的，还是体内的……是入口，还是出口，或者既是入口，又是出口……它们都是虚空上的开口……伊德和死亡-生命冲动就是通过虚空构成了那些看似实体的东西……这些实体和构成它们的空腔完全相等，而且彼此可以互相替换……

（五分钟沉默，然后）

……我在想人体图……多么漂亮！……可它和现实之间的差距又是多么的大！……

……当我还没有通过长分析展开那些构成我身体的无数可渗透的画圈时……当我还没有舒展开我的那些多孔的瓣层时……当我还不能俯瞰总面积达数千平方米的我自己的器官时……根本不可能对自己的身体及它与外界的关系有准确的认识……根本不可能对自己进行身心诊断……

……本体感受与外界感受力、顶叶和感觉-运动整合对认识自己的身体没有什么帮助……只有通过接触虚空……通过细胞的心理渗透……通过它们象征性的棱镜反射……才能真正认识到自己的身体……

（两分钟沉默，然后）

……从我的本我的最深处，到我的潜意识中……我的身体的构成是对我在卵子期、胚胎期和胎儿期……为了能在母亲腹中长大……为了尝试着在一瞬间填充自己那无限的虚空……所进行的伊德伪足运动的记忆……"

微精神分析即将结束时，很多接受分析者都能产生类似的认识。这是因为，当压抑被解除、检查机制得到放松时，正在潜意识中进行的东西在前意识中连接起来，而且能够借助语言得到表达，其准确性往往令人惊讶：

（一位接受分析的女士）:"……青少年时期,我的月经每次都给我带来很大的痛苦……一种弥散性的疼痛……我说是肚子疼……其实,我说不清到底是正在流血的子宫疼……还是经期伴有的大便干燥造成的肠子疼……

（两分钟沉默,然后）

……一段时间以来,每次来月经前……我都直肠疼……肛肠外科医生说是急性肛门炎……让我进行一种很复杂的治疗……我很快就放弃了……因为我发现只要月经一来,肛区的疼痛立即消失……最近,我听说很多妇女每月都有这种体验……

（两分钟沉默,然后）

……也就是说……为了排出月经……我的身体好像在肠道和阴道之间犹豫……这个生理现象是不是反映我的消化系统和生殖系统之间有联系?……或者,说明我的肛门和阴道之间有心理联系?……

（两分钟沉默,然后）

……我忽然想起来,很多妇女在行经前有恶心的反应……好像经血不能确定应该上行还是应该下行……我有一位朋友,她每次来月经前嘴唇上和口腔里都长满口疮……她的嘴唇和口腔的反应是不是和我的肛门和直肠的反应一样?……

(五分钟沉默,然后)

……是不是人的身心构成决定经血既可以通过阴道排出,也可以通过直肠或口腔排出?……甚至鼻子?乳房?有的人经前流鼻血……还有的人经前出现乳房肿胀或疼痛……"

也许有人会认为是本我的身体一侧通过伊德的细胞同一性决定着人体孔窍的对应性和它们彼此之间生物功能的互换性,事实恰恰相反,是本我的心理一侧,主要通过初始期俄狄浦斯-阉割,造成了细胞的黏合性和人体不同系统间的转换关系;同时,我们还可以发现:1.本我的心理部分与身体部分的动力协同关系;2.共冲动的心理生物互补性,换言之,一切身心融合均发生在本我之中,共冲动在本我中会集,心理生物实体、心理实体和身体实体之间的转换通过共冲动而实现:

(物理学家):"……我现在才开始明白,在没有构建微精神分析理论之前……您先摆脱了偏见……来自教育、家庭、国家、种族、宗教的偏见……尤其是,您不得不摆脱存在的偏见……一个独立存在的个体的偏见……

……您怎么会有那么大的勇气?……

……我曾经很想,而且现在还很想像您一样……摆脱所学的一切,摆脱一切先入为主的成见……我发现单纯的东西并不一定是简单的……这就是生命的意义……

(三十分钟沉默,然后)

……重要的是,我发现自己不是实体……我是想说……无论从精神角度讲,还是从解剖学角度讲,我都不存在……我在连续的虚空中延伸……

……从精神角度讲,我觉得自己永远处于变化之中……我的那些不断产生又瞬即消失的心理尝试……

……从解剖学角度讲,我既不是什么唯一的样品……也不是哪一种东西的样品……我是虚空的样品……与其他样品共同拥有虚空……一只翻过来的手套可以代表我最基本的特性……

(两分钟沉默,然后)

……外界与他人构成了我……我呼吸外界、呼吸他人……也就是说……我呼吸外界与他人,外界与他人也呼吸我……

……从解剖学和精神角度讲,外界与他人已经生产和正在生产的一切、它们的过去和现在都是我的养料……它们过去、现在和将来也以我为养料……我是它们的他人……"

从微精神分析学角度讲,必须研究那些从胚胎学、生理学和心理学角度讲与一定的孔窍动力有关的生物功能(如排泄、消化与泌尿),才能发现心身、身心的相互作用关系是十分复杂的。下面我们将分别讨论这些功能。

四、人体的排泄功能

一般人对排泄功能和与其有关的词都感到很厌恶,大部分科学家也在潜意识中对其有一定的抵触,因此,对于精神分析学家来说,澄清排泄功能所具有的真正的、微妙的心理生物含义的确不是一件容易的事情:

(医生):"……我的儿科学老师有个习惯……在课上介绍哺乳期婴儿的大便时,他总是把婴儿的大便像球一样拿在手上揉来揉去……

……在请学生检查婴儿之前……他总是这样慢慢地、长时间地揉他手里的大便球……扔起来,又接住;或者让它掉在地上,然后又捡起来咬一咬……太恐怖了……不管男生女生,被他叫到前面就得像他一样……用手去拍那个该死的大便球……闻它、尝它、描绘它的硬度和味道……

……一天,他告诉我们……他的哑剧的目的就是为了让学生们能够熟悉人最隐秘的东西……他告诉我们,粪便、尿、脓、痰……还有血、脑脊液和胸膜液……都是人的生理化学反应,可以通过这些东西了解人的心身状况……他还说,九世纪最有影响的医生 Giabir Ibn Hayyan 认为血和粪便是最重要的诊断手段……

(两分钟沉默,然后)

……我用了很长时间才意识到,在临床实践中,无论是一般性检查,还是治疗……必须非常小心地接触肛门区……

……人一般不怕说自己痛风发作、肝病发作或心绞痛发作……但是,没有人愿意承认自己犯了痔疮……

……我记得曾经为一位装模作样的老人做直肠触诊检查……在我的手指就要进入他的肛门时……他突然一下子从床上跳下来,冲向窗口:'您甭想给我做这种检查……别给我做……永远甭想!'……

……一位直肠专家不知道在报上登了多少次广告,才找到一位专门的护士……我还记得他气得大骂:'这个世界究竟为什么总跟自己的那个洞过意不去?好像那些大便干燥的人做了什么亏心事一样。'……"

愤怒的将军和温柔的公主都会像大车夫一样使用"大粪"这个词,而且,他们并不会因此感到尴尬。每个国家都有自己的 Cambronne 或 Gotz von Berlichingen。而且,人的社会地位越高,这类词(无论是私下,还是在公共场合)用得越多。我听到过国家首脑在每句话里夹着这类词。很多牧师在训斥那些辱骂上帝的人时问:"您不能也像大家一样说'大粪'吗?"

很小的刺激(被一块石头绊了一下或拉断了鞋带)、略微强些的刺激(用锤子砸了大拇指或者险些中了头彩)、很大的刺激(知道自己得了肺结核或被朋友骗了)都能使人失去通过教育获得的体统,说出:"大粪……大粪中的大粪……像大粪一样的妓女……这个臭大粪……大粪……粪包……大便干燥……拉青丹……大粪……"很少有人掌握这么多的脏话,然而,所有文化的所有语言中都有这类脏话,由此看来,编一部与大粪有关的字典一定不乏科学意义。在长分析中,所有的接受分析者都会经过这样一个阶段,他们什么都不说,就说"大粪"(很少听到有人说粪便、排泄物、大便),有的人会对此表示歉意:"总得把这些东西说出来才好。"

当宽厚的格罗迪克给他的"亲爱的朋友"写信时(其实是写给他的母亲,从这里可以看出他有种族歧视倾向;或是通过当时是他的患者,后来成了他的妻子的艾米,写给弗洛依德,从中可以看出二人之间的不信任),不但讲自己的大便,而且讲自己的屁。他这样做是有道理的,因为,一个人一生中要放十万多个屁。有的语言甚至有十多个专门描写各种屁的词。古罗马人把屁分为吉利的和不吉利的,原始部落的巫师们能够通过屁预见成功与失败、痊愈与疾病,他们比我们更接近自然,他们的嗅觉比我们的灵,他们比我们更了解屁的含义,这不禁使我想起一位举止优雅的女医生的自由联想:

"……我从来不胀肚……万一出现这种情况,也可以想办法调治……

（一个星期以后，在分析进行到第四个小时的时候，她犹豫了一下，然后）

……一位英国同行，Rayworth 医生，是'有声进餐'冠军……他认为吃饭不出声音是造成胃溃疡的原因……建议大家别怕出声，大嚼特嚼……痛痛快快地打嗝……像亨利八世一样有屁就放……我不知道您怎么看……我可以立即告诉您，我深深知道'强忍着'好几个小时是什么滋味……

（五分钟沉默，然后）

……有时……小便后……我会放两个屁……天哪，您会怎么看我？……我还怎么敢再看您？……

……的确……我尽自己瞎想……一直到十二岁，我还以为牧师和修女从来不上厕所……不大便，也不小便……

（两分钟沉默，笑出声来，然后）

……我在想有关维多利亚女王驾崩的一段描写：'殿下转过身去，放屁，离开了我们。'……

……是不是班雅曼·法朗克兰（Benjamin Franklin）写了一本歌颂屁的书？……

……让二十三和希特勒是本世纪最有名的放屁大师……希特勒即使是填满肠道吸附剂也会不停地放屁……

（三分钟沉默，然后）

……还有……在您楼下的客厅里，有一本我很感兴趣的书……罗米无礼的故事……其实，我不光是感兴趣……这本书我曾经读了好几次，每次都笑得直不起腰来……那个放屁能手……他居然在巴黎用屁演奏流行歌曲……其实，这并不新鲜……因为圣·奥古斯汀在《上帝的城堡》一书中曾经描写一位放屁能手的本领……他的描写那么细致，好像是在介绍他自己的本领……"

有意思的是，翻阅过那本《无礼的历史》的人中，至少一半会想到放屁能手，这位大师在红磨坊进行过一次空前绝后的表演，他引起的阵阵大笑室外一百米内都能听见。据布里松（A. Brisson）讲，里查（C. Richet）教授曾经为这位"真正的艺术家"做过检查，证实那场演出没有作假。尽管如此，我们的大师还是遇到了麻烦，因为，一些嫉妒他的人在两腿中间放上奇怪的东西，试着模仿他，于是闹出了一场家喻户晓的法律纠纷。据说，那位真正的放屁能手能够立即识破那些作假的家伙，因为他们不知道，某些曲子纯靠放屁只能用降调演奏。

如果说，我的分析档案中有二十多个与屁有关的重复句，那么，与屁和粪有关的重复句就有一百多个。这是因为，随着长分析的深入进行，肛门期的记忆会突然涌现：

（反复出现的句子：）"……一个人放屁或者大家一块放，没有人在一群人中放屁……"——"……我当着我妻子的面放屁，可是不会当着情妇的面放屁……"——"……

我喜欢在被子里放屁……越响越好……"——"我喜欢在被子里放屁……然后，再掀开被子闻一闻……""……我喜欢闻自己的屁……不喜欢闻别人的屁……"——"……我喜欢拉很多屎，然后自己闻……"——"……大便、性交……生活很美好！……"——"……如果拉不出屎来……我就会情绪不佳……"——"……我不知道自己为什么那么喜欢拉屎……"——"……在进行无卡洛里治疗时，我总在大便……过去，我真不知道人有那么多屎……"——"……拉稀的时候，我就对自己说：'好啦，拉个痛快吧！'……"——"……我不太爱吃，但是，拉屎对于我来说可是件神圣的事……"——"……我必须脱光了衣服才能大便，连手表都不能戴……"——"……在厕所里看着自己拉屎，我想：'这就是你自己。'……""……在开始做微精神分析时，我一个月只有两三次大便……现在，我每天大便，这是我生活中的一大快乐……"

……从出生到死亡，一个人一生要排出三十吨粪便，三十吨！……地球上每日数百万吨的粪便怎样进行自然代谢？分解合成的渠道是什么？我们已经知道有碳、氮、硫黄和磷的循环……其他的呢？现在已经出现回收粪便的工业，从粪便中提取大量的能源。如果想从物理化学角度理解粪便的意义，就必须对以下三点有清醒的认识：1．虚空是连续的；2．伊德能是中性的；3．尝试及其组合是相对无目的性的;4．心身转换的动力从根本上讲是双向的。因此，不理解粪便代谢的心理生物意义，恐怕会使人感到焦虑（主要是潜意识的）。

请不要忘记，此时此刻，在这个世界上，无数的人跟在无数的牛后面，虔诚地看着它们排粪，他们小心翼翼地把新牛粪捡起来，带回家去，好像怕牛粪掉在地上会被弄脏一样。百闻不如一见。面对这种情况，抱怨或嘲笑五千年的古老信仰，恐怕是不能原谅的；如果认为那些遵守这一古老习俗的人不如我们明智，那就更不可原谅了。总之，正是在他们的家里和他们在一起，我才发现了：

虚空—虚空中性动力—伊德

是

反理论的。

而且，每当我产生疑虑时，尤其当我对虚空能量组织的模型产生疑问时，我就再去拜访他们，疑团立即消失。

请不要忘记，目前，在这个世界上，还有无数的人在用粪便建筑他们的棚屋或草房，他们就住在自己的、祖先的和家畜的粪便里面。百闻不如一见！应该和他们住在一起，哪怕只是为了发现他们的住所的形状很像子宫，而且只有一个出口，哪怕只是为了明白这种古老的建筑完全是"儿童性活动理论"（弗洛依德）的再现。儿童不知道女性有阴道，以为她们只有一个泄殖器，即大小便与生殖共用的出口(一般来说指肛门)。由此看来,原始人顺应自己的系统发育和童年期的性意识,而西方人则将童年性意识完全压制下去。梦可以给我们提供最好的解释:

(一位接受分析的女士):"……我在街上,急着找一个孩子……后面的梦不清楚……但是,我清楚地记得我想大便……要用很大力气……像产妇生产一样……

(此后,接受分析者在两个小时以内一直在谈另一个问题,然后,又回到这个梦上面:)

……我在街上,急着找一个地址……一个陌生人的地址……有一个礼物……一个吉祥物……

(我几次请她重讲这个梦,她都重复同样的句子:'……我在街上,急着找一个地址……';我提醒她,在分析开始时,她也讲过这个梦,但是,没有说找地址,而是说找孩子,她一口咬定是我听错了。六个月后,我们重新听这场分析的录音,在听到'……我在街上,急着找一个孩子……'时,我关掉录音,十分钟沉默,然后)

……对了……我想起来了……现在一切都很清楚了……多么神奇的口误!……孩子代替了地址……一个陌生人的地址……这个人将送给我一个礼物,一个吉祥物……

(两分钟沉默,然后)

……大便……用很大力气……像产妇生产一样……多

么伟大!……孩子—粪便—礼物—生产—大便—吉祥物……

(三分钟沉默,然后)

……其实,这个梦是一个小女孩向父亲表达的爱……她告诉他:'我带着一个孩子……这个孩子是你的……我要从肛门把他排出去……像大便一样……把它送给你……这是我送给你的最好的礼物……这是一个吉祥物……接受吧……他会把我们联结起来,你和我……我们将永远在一起……'"

这段引言表明,肛门期十分重要。长分析告诉我们,肛门期不仅仅是口腔期与生殖器期的衔接期,而且是二者之间必不可少的心理生物融合期,是一切精神分析的基础。

传统精神分析学认为,在每个人的里比多发展过程中,肛门期在生殖器期之前,在口腔期与生殖器期之间,一般发生在出生后的第十二个月到第三十六个月。肛门期儿童的心理生物注意力集中在自己的排泄功能上,在排便与不排便中体验快乐,儿童越发现自己的括约肌完全属于自己,越发现自己的交换系统完全受自己支配,不再受他人(口腔期)或尚未受他人(生殖器期)的支配,他的快乐体验越强烈。儿童明确地意识到自己的粪便与自己合为一体,就是自己,而且完全受自己支配,可以自私地保留它或作为爱的表示将它奉献出来。

经过严格的教育,儿童开始文明化,变得"清洁""懂事"。父母的指责、嘲笑、威胁、惩罚迫使儿童控制自己的括约肌,主要是肛外括约肌,因为肛内括约肌由光滑肌组成,完全不受意志的控制,直肠壶腹受到刺激,肛内括约肌条件反射、立即松弛。

事实上,无论是儿童还是成年人,大家都装作对粪便失去了兴趣,人们一般表现出的对粪便的蔑视,只能表明他们在遵守一定的社会规范。进入衰老期后,肛门期将重新获得性心理表达的自由与力量(参见本书"衰老期"一节:)

……(女精神分析学家):"……大部分与肛门区有关的欲望都不能被意识所接受……所以,人们必须借助一个派生物来表达这类欲望……比如,互相骂'大粪'……

……即使常人难以接受……人的个性完全取决于三岁前的那场'我想在哪儿拉,就在哪拉,想什么时候拉,就什么时候拉'的战斗……儿童的粪便定下了成人的性格特点……

……儿童期排便的体验……包围与反包围……快乐与厌恶……这一切都与人际关系的形式有关……

……我们的日常生活里充满肛门的活动……比如,'您好吗?'……潜意是'您拉屎拉得好吗?'……

(两分钟沉默,然后)

……为什么不直截了当地说……肛门是精神分析的助

手?……真的!……我不怕有人听见我说:

  肛门

  是

  世界的中心……

它永远不会超越自己,而且还会把我们……活活地……埋葬掉……

(两分钟沉默,然后)

……突然,我明白了为什么我的一位接受分析者总在不停地重复:'我的肛门就是我的阿基尔的脚跟。'……"

五、人体的消化功能

消化器官具有重要的心理生物作用,这是由消化功能的伊德特性所决定的,而不仅仅因为它的两个终端——口腔与肛门是儿童期性活动的两极。微精神分析学对这一点非常重视,下面我们分别从胚胎学、微生物学、内分泌学和生理学四个方面进行阐述:

(一)从胚胎学角度讲,我们的消化道从内胚层发展而来,然而:

1. 内胚层是最早出现形态发生的胚层。

2. 很多哺乳动物(也许人也是如此)的内胚层产生于滋养层,而后者完全在胚芽之外。因此,我们的消化器官和我们的血管、红细胞一样,产生于胚胎之外。

3. 无论内胚层的细胞产生于滋养层，还是胚泡，它们布满胚泡腔，在胚肿的间隙中增殖，进而形成原肠，后者开始作为个体在胚胎外（我们的身体外！）发展，然后才被纳进胚胎中。

4. 人体最初的性原细胞就是最早的生殖细胞（产生卵子和精子），它们于受精后的第二十五天在原肠壁上分化，由此看来，它们同样产生于胎体之外，到第五周龄，它们开始向最初的性腺进行阿米巴样转移。

5. 我们的呼吸器官最初只是胚胎消化道上的一个内胚层憩室。

6. 一些研究人员认为，中胚层（刚刚在原肠期后进入外胚层与内胚层之间的第三个、也是最后一个胚层）来自内胚层。然而，中胚层直接的组织衍生物——间充质，其细胞动力是对伊德中性和无目的性最好的反映。因为，间充质细胞具有多样细胞分化的可能，它们能够不加区分地产生内皮细胞（血管上皮）、网状内皮细胞（人体总的防御层）、血细胞、结缔细胞、脂肪细胞、肌肉细胞、软骨细胞、骨细胞……这一切均取决于诱导，即：胚胎的一种组织对另一种组织的器官形成产生的生物化学影响，而诱导本身则取决于空间的条件（邻近或接触关系）。这里，我们又一次看到虚空及其作用对人的命运具有的重要作用。此外，一些最新研究（如 L. Wolpert）表明，形态发生及其相对的特定性基本上受虚空中细胞分布与组合的控制。

（二）从微生物学角度讲，以下三点值得引起我们的注意：

1．人在出生前，肠道是空的，出生后，肠道立刻被共栖细菌占领。我们至今不太了解这些不致病腐生菌的作用，只知道它们当中有一些是消化、合成维生素必不可少的。不应该忽略它们来自周围环境这一事实，因为，是它们使我们能够与外界建立永久的、活的联系。也许正因如此，它们才在人出生后两小时之内占领肠道，而且，全世界的新生儿都一样，无一例外。

2．人的消化菌总数高于人体细胞的总量，以千万亿计算。一八八五年，爱士利希（T. Escherich）发现了Escherichia coli 菌，它后来被广泛应用于实验生物学（遗传学家通过设计它的程序，人工合成脑激素或胰岛素），可以在二十四小时内生产一百亿个子菌，所以，尽管一个大肠杆菌的重量不会超过一微微克（十的负十二次方克），但是，它却占我们排出粪便体积的三分之二。

3．在新生儿发展最快的时期，肠道的pH值是酸性的，它从第十二个月开始成为碱性的。这一电化学变化是由消化道的微生物变化引起的，它有可能造成一些人的肠道pH值和菌谱的不平衡，成为忧郁症（又称黑胆汁，melas＝黑，chole＝胆汁）最初的创伤性因素；此外，它还有可能与 Cotard 综合征的一些谵妄性观念有关（包括器官发酵—分解—腐烂—萎缩—否认），这一综合征在衰退性忧郁症中表现得最为频繁（E. Kraepelin, S. Nacht）。

（三）从内分泌学角度讲，脑垂体（几乎人体所有的腺都与它有关）基本上产生于消化器官，它的前叶与中叶来自最初的口腔，更确切地讲，来自咽膜上部嵌入前方的原初口腔穹窿外胚层的内陷，内陷在第四周龄形成一个袋，一般称其为 Rathke 带，它开始向未来间脑的方向发展。未来间脑从第三脑室下端生出一个憩室，即漏斗状部分，它将成为垂体后叶。两个生长中的器官最终相遇并联结起来。正常情况下，连接过程中，消化器官和咽部的根消失，如果它在婴儿出生后尚未完全消失，那么就会形成咽性脑垂体（请读者注意最后这几个字！）。

然而，消化与激素的功能关系不仅仅局限于口腔与垂体的关系。人体肠道的亲银细胞制造 5-羟基色胺，后者是中枢神经系统联会的基本激素。消化道产生的 5-羟基色胺可以穿越血脑屏障吗？或者说，是否存在 5-羟基色胺联营（即：在神经系统与消化系统的 5-羟基色胺合成之间存在稳定的、自动平衡的反馈关系）？从虚空的连续性和伊德的相互性出发，这并非一种纯假设，因为：

1. 肠道亲银细胞是胎脑的残余；

2. 自从 M. Paasonen 和 A. Plestscher 于一九六八年公

布了他们的研究成果以来,血小板(它们和亲银细胞一样,具有合成 5-羟基色胺的功能)开始被用于精神分析学,医生通过血小板了解脑神经元中 5-羟基色胺的工作情况。A. Rotman 甚至认为,不久的将来医学将通过这一方法解开若干精神病症之谜;

3. 一九七一年,Boullin, M. Coleman, R. O'Brien 和 B. Rimland 发现大脑 5-羟基色胺代谢的紊乱(可以通过测量血小板中的 5-羟基含量发现)有可能是儿童孤独症的原因;

4. 由于体内没有苯丙氨酸-羟酶或是先天造成这一肝酶变型,人不能消化一种重要的氨基酸(苯丙氨酸),致使 5-羟基色胺缺乏,导致苯丙酮白痴症;

5. 5-羟基色胺代谢紊乱也是先天愚症的重要原因。

(四)从生理学角度讲,人的小肠有四百平方米的交换表面,这可绝非偶然。手术大面积切除胃或大肠,甚至人脑的一部分、眼睛、一个肺或一个肾(甚至两个)、双臂与双腿,人照样可以生存。但是,如果小肠受到过多的损伤,人就会死亡。这是因为,小肠的重要性不仅仅在于它具有特殊的代谢功能(主动或被动地推送、储存碳水化合物、脂类、蛋白、维生素和微量元素),而且因为它是心身的重要交叉路口。甚至可以将所谓的"谋事在人,成事在天"改为"谋事在人,成事在肠"。

上述四个方面告诉我们,消化系统对人的心理生物平衡起着很重要的作用，由此看来，有必要重新探讨体重的问题。我通过长分析发现：

（一）神经官能症患者中十有九人非常瘦；

（二）随着神经症结的消失，他们的体重会逐渐增加；

（三）在消化微精神分析期间，他们的体重继续增加；

（四）在获得心身平衡之后，他们一般会达到理想体重。

人们一般以为，肥胖症是补偿机制作用的结果：心灵上遭到拒绝，就从身体上寻求补偿。但是，越分析瘦人，我越发现事实并不这样简单，而且与人们一般认为的完全相反：既然得不到心灵上的养料，其他的也就无所谓了，精神性缺氧症是这一反抗的极端后果。总之，无论是不是补偿，从某种意义上讲：

> 患肥胖症的人
>
> 很少患癌症
>
> 或自杀。

有时，我开玩笑地对接受分析者说："如果您有神经官能症，要么做精神分析，要么就由着性地吃。"

我想在此提一下那些令人哭笑不得的父母和孩子。很多异常消瘦的年轻人，提着一把他们只会弹"一点点"的吉他来到我这里，他们身心交瘁、半痴半呆、迷迷糊糊，被父母空投到我这里，他们的父母急切地希望卸下重负，不愿意再负责任，最多会对我说："……没关系，这个不重要，当然—当然—当然，您说怎么样就怎么样，您决定，我们完全同意……"这些父母对自己的孩子无能为力，于是不想再要他们了："……什么都试了……让他待在您这儿……有个床垫就行，放在车库里或者放在地窖里，随您便，就是别让我们再看见他！……"

减肥的疯狂源自美国，至一九四五年已经发展为一种地方病，然后又像传染病一样风行欧洲。法国在进行了英勇的抵抗之后，放下了武器，不再吃自己喜欢的美味佳肴，这对于法国人来说就等于失去了存在的意义和自己的伟大之处。减肥热在席卷澳大利亚和南美洲之后，开始进入日本。神奇的日本人也和其他国家的人一样，要么饿得要死，要么靠苯丙胺活着。这场极为普遍的减肥现象是人类遇到的扩散性灾难之一（我认为使数亿人痛苦，导致他们不能面对自己与生活的东西就是灾难），也是历史上第一次具有表达能力的灾难：

（一）它是一种心理生物疾病，借助人的意志传遍世界；

（二）它是一种集体强迫症。

"强迫症"一词在这里具有精神病学的意义。读者也许会认为我太夸张了，那么请看接受分析者的话：

（反复出现的句子：）"……我每天只吃一两个鸡蛋……我觉得自己随时有可能晕倒，但是，还能坚持得住……"——"……时不时吃点酸奶，不过永远是特制的低脂酸奶……"——"……在吃过一顿奶制品后，我再吃一片菠萝去脂肪……"——"……我的减肥治疗非常成功……三十年内，我减了三百公斤！……"——"……在两次减肥治疗之间，我又重新变成了 Bayonne 小姐……""……二十年来，我的体重始终是个灾难……"——"……我们每天都得称体重……"——"……我们的一位朋友发胖了，我们不再请他来家里吃饭……"——"……我们什么也不敢吃，……变得易怒、不满、爱讲别人的坏话……"——"……我情愿生病，也不愿意发胖……"

世界上的人只讲节食、禁食和各种减肥治疗。数不清的"专门"的杂志、书和出版物都在以一种令人担忧的轻率对待人的脂肪组织。后者既不像人们所描写的那样是什么致命的超额负荷，也不是可以任意泻空的天然养料的储藏室，更不是什么机械和温度的静态保护垫。

脂肪组织只占二十八周龄的胚胎总重量的百分之二，它主要在妊娠期的最后两个月发展起来，一般占新生儿体重的百分之十一至十六，具有很强的细胞代谢功能。随着人体的不断发展，脂肪组织交换的生物化学过程越来越复杂。成人的脂肪组织更新以选择的方式进行，其速度令人惊讶：1."储备"脂肪（皮下、两个网膜的活动区……）每天都在发生变化，"原初"脂肪（颈部、面部、肾周围、生殖器……）相对比较稳定；2．一天内，相当于人体总重量百分之五的脂肪组织得到更新，也就是说每二十天就有相当于人体总重量的脂肪组织得到更新（S. Robbins）。

然而，突然减肥式人工减肥是对自然生命更新的干扰（我有一部很老的德语医书 *Damarus*，上面写道：每月减少体重超过两公斤是"非常危险的"），也就是对脂蛋白新陈代谢动力的干扰，而脂蛋白在人体中具有重要的作用：1．它们集中负载代谢能；2．是细胞膜的主要组成部分；3．是记忆的处所；4．是情感平衡的生物化学基础。一些接受分析者对此有一定的预感：

（反复出现的句子：）"……好像胖人很懂得生死……他们是不是不可能长寿？……即使是这样，他们至少痛痛快快地生活过……"——"……我的医学、妇产科和神经外科的老师体重都是一百五十公斤……他们都活到了八十岁以上……"——"……丘吉尔建议要多吃、多喝、多睡，经常测验……"

最近，R. Fisch 在明尼苏达州对三十万个儿童进行调查，发现一般来说，在同龄孩子中，胖的较瘦的机灵。Fisch 发表了他的研究成果，试图以此改变对肥胖儿童的不利环境。因为，减肥的疯狂不仅对整个社会有影响，而且深入家庭：

（反复出现的句子：）"……我们的儿子太胖，成了同学们的笑料……一位内分泌学家使他瘦下去了……结果他开始口吃……"——"……我们的女儿为减肥做出了很大牺牲……甚至做了乳房整容手术……她已经是第二次要自杀了……"——"……我丈夫减肥二十公斤……结果变成了秃顶,而且阳痿……"——"……十五岁的时候,我接受减肥治疗,减掉十五公斤……十七岁时又减肥十五公斤……十八岁时,不得不因肥胖症去见精神病医生……"——"……我妹妹原来是个爱开玩笑的人……减肥后,一天沉着脸……"——"……父母非常注意我们吃的东西……我有哮喘,我弟弟尿床……"——"……我妈妈胖得上不去楼……减肥以后……得抱她上楼……"

我在自己身上证实了体重的心理生物意义。由于多年来每天一动不动、一声不吭地坐在沙发里进行三—十二个小时的分析,我的体重很可观。接受分析者从中受益匪浅,因为,支配他们来做精神分析的最隐秘的愿望和动机就是返回母亲的腹中,所以,真正的分析学家除了应该与接受分析者保持潜意识层的交流与默契以外,还必须使后者从潜意识中有面对可爱的母亲(良好的客体)的感受,无论接受分析者多么倔强好斗,他们都需要母腹,甚至乳房,那无论如何不可能满足他们的乳房:

(反复出现的句子:)"……您不会去减肥,是不是?……瘦肚子不可能让人感到温暖和安慰……"——"……简直可以说您总是处于妊娠期,怀着您的接受分析者……千万别减一克体重！"——"……我决定在您这里做精神分析，就是因为您和我母亲一样胖……您的乳房和她的一样大……"——"……我那么冷，那么渴，非常需要一个大肚怀和硕大的乳房……所以我才决定和您一起做精神分析……"——"……您的肚子是荒原和干旱的反义……让人一看就感到温暖和温柔……"——"……您的肚子让我感到非常舒心……"——"……要是能把头放到您的肚子上，我会感到更安全放心……"——"……您的肚子是让我做梦的枕头……"——"……我真想在您的肚子里休息……"——"……请您别笑，这是件很严肃的事……只有在您的肚子里，我才会感觉良好……"——"……我真想进到您的肚子里去……而不是我母亲的肚子……在一个不好的肚子里，实在太可怕了……"

六、人体的泌尿功能

微精神分析学对泌尿功能的研究为我们提供了最后一个令人惊讶的心理生物关系的例子。

从孕妇说起。孕妇吸收一部分日常吃下与喝下的东西，靠这部分养料直接或间接地（通过滋养胚、胎盘和脐带）哺养她腹中的胎儿，将剩余物主要通过尿排出，她排出的尿的一部分经过分解合成，第 n 次变为食物，另一位孕妇吃下这些食物，哺养她腹中的胎儿，又将剩余物通过尿排

出,她的尿的一部分……还不仅如此,羊水生理分析表明:

孕妇集体尿液循环贯穿于人的一生之中,与个人以胚胎-胎儿期为中心的尿循环相联,实现胎儿-母体突触。

下面我们以长分析特有的准确性来看一下这一自然循环的伊德永恒性。直到第十五周龄,羊水始终是羊膜的渗透液,羊膜是产生于滋养胚的一种上皮膜(即:产生于胚胎之外),限定羊水腔,它以分泌与吸收的形式保证羊水的内稳定性。

从第十六周龄开始,主要生理功能开始形成,包括吞咽、消化和肾净化。从这时开始,正像 L. Prod'homme 所说:"胎儿成为母体水代谢中的一个重要环节。"因为:

胎儿在羊水中排尿并饮羊水——先通过十二指肠,然后再通过近端空肠进行吸收——羊水进入胎儿的循环系统———部分被用于日常营养——另一部分进入胎儿的肾,成为低渗尿液,然后被排入羊膜腔——大部分低渗尿液进入胎儿与子宫血管的接合处—— 其中一部分以被动扩散的形式进入母体的循环——又成为羊水……和尿液……

上述循环过程是胎儿从第十六周龄到出生维持羊水平衡的一个重要因素,这期间,羊水的体积一般是一—两升。在正常情况下,羊水的更新可以在二至三小时内完成一个周期。

如果上面提到的三个主要生理功能之一(吞咽、消化、肾净化）发生紊乱，就会导致羊水过多（羊水超过两升）或羊水缺乏（不足二百毫升），造成流产、早产、畸型，急性羊水过多甚至会造成母亲死亡。

简而言之，无论胎儿的尿液是否是低渗透性的，

  胎儿

  饮自己的尿

  并将它转输给母亲。

这是母子生存之必需。

通过自己的尿和腹中胎儿的尿，孕妇不由自主地成为所有孕妇的联结点，并通过其他孕妇成为地球上所有人的联结点。我想在此提出"尿转换"这个词。这一转换发生在羊水腔中，后者与我们的世界一样大！也许这正是 S. Ferenczi 和 E. Goldberger 所看到的：

（一）前者提出，从系统遗传角度讲，"羊水是摄进母体的大洋"；

（二）后者声称"浸泡脊椎动物和人的水，即泡外液，它的电解构成与远古海洋的电解构成十分接近"：

(医生)："……一个既简单又清楚的事情让我感到非常惊讶……

（两分钟沉默，然后）

……在为尿毒症患者做腹膜透析治疗的时候……等于在人工制造怀孕的生理环境……注入患者腹中的液体的电

解构成与浓度使这种液体很像羊水……像血浆……像脑脊液……像海水……像最初的尿液……

……羊水—血浆—脑脊液—海水—早期的尿液……这些东西几乎可以彼此对换……看我……还以为自己做了什么重大发现呢!……

（两分钟沉默，然后）

……血的净化穿过腹膜，通过直接接触尿毒液而进行……腹膜半透水，起着羊膜的作用……一点点地重新形成羊膜内的环境……

……血液透析法也是这样……也就是说靠人工肾……这不仅仅是象征性的……麦基尔大学的 Chang 发现人工细胞可以大大提高透析器的交换面积……这使尿毒症患者的血动力情况与胎儿的血动力状态十分接近……尽管尿毒液的积蓄与循环完全在体外……

……噢，伊德的中性!……它使这个世界上不再存在不可思议的……不合常情的事情……

　　尿毒症患者

　　是

　　孕妇……

……多么令人惊讶的发现!……

……要不是微精神分析，我永远不会明白……尿毒症患者与孕妇一样……在天真内向与宿命焦虑之间摇摆……

更不可能发现尿毒症患者与孕妇同样看上去很冷漠……而实际上非常渴望得到关心与照顾……此外，尿毒症患者病室内的安静也让人想起产妇的卧室……那是解决了一切问题，不再有任何期待的虚空……

（两分钟沉默，然后）

……伊德开始让我感到害怕……真的，它从刚才开始就已经让我感到害怕……

（十分钟沉默，然后）

……肝硬化患者的腹水是不是也属于这种情况？……无论是酒精、胆或是坏死造成的肝硬化，真正的病因是不是心理生物的？……性的？……它的症状提示我们应该从这个方面去考虑……

……肝硬化男性患者的性特征明显雌性化……睾丸萎缩……阴茎变小……阳痿……腋毛与胸毛脱落……三角区阴毛倒置……嗓音变得异常柔和……皮肤细腻……乳房胀大……

……肝硬化女性患者日益隆起的腹部和停经都和受孕的表现一样……"

尿转换与初始期可以帮助我们理解消渴症的两个特点：1．缺少体液的患者的口腔过激欲增强，进入自我循环状态，不顾生命危险，饮自己的尿，2．该病症可以导致功能性尿崩症（或曰多尿剧渴综合征），无论从临床还是从病史角度看，都很难将它与真正的尿崩症（ADH 缺乏或没有某种激素所致）区分开来，可以从尿饮狂中看到消渴症（包括糖尿病）的最初原因完全是心理的，可以引起渗透功能、volemia 和血压的改变，所以，长期禁食是危险的，甚至可能致死，正因如此，大部分减肥措施中都包括这样一条建议："多饮水、多排尿。"这是因为，液体的吸收不仅仅从生物角度和自恋角度讲是至关重要的，而且，它能够控制尿尚未形成前与虚空相连的水-矿阶段。

从人体微精神分析角度出发，重新考察某些临床表现，可以发现它们的真正含义（如 P. Gerard 对清尿性膀胱痛的研究）。例如，如果用以宇宙尿液转换为背景的"胎儿膀胱"的概念代替"儿童膀胱"，可以发现夜间遗尿的原因。排尿癖也是如此，Havelock Ellis 把泌尿功能的这一性感化症状称为恋尿癖，它比人们一般想象的要普遍：

（反复出现的句子：）"……我就爱听人小便……"——"……为了看男人小便，让我干什么都行……"——"……我到妓院去看女人小便……"——"……在学校里，我们好几个男孩子试着在勃起时小便……"——"……喝游泳池里的水，我知道有很多人在这里小便……可是，我不觉得这有什么不好……"——"……我认识一个爱吃夜宵的人……他把面包放在公共便池里……浸透了尿，再拿出来吃……"——"……女人不在我身上小便，我就不会勃起……"——"……当他在我的两腿中间小便时,我会突然出现性高潮……"——"……闻闻短裤里的尿味儿,我就会射精……"

请读者注意,提供上述材料的接受分析者都是中、壮年人,他们平时都有正常的社会生活,传统精神分析学家可能认为,很难找到这类情况的心理生物原因,而微精神分析学家则认为,上述现象与子宫战争和初始期胎儿-母体相互作用有关。

此外,即使我们已经非常了解肾的生理功能与组织功能,也不能不觉得尿液的形成是件神奇的事情。尿在 Malpighi 血管小球组成的四百万肾单位和它们的小管中过滤血液,然后,它通过输尿管到达膀胱,通过尿道被排出体外。每天有一千八百升血液从肾脏通过,经过肾小球的高强度过滤产生一百八十升初尿,最后被排出体外的尿只有一——两升,也就是说,人体的管道系统能够吸收所输载液体的百分之九十九,同时,还能从每日过滤出的六百克钠中吸收五百九十四克。换言之,通过大量吸收盐水,人体的泌尿功能是:

(一)产生人体新鲜体液的源泉;

(二)矿泉水和电解质代谢不可缺少的中继;

(三)一切代谢(环形 AMP 是分子的聚合点)的生物电交叉处。

氮代谢是对第三点最好的心理生物解释。例如，最新临床试验表明，尿素和氨水作为氮的有机循环废料，在肾衰竭的情况下（无能力将二者排进尿液），被人体重新利用，在氨基酸不足的情况下，能够重新合成蛋白。这是因为，尿素在氮的代谢中起着很重要的作用，它通过五个弱硝酸碱基（腺嘌呤、鸟嘌呤、胞嘧啶、尿嘧啶、胸腺嘧啶）决定着核酸的双螺旋（DNA）或单螺旋（RNA）结构，人体中所有蛋白的产生（包括酶蛋白）都需要这些核酸。

此外，我们知道，蛋白分解过程就是氨基酸去氨产生氨水，我们还知道，人与有骨鱼类和属于两栖类的蝌蚪不同，人（像鲨类和其他脊椎动物一样）先在肝内将体液中的氨水变为尿素，然后再将它排到肾的管道中。过去，人们一直以为（至今还有人持这种观点）脑代谢产生的氨水只有一个生物化学导向，即：与谷氨酰胺结合，然后悄然进入肝细胞。然而，一九五九年，斯彭（M. Sporn）发现大脑也能制造尿素。这一发现使我感到很振奋。因为，我明白了为什么可以利用尿素的一种衍生物——巴比土酸——合成神奇的巴比妥（它能够随用者与用量的变化产生完全相反的效果）。这使我能够进行下述描写：

在羊水中，胎儿饮自己的尿——习惯于摄食尿素——通过大脑和肝对尿素进行合成——成年人在尿素的基础上发明了巴比妥——后者借助心理生物手段使人重新进入子宫内尿循环——人体细胞对这一循环的化学记忆越深,人越习惯于这类化学药物——在超过一定用量后,人进入昏迷状态——呼吸中心麻痹——横膈膜与肺停止工作,人重新变成胎儿。

没有对尿诸成分心身作用的清醒认识,就不可能解释下列情况:(一)一种以尿素为基础(巴比土酸)的药能够成功地治疗偏头痛;(二)用尿素制成的药品被广泛用于临床,治疗糖尿病、癫痫、癌症等;(三)某些精神病患者肾功能完好,但是血液中含氮过高;(四)尿毒症患者的综合征——夜游和职业谵妄。人体微精神分析学认为,上述现象是一些或多或少结构化的尝试,是一种重新体验最初代谢环境的潜意识欲望。

我的好友凡克(Casimir Funk)研究用一种糖治疗脚气型神经衰弱(又称维生素 B_1 缺乏症),这种病一般由于长期食用无糠细米所致(在远东、太平洋群岛、南美、非洲),或由于饮食过于精细(美国、欧洲)所致,或由于长期饮酒所致。我问凡克他怎么想起创造了维生素这个词,他眯起眼睛,狡黠地回答:"根据生物胺(vital amine)这个词造出来的。还要很长时间人们才会发现它的维生的力量。"后来,我们发现某些维生素没有"胺"的功能,但是,这并不否定凡克的发明来自他的潜意识层的高度的洞察力。

综上所述:

  尿

  是

  生存之必需。

这样,肾脏才获得了它真正的意义。人们终于发现,肾的作用并不局限于一般所说的过滤功能。它积极参与:(一)体液更新;(二)维护体内电解平衡与稳定;(三)控制血液的酸碱平衡、渗透压力和总量;(四)适量排除氮废料。

  我们忽然发现这些废料具有十分重要的生存作用,忽然发现在很多似乎毫不相干的现象之间存在着联系,发现它们对人的心身平衡起着重要的作用:

  (医生):"……太让人惊讶了……没有尿所含的各种成分,微生物根本不可能产生并成活……比如 Kakabekia umbrelata……

  ……这些微生物是生命的最初状态,它们产生于气态的氨……地球上有,其他星球上也有……

  ……我们的尿的组成部分在成为宇宙灰尘之后……成了这些微生物的生命之源……就是这样!……像氮的循环……好像是排泄物决定着人的产生……

  (五分钟沉默,然后)

  ……从心理生物角度讲:

尿也许

　　和激素一样重要?……

　　它是不是产生在激素出现之前?……

我的一位朋友在他的医学博士论文中专门讨论这个问题……他没有找到任何与此有关的参考文献……"

第三节
老 年

一、前衰老期与衰老期

（一位八十岁的接受分析者）："……噢！多么悲惨的失败……这一辈子！……我以前不知道有这么惨……不知道是不是更好？……白活也就白活了，最好不知道……

……多少爱河！……多少如浪似潮的、神奇的爱情与欢笑，眼泪与希望！……就落得今天这副惨样……诗人爱歌唱人的那点儿伟大，他们也许会说：啊！多么美好！……他们会歌唱还是嘲笑我的心事儿？……他们能理解我们的痛苦吗？……

……先生，我不知道了……您呢？您知道吗？……

即使您知道又有什么用?……您和我一样,改变不了这一切……

……总之……您不知道老人能回忆起马上就要发生的事情……我们的回忆是预先的……

(不了解伊德遗传怎么可能解释这首诗?)

……爱情……大家都谈爱情……老人的爱情呢?……除了您,谁谈这个?……老人的爱情在哪里?……没有人爱我们……好像不应该爱老头或老太太……过去,人们都用怀疑的眼光看老人……现在,人们都装得好像对我们很感兴趣……因为,老人越来越多……但是,没人知道拿这些老人怎么办……我们影响别人……我们的前途是什么?……有的学者建议摆脱老人……杀死老人……您怎么看?……

(三分钟沉默,然后)

……年轻人睡觉、做梦……靠这个活着……我们还能干什么?我们再也没有睡眠……很少做梦……或是做了想不起来了……黑夜会变成白天吗?……先生,您太年轻,不可能理解没有睡眠……没有梦的生活是什么……请您别笑……没有爱情……先生,请您别笑!……什么也没有,先生,什么也没有……没有任何人……自己活着……

……我很孤独……孤独,先生……您呢?您孤独吗?……别人说您什么都懂,还说您会创造奇迹……先生,请您给我讲讲！……啊，说精神分析对人很有好处……是一门很时兴的科学，是年轻人的科学……可是，您同意给我做分析……我这么一个老态龙钟……颤颤巍巍……一无所有的人……我什么也不看了，看不见了……音乐，我还能听见，但是，觉得很累人……吃什么也都没味儿……

（两分钟沉默，然后）

……我很害怕……请听我说！……您听着呢？……我非常害怕……怕虚空……怕这个苦涩的虚空……

（两分钟沉默，然后）

……您这里确实很好，那么宽宏……这里让人感到平静和智慧……只有在这里能有人听我说……当然，我花了钱……我给您钱……然后才能说……说……跟您说我自己……

……先生，您这么年轻，不发抖……也不害怕……请您给我解释一下……衰老、孤独、死亡……其实，死倒不算什么……衰老也不算什么……但是，孤独—孤独……这才是死亡前的死亡……虚空前的虚空……

……我的孩子呢？先生，我应该做些什么？……过去，我为孩子活着……现在，只剩下对已经死去的孩子们的记忆，好像他们死后离我更近了……还要多长时间才能停止回忆……

（三分钟沉默，然后）

……我很冷……到处都疼……说不清为什么疼……就是疼……过去管这叫 Mater Dolorosa……我喘不上气来……请帮帮我，先生！……我越来越冷……求求您，求求您了……"

老年学已经有三十多年的历史了。一九四五年以前，我从未听说过老年学。一九五〇年，召开了第一次老年问题国际研讨会，从那时起，老年学成了医学、心理学和精神病学的一个重要分支。老年人的数量暴增，不久，老年学将成为各科中最主要的分支（除非社会将安乐死合法化）。

老年学产生于病理学，很快转向对衰老生理过程的研究，开始只是宏观的和描写性的，现在已经发展为细胞层的，甚至是分子的，从每年发表的科学论文的数量就可以看出，它已经成为科学研究最活跃的领域之一。

尽管弗洛依德在这个问题上有些保守，精神分析仍然与其他学科不同，它很早就开始关注人生的重要过渡关口。一九二〇年，K. Abraham 为四十岁以上的人做精神分析获得成功。S. Jelliffe 于一九二五年，L. Kirschner 于一九二八年，M. Grtjahn、M. Kaufman、S. Atkin 于一九四〇年先后取得了令人振奋的分析成果。一九四五年，O. Fenichel 积极支持老年精神分析，同时又对它的实际效益持保留态度。一九四八年，M. Gitelson 发表了一位六十六岁女士的精神分析记录，揭示出老年人的死亡焦虑。一九五九年，H.

segal 发表了一位七十三岁老人的精神分析记录，同样提出了老年人的死亡焦虑问题。

但是，最近二十年，精神分析学家们又变得像弗洛依德当年一样保守了，他们的理由是，"五十岁以上的人"心理弹性降低，或是老年人的分析素材头绪混乱、难以理清。尽管如此，老实讲，哪位精神分析学家会拒绝为八十岁的弗洛依德做分析？无论如何，到目前为止，还没有一位精神分析学家系统地介绍过老年心理。

很久以来，我就想为老年人做微精神分析，当这一愿望终于得到实现后，我通过分析获得了很多重要的发现。我发现人们之所以或多或少有意识地拒绝为老年人做精神分析，主要是因为：

（一）从技术上讲不可能。但是，微精神分析十分灵活，目前来说，只有它能够应付老年人的随机性，主要通过病灶微精神分析和分析照片；

（二）由于不了解虚空能量组织和共冲动系统的模型。这是一个很严重的缺陷，因为老年人一般具有下列倾向：

1. 他们的伊德能基本与虚空处于渗透状态，因此，老年人的长分析往往暴露出补偿性恢复和对应与弥补机制，例如，老年人的联想与固定性记忆减少，但是，自由联想型记忆的自发性却有所增强。R. Butler 通过实验发现，老年人的心忆恢复非常活跃、清晰（甚至可以说是异常清晰）；

2．他们与死亡-生命冲动和谐共存，心身平衡。我们下面将看到，衰老是死亡冲动与生命冲动之间互为中性的生理反应；

3．他们的共冲动运作远不是对合的，而是以人的总体的心理生物变化为主。因此，萨特说："老年人从来不觉得自己老。"此外，在性活动方面，衰老使人早年的多形态性活动重新活跃起来。完全有必要在此强调（因为很多人至今都不相信）：

> 老年人
> 的性生活
> 真实而活跃。

4．他们的复现表象、幻觉和情感表现与儿童的十分接近。我敢说，最有经验的精神分析学家也很难区别五岁儿童和百岁老人的分析材料反映出的潜意识动力。

此外，我承认自己很喜欢老年人，和他们在一起工作让人感到很平静，而且能够学到很多东西。总之，如果人类想再延长五十年寿命，或者像 W. Denckla 所说的把寿命延长为三百年，那么，精神分析学必须从现在开始对今日的老人进行科学的研究。

如果不是出于恐惧，或者，更确切地讲，出于图腾焦虑，为什么至今没有人建立一套系统的老年学术语？生命早期不同发展阶段各有明确的术语：胎儿期、幼年、童年、青春期、青少年期和成熟期，但是，却没有一个词描述从更年期到生命结束的各个阶段，尽管这段生命旅程长达半个世纪！最常用的词是"老年"，好像从五十五岁到一百岁之间没有任何区别！有人用"第三阶段"或"高龄"，但是，这些词一般都含有贬义，就像人们提起悲惨的"第三世界"或远方征战回来的"重伤员"。事实上，老人始终处于受辱的境地中。

我不愿意创造新词，也不愿意用"老人""老者""长者""年长的人""老年人""长辈"……（尤其是这些词都没有阴性）或"前辈"等词。我在不太常用的词里寻找恰当的用语，最后，我决定使用"前衰老"与"后衰老"两个词：

（一）从更年期开始，也就是说，大约从五十五岁开始，人进入前衰老期，我称这一阶段的人为前衰老人；

（二）从七十岁开始，人进入衰老期，我称这一阶段的人为衰老人。

哺乳期婴儿与儿童不同，青少年与成年人不同，同样，前衰老期与衰老期之间也有很大的差别：

（一）进入前衰老期的人老当益壮（正像古罗马人所说的 senectus cruda ac viridis）。尽管他们的细胞更新趋于节省，但是，器官运转良好。他们一般胃口正常，手脚轻健。

尽管他们的"性对答率"开始降低（W. Masters），而且他们的性活动仍然受负罪感的控制，但是，他们有时可以享有惊人的性活动。廉耻、好恶、道德和宗教观基本上与成年期的一样，他们远远不是顺从的、中性的，恰恰相反，前衰老人仍然充满偏见、抱负、公正与不公正感、从属感、要求与歧视……他们往往能够创造出一生中最好的艺术作品或科学研究成果。简而言之，可以说从生理角度讲，前衰老期的人已经过了顶峰期，但是，从性格方面讲，他们却正处于顶峰期，他们不再担心、犹豫，敢于接受自己的观点并使他人接受自己的观点：

（一位前衰老者）："……人年轻的时期经常犯错误，但是不觉得累……上了年纪，很讨厌较真儿……大部分情况下，从年轻人的盛宴中得到一星半点儿……能活着就行了……但是，您知道吗，你们现在的一切都是我们准备下的……你们吃的都是我们嚼过的……

……别把我们惹急了！……你们的效益理论一点儿也不惊人……用不着你们教老猴儿怎么做鬼脸儿……在这个世界上，我们的总数已经超过了一亿……用不了多久，就分不出究竟是老的阵势大，还是年轻的阵势大了！……

（两分钟沉默，然后）

……没必要一天说废话……尤其在这儿……没必要设计什么美好的计划！……这个社会的牙越来越长……生活

在这个地球上的人从来没有像今天这样凶……这样集体围着生产与消费转……共产主义的各种理论和资本主义的各种计划都掩盖不住这个世界对老人的厌恶……

……有没有一个自然法则促使动物像人类这样对待衰老的同类？……"

（二）衰老期相当于古罗马人所谓的老态龙钟（senectus effeta viribus）。衰老人的细胞代谢活动只能满足最基本的需要，于是，器官功能越来越植物化。因此，衰老人的饮食往往随心所欲，行动非常小心谨慎，他们干瘪，尽力不引人注意，为了不影响周围的人，更主要是为了回味那些"疯狂的异象"（维吉尔）。一切目前与自己无关的事情都不会再引起他们的兴趣。他们不再注意教育强加于他们的禁忌，负罪感对他们不再起任何作用，衰老人的性活动顺应自己的生殖器、感官与幻想的能力。他们没有家庭、国家、宗教的偏见。谁打赢一场战争对于他们来说无所谓。一切野心与要求都消失了。不同社会阶层、不同种族的衰老人都有一个共同的生活哲学、共同的中性的洞察力。他们获得了人在成年期最缺少的感觉。他们不再对自己一生中经历的种种幸福与不幸的事件感兴趣，如果请他们评价这些事件，他们会感到很难做出任何评断。与他们接触可以证实个人一生所谓的幸福与不幸完全与社会因素无关，尤其与经济因素无关；同时还可以通过衰老过程的不同阶段特

有的起伏,发现那藏在稳定心理状态与相对情绪变化后面的伊德能量规律:

(一位衰老的女士):"……什么都不会再触动我……什么也不会再让我激动……亲人们的悲伤对我没有任何影响……我必须保重自己……否则生命那颤动的火苗就会突然熄灭……我丈夫去世后,我随时准备随他而去……人死的时候什么也不会失去……我死的时候,我希望安安静静……谁也不要伤心……

(三分钟沉默,然后)

……我没有遗憾……无所谓……甚至不知道为什么自己是幸福的或不幸的……因为,您知道,大夫……对我来说,什么幸福不幸福,无所谓了……

……过去我可不是这样儿……过去,我也和其他人一样……对什么都感兴趣……一点儿小事都会让我捶胸顿足……愤怒……欢呼……现在呢?……现在我就希望别人不要打扰我!……让这个世界上的人自己去混吧!……

(两分钟沉默,然后)

……不过,还有一件事让我感兴趣……在入睡的时候……怎么说呢?……我在心里重新检查一遍自己身体的每个部位……都在……我自言自语:'我还全整。'……到了这个岁数……什么都还在!……然后悄悄地笑了……得意地想:'还算不错……嗳!嗳!……我还是个完整的人'……然后心满意足、平平静静地入睡……又一天过去了!……您知道,大夫,我一天一天数着过……就像当年孩子们小的时候一样,我一天天数着他们生命最初的日子……"

简而言之,衰老人身体功能的衰退与成年人心理功能的衰退成正比,换言之,

  衰老人

  与成年人的区别

  相当于正常人与精神病人的区别。

(一位衰老人):"……这些可怜的成年人,他们什么也不懂……什么也没懂……他们相信天堂和地狱,相信魔鬼和上帝!……到时候他们也会明白的……不过,大家都一样,等明白了,也晚了……

(两分钟沉默,然后)

……到时候,他们也会发现曾经错误地理解了生活的意义……他们自己的生活的意义……他们几乎没有生活过……生活不过是死亡前的一瞬……

……尽是些充满虚荣心的暴发户……满怀偏见的骄傲的人……骄傲……噢!骄傲!……不是教理书上说的骄傲……而是肉体和性的骄傲……

……当然……我曾经和他们一样……和所有人一样……是的!……走过了将近一个世纪的路,我才明白人

生的真正意义……一个世纪的光阴失去了……浪费了……扔给了蠢货……全怪那些只懂书本不懂生活的教育者……啊!现在我才明白……教育是文明的堕落……

(两分钟沉默,然后)

……先生,如果您愿意,请重复我刚才的话,使劲儿喊!……没人会相信您的话……谁能治理这堕落?……

……人没希望……人需要痛苦……越不知道需要痛苦,就越需要痛苦……"

前衰老期与衰老期之间的区别适用于所有身体状况和心理状况基本正常的老人,即使这一划分可以随个人、民族和地区的不同而变化,微精神分析学提出的下列标准仍然是不可否认的、具有普遍意义的:1.从卵子受精到死亡,性活动始终不停,是伊德的表现;2.人在一生中偶然随着自己的尝试进行反影式回转运动;3.在人的后半生与早年里比多发展的主要阶段之间有着惊人的对应关系;4.长分析已经证实了三个对等式:

(1)更年期=青春期;

(2)前衰老期=儿童期;

(3)衰老期=幼年与胎儿期。

德国人或盎格鲁-撒克逊人称更年期为"关口",这一阶段一般从四十八岁到五十五岁,是一个"至关重要的时期"。人在这一阶段经受的心理生物冲击相当于在青春期

(八至十五岁)经受的冲击。民间管这叫"活回去了",这种对应既不是象征性的,也不是对合的,而是身心的,发展的。事实上,无论是青春期还是更年期:

1.从身体角度讲,间脑-垂体都是神经内分泌的中心,它通过激素影响第一性征(生殖器)、第二性征(耻骨与腋下被毛、皮下脂肪、嗓音、性行为……)及若干系统(骨骼、肌肉、心血管……);

2.从心理角度讲,一切都在本我中进行,受俄狄浦斯-阉割活化的控制。对于女性来说,更年期意味着"停经",这是一个生理变化,男性则没有相应的变化。进入更年期的妇女再也不可能享有阴茎或用怀孕代替阴茎。在生殖器崇拜期,俄狄浦斯滑移使女性能够代谢阉割焦虑,但是,到了更年期,这一滑移再也不会出现了。男性的更年期没有女性的那么残酷,往往非常平静,这是因为男性早已习惯了俄狄浦斯,能够更灵活地顺应阉割的裁决。

在这一次俄狄浦斯-阉割爆发之后,人进入前衰老期,从五十五至七十岁,它像镜子一样,反射出童年五至八岁的体验。前衰老期像童年期一样,不是心理生物的潜伏阶段,而是一个非常活跃的阶段。事实上,在前衰老期与童年期期间,人的潜意识动力来自本我,它调动起下列尝试(及其组合与结构):1.试着制服俄狄浦斯情结;2.试着排除阉割焦虑;3.试着掩盖构成自己的虚空。根据压抑的强度和它借助二次认同与升华进行自我释放的能力，上述尝试或多或少能够成功。上述机制负责性活动共冲动的外在化与社会化，它们之间的相互作用是前衰老期与儿童期的主要特点。

老年微精神分析学为进一步理解祖父母与儿童之间存在的里比多关系，尤其是俄狄浦斯情结做出了贡献。儿童沉浸于未来之中，老人沉浸于过去之中，可以从祖父与孙子手拉手散步的画面中看到他们之间天然的情感同化。更重要的是，老年微精神分析学表明，从个体发育角度讲，祖父母比父母更具优势，父母对儿童性心理发展的影响是次要的，

父母往往

是祖父母真实的或虚幻的屏幕。

这一发现证实了 E. Jones、A. Esterson 和 R. Laing 的假设：祖父母在精神分裂症的形成过程中具有一定的作用：

（一位接受分析的女士）："……每当我爷爷在沙发里睡着的时候……我坐在他对面……那时我大概七八岁……我假装看书，直到他睡着……然后，我就盯着他的裤子……看着他裤子下面那件东西和那两个睾丸发呆……我下身发潮……我摸自己的下身……真奇怪……我很希望妈妈这时走来……我好告诉她……冲她喊……然后，我就到浴室去……洗一洗……躲起来……

（两分钟沉默，然后）

……我爷爷死的时候，我哭得很厉害……失望到了极点……我很想看到他的全身……尤其是他的阴茎和睾丸……他死了，到死他都不属于我……就像他活着的时候一样……他只在腰以上属于我……

我去买了一朵玫瑰……最漂亮的一朵……在人们盖上他的棺材之前，我把玫瑰放到了他的两腿中间……

（五分钟沉默，然后）

……我感到很热……很弱……和患厌食症时的感觉一样……这场分析我一直在讲我的祖父，我感到精疲力尽……我没想到他是这样完美无缺……这样热……他对我的性活动的影响远远超过了父母对我的影响……现在，我还能在两腿中间感觉到他……

（五分钟沉默，然后）

……是不是所有人的微精神分析最后都会揭示出个人生活与祖父或祖母的联系？……我个人对此毫不怀疑……那些从来没有见过祖父母的人也一样……俄狄浦斯 II 十有九次是俄狄浦斯 I 的证据，二者同样是遗传的……父母将祖父母遗传给他们的俄狄浦斯 I 传给自己的孩子……

……所以，在生命的转折关头，我总能看到我爷爷的影子……他的睾丸……阴茎……还有我的玫瑰……这一点儿也不奇怪……"

在长分析过程中，祖父母在儿童潜意识中的重要性和他们在儿童俄狄浦斯核心形成过程中所起的决定性作用一般通过下面两种情况反映出来：

（一）请接受分析者直接用名字称呼自己的家庭成员，一般来说，这样做效果良好，但是在涉及祖父母时往往会遇到很大的阻力；

（二）在研究照片的时候，往往会出现我所谓的往事相像和远事相像的现象：

1．一位二十岁的女士发现她的情人都酷像她的祖父二十岁时留下的照片（她从未见过自己的祖父）。这是往事酷像现象，一般可以在所有的微精神分析中得到证实。

2．另一位七十岁的接受分析者发现他六十五岁的妻子很像他的外祖母（他从未见过自己的外祖母），即酷似后者六十五岁时的外貌（请读者注意，从这两位女士年轻时的照片上看，尤其是订婚、婚礼照片上看，二人没有任何相似之处）。这是远事酷似现象，经常发生在老年微精神分析中。根据系统发育中俄狄浦斯对个体发育存在的影响，可以说这一神奇的现象表明，俄狄浦斯可以提前实现伊德的相互性。

老年微精神分析表明，老人与年轻人之间的性吸引不仅仅局限于儿童与祖父母之间的关系，而是一个非常普遍的现象，它完全不计较家庭、年龄、外貌、身体、财产、性（同性或异性）等条件。我们下面将讲到，这种忘年性吸引对于重新经历儿童期里比多各发展阶段的衰老人来说，具有十分特殊的意义。

二、衰老期性心理

有关衰老期生物化学变化的假设数不胜数：DNA、RNA、遗传信息中的胞核酶或胞质酶。一些研究人员试着验证有关衰老的各种分子理论，但是，他们往往越弄越糊涂，这是因为，这些分子理论揭示出的共同机制具有伊德的特点：

（一）基本上是中性的，如诱人的细胞自我解毒的假设：1. H. Laborit 认为细胞的氧化为生命提供能量，但是，它最终会导致老化和死亡；2. H. Selye 将应激定为"人体对各种要求的反应"，认为它是以生存为目的各种化学反应的副产品所造成的致命的阻塞的原因。

（二）无目的的，这是误差理论的动力基础。比如：1. L. Orgel 认为 DNA 成倍增长或蛋白制造中"偶然"出现的误差的"灾难性"积累，就会导致衰老；2. M. Buret 认为衰老与修复酶失效和有丝分裂中偶然出现的细胞程序中的误差有关。

（三）相对特定的，这就决定所有的特点既是总体的，又是个别的。例如：1. J. Bjorksten 提出"cross-linkage"理论，认为在蛋白与核酸之间存在着不断发展的、稳定的关系,这似乎可以解释老年性胶原退化现象;2. R. Walford 提出一种免疫学理论,主要涉及衰老期的某些自我-免疫疾病,如类风湿性关节炎或溶血性贫血。

衰老机制生物化学层再现伊德诸特点,这证实了 S. Nacht 和 P. Racamier 有关"器质性损伤"可能"阻碍冲动的运动规律"的假设,为我们解释衰老过程提供了基础:

分子衰老理论中所谓的细胞变化涉及心理生物实体,扰乱共冲动,从整体上打乱共冲动的运作,改变本我的心身平衡,影响本我相对于虚空的能量-冲动组织,使虚空突然成为对细胞系统与潜意识的威胁。

面对这一危险,人的外显反应多种多样,最极端的表现是典型的无缘无故的、各种各样的恐惧。为了摆脱虚空的威胁,衰老人必须调动自己的伊德层的心身能量,那是他们抵抗虚空的最后一道防线。正因如此,这一抵抗往往以疾病的形式进行:

1. 引起机体的病变甚至死亡(七十岁老人的死亡率很高);

2. 容易诱发痴呆和躁狂症,或者使人进入躁郁型精神病的忧郁症阶段。

衰老人心理生物冲突的唯一生理出路是:1. 重新抓住尝试(尝试群组)和已经被打碎的过激活动与性活动的症结;2. 按照个体发育中已经形成的压抑的固恋的模式,重新组合尝试，并形成新的过激活动与性活动的症结。他们的心理生物实体不断受到干扰，共冲动运作规律不断被打乱，性心理补习—再造过程由浅入深，循着压抑的固恋链条，重新经过生殖器崇拜期、肛门期和初始期。衰老人就是这样借助了伊德反跳重新经历胎儿—童年期的性心理活动，并以此解决自己的心理生物冲突。换言之，在人一生的连续的性心理发展过程中：

衰老期

充满生活早期

里比多各阶段的反影式回转。

但是，请读者注意，个体发育压抑产生于初始期混合的口腔—肛门—生殖器冲动中。而且，压抑具有伊德的两个基本特点——中性和无特定性，因此，衰老期里比多共冲动和性感区域的组织并不完全是个体发育各阶段的重复，性心理的反影式回转可能产生意想不到的，甚至是从未出现过的共冲动与实体，尽管后者含有已经结构化了的、童年期的体验。

衰老期性心理回转的不同阶段构成了我所谓的后生殖器期，它与由胎儿—童年期体验构成的前生殖器期相对应。我沿用弗洛依德的用语，在前面加上一个形容词：暂留。暂留生殖器期、暂留肛门期、暂留口腔期、暂留初始期。性活动从出生到死亡始终存在，"暂留"表明后生殖器期诸阶段不是倒退。此外，从伊德角度讲，压抑始终不停地在发生作用，因此，后生殖器期表明：

> 倒退
> 是一种委婉的说法，
> 它掩盖着虽然已经被埋葬的
> 但是仍然处于活动中的固恋。

衰老期共冲动分散的动力成分和早年局部共冲动呈反影式对应，我称其为剩余共冲动。剩余一词在此没有贬义，也没有限制的意思。这是因为，在压抑的作用下，剩余共冲动启动新的循环，这一循环的动力是复活的个体发育和系统发育的固恋最初的各个方面。所以，剩余共冲动有自己的里比多负荷。衰老人从中获得力量，就像哺乳期婴儿与成年人从他们的里比多负荷中获得力量一样。例如，衰老人的享乐功能是哺乳期婴儿器官享乐功能的剩余，但是，它并不比婴儿期的享乐功能差，甚至可以和成年人生殖器性享乐的高峰期相媲美。唯一不同的是，衰老人获得性享乐的渠道越来越非身体化，越来越幻想化。尽管如此，无论是衰老人还是哺乳期婴儿，尝试偶然构成心理生物实体并使这些实体偶然获得各自相对的特定性，因此，他们"即时即刻"的享乐都来自他们的共冲动。

由此看来，老年微精神分析（尤其是衰老人微精神分析）使人能够：1. 系统了解从胎儿—童年期的各种各样性反常活动到衰老期多形态性活动的发展过程,认识剩余共冲动的形成过程;2. 分清不同的暂留阶段,尽管它们较童年期里比多的各个阶段更难区分,尽管它们的持续期完全因人而异:

(女精神分析学家):"……现在儿童性学不会再引起科学界和社会的惊讶与愤怒……但是,与一九〇五年弗洛依德发表性三论时相比,人们在潜意识中对它的抵抗并没有降低……我认为,这一点可以通过任何精神分析得到证实……怎么能够解释,从社会角度看,这种抵抗有所减弱?……人文科学似乎已经习惯了弗洛依德的理论?……

……通过做老年微精神分析学,我学到了很多东西,也许能试着解释这一现象……当今社会上所谓的性解放激化了人们对前生殖器期的抵抗……某些精神分析粗暴地对待这种抵抗,使矛盾更加激化……于是,抵抗转移到了后生殖器期……由于后生殖器期是童年性体验的反射,它很容易成为抵抗的对象……

(两分钟沉默,然后)

……例如……大家都谈升华……不做精神分析也知道艺术是童年性体验的升华……但是,几乎没人知道大部分杰作出自六十岁以上的人之手……这些作品中一半以上是七十岁以上的人创造的……如威尔第……歌德……提香……还有索福克勒斯……

（两分钟沉默，然后）

……同样……凡是对老年性活动感兴趣的人都知道，大约二十年前，Newmann 经过研究提出……七十岁到九十三岁的夫妇中，百分之七十有性活动，频率在每周三次到一年四次之间……Masters、Johnson、Pfeiffer 先后证实了这个数据……但是，他们没有深入研究衰老期性活动本身，只是提出了它的局限性……并用统计学的方法揭示它与社会、环境、经济或身体等因素的联系……他们最多能从中看出青少年时期性体验活化对老人性活动的影响……他们自己潜意识中的抵抗使他们不可能追寻童年前生殖器期或更早时形成的固恋对老人性活动的影响……

（两分钟沉默，然后）

……衰老期性活动的反影式回转及其四个暂留阶段……还有鲜为人知的、活跃的剩余共冲动……这一切使我明白了衰老人里比多的强度与儿童的成正比……

（五分钟沉默，然后）

……诗人、思想家、哲学家还在为衰老而哀叹……心理学家和精神分析学家开始对衰老感兴趣……您从科学角度确立了老年里比多的各个发展阶段……把性活动的发展连成了一个圈儿……从初始期到暂留初始期……

（两分钟沉默，然后）

……或者，更确切地讲……您打破了圆的迷信……画出了一条从受精到死亡的虚线……从虚空到虚空……

……与一般人们以为的恰恰相反……您发现蛇永远不会咬自己的尾巴……

（五分钟沉默，然后）

……最终

      我们属于一个

      不断进行心理物质线性运动的

      连续体……

……太神奇了……太绝妙了！……即使各种灵魂转世说会因此而彻底崩溃……即使再也不会有复活带来的安慰……"

胎儿—童年期性欲在与剩余压抑的接触中发生变化，逐渐暴露出来，暂留诸阶段相继出现，其顺序与童年性欲发展诸阶段的顺序恰恰相反，而且不是对后者简单的重复。虽然每一个暂留阶段都有自己的特点，但是，很明显：（一）它们都依赖于个人早年特定的性感区域；（二）早年特定的客体关系会重新表现出来。此外，对衰老人进行的长分析表明，每个人本我层伊德的表达方式不同，每个人个体发育中形成的压抑也不同，因此，每一个暂留阶段都是个人胎儿—童年期性心理发展过程中某一细节的漫画式表现。

而且，每一个暂留阶段都有其典型的漫画内容，如：暂留生殖器期的嫉妒、暂留肛门期的命令—精打细算—固执、暂留口腔期的接触共冲动。本书不讨论暂留初始期，它是人生最后的心理生物分化，相当于弥留和最后与虚空融为一体。

从时间顺序上讲，暂留生殖器期是衰老人心理生物分化过程中最早出现的一个独立的时期。这一阶段里俄狄浦斯的反影式回转揭示出，我们每个人基本上是雌雄同体的，而且具有潜在的同性恋倾向。与童年生殖器期的情况相反：

（一）进入衰老期的女性的体验与男童的体验一样，将剩余俄狄浦斯逐渐变成剩余阉割；

（二）进入衰老期的男性的体验与女童的体验相同，逐渐将剩余阉割变为剩余俄狄浦斯。

衰老人的剩余俄狄浦斯甚至可以表现为"反俄狄浦斯"（M.Crotjsahn、M. Hollender），他们在精神分析中，把分析者看成是自己的孙子或孙女。从老年微精神分析学角度讲，这不过是在俄狄浦斯—阉割反影式倒置背景下，俄狄浦斯Ⅱ的移情投射。在女性衰老人眼里，分析者是她的孙子（这正是她自己的现实心理生物状态：男童）；在男性衰老人眼里，分析者是他的孙女（这正是他自己的现实心理生物状态：女童）。

嫉妒是暂留生殖器期的主要表现，请看下面的例子：

（一位先生陪着他八十岁的母亲来见我，我们尽力使她安静下来，因为她一边拼命跺脚，一边大声喊：）"……先生,男人都是坏蛋……他们从我们这里拿走最好的,给我们留下最坏的……您知道我丈夫在想什么?……他想把我关进精神病院……见鬼!……他就是想摆脱我!……我告诉您他为什么这么干,我敢肯定是为了一个女人……到了这个年纪!……这个没良心的!……"

这位女士说的不一定不对。她那八十岁的丈夫完全有可能有个小相好,甚至能使她很满足。老人的爱情引起如此强烈的嫉妒是很正常的。正如 Hauteroche 所说:"老人的爱情比年轻人的爱情更疯狂。"这是因为,随着生殖器期心理生物的分化,超我失去了他致命的威慑力,这使衰老人能够接近真正的客观性。对于他们来说,俄狄浦斯终于变成了可实现的,一切替代物都具有难以估量的价值。因此,后生殖器期,人的激情与嫉妒比任何时候都更为执拗。

衰老人的嫉妒不仅仅局限于剩余俄狄浦斯情结和暂留生殖器期,它存在于他们生活的每个领域,在他们的每一个心理生物功能中,贯穿暂留肛门期、暂留口腔期和暂留初始期。观察两位同桌进餐的衰老人,可以发现他们互相偷看对方盘中的食物,这可不仅仅是出于贪食!他们的眼神暴露出了他们潜意识中正在发生的一切。

微精神分析学对剩余嫉妒的研究具有很重要的意义,我们发现嫉妒超出性共冲动的范围,固定在过激活动中,从初始期到暂留初始期,嫉妒是人不可分割的一部分。嫉妒不是什么可笑的事情，无论它是潜在的还是外显的，嫉妒都是人从出生到死亡，面对虚空所进行的、性命攸关的过激活动：

（一位接受分析的女士）："……我四十岁才结婚……我母亲不愿意让我嫁给随便什么人……她总叨唠：'我们在一起不是很好吗？'……那时，她还能控制自己的嫉妒……除非在朋友们来看我时……她推说自己太老了，到她的卧室关起门来……直到朋友们走了，她才出来……阴着脸，很不高兴……

……当我告诉她我要结婚时，我们第一次吵了起来……那次吵得很厉害……很厉害……然后，她把我赶了出来……我站在街上，她还在喊：'我不会给你留任何遗产……不会给你任何遗产。'……

……那年，她六十八岁……

……后来，我试着给她打过几次电话……她都挂掉不讲话……我给她写信……她也不回信……

……新婚数月，我们离开美国到欧洲去生活……十年里，每到她的生日，我都给她写信……给她寄花……从来没有任何回答……

……一次，我收到养老院老板的信……她想见我……我和丈夫立即坐飞机去看她……我一走进她的房间，她开口说的第一句话就是：'那么！……你还跟他在一起过？……他在哪儿？'……我和我丈夫请她跟我们去欧洲，费了很大劲儿才说服了她……

……旅途中，她一直不停地骂我们……费了多大劲儿才请她下了飞机！……多亏一位年轻的乘务员帮忙……她使劲儿抓住他不放……抱住他，恶狠狠地看着我……

……她和我们一起住了一年……简直是灾难……彻底的灾难……她窥伺我们的每一个动作……我们觉得好像不是在自己家里一样……我丈夫得了糖尿病……我开始出现黄疸……我们已经撑不住了……撑不住了……

（两分钟沉默，然后）

……她死了吧—死了吧—死了吧—死了吧！……

（号啕大哭十分钟；二十分钟沉默，然后）

……我母亲的嫉妒残忍……粗暴……从我小时候起就是这样……现在，我明白了……我的每个细胞都能感到她的嫉妒……小时候，我生病发烧，躺在自己的小床里……体温一升高，她的微笑就很可爱……等我好一点，她的微笑就很难看……多可怕！……她只有一个欲望……让我死掉……

（两分钟沉默，然后）

……我为什么到美国去接她？……我们在欧洲本来生活得很平静……我很清楚接她来会发生什么事情……我很清楚—很清楚—很清楚—很清楚……

(号啕大哭，用拳头打沙发和墙；五分钟沉默，然后）

……是出于潜意识中的负罪感？……还是我想让她受受她让我受过的罪？……嫉妒是不是遗传？……通过母亲遗传？……我相信是这样……

（五分钟沉默，然后）

……我现在的感觉说不出来……我去美国是为了看她变成了什么样子……当我看到她一切都很好时……我的微笑很难看……我强迫她到欧洲来……让她和我们住在一起……为了杀了她……"

暂留生殖器期的心理生物分化逐渐暴露出童年肛门期的活动，于是，衰老人进入暂留肛门期。括约肌的舒张与收缩是童年肛门期共冲动运作的模式，衰老人的肛门期是童年肛门期的反影，其特点如下：

（一）衰老人对外横纹括约肌的控制与儿童期相反。儿童在两岁时已经能够完全控制自己的肛门括约肌，但是，对尿道括约肌的控制却要等到三岁（可以通过临床观察到这一生理发展上的先后顺序：一般来说儿童夜尿或小便失控的情况比夜间大便或大便失控的情况要多，癫痫发作、电击治疗或感情受刺激时，小便失禁比大便失禁的现象要频繁。在暂留肛门期，括约肌开始松弛。与儿童心理生物组织的发展顺序相反，衰老人的尿道括约肌松弛先于肛门括约肌，而且，只有在死亡或死亡后数小时内，衰老人的肛门括约肌才会松弛，这与肛门括约肌在出生时和子宫内始终处于关闭状态相对应（只有在痛苦中，如宫内手术时，子宫中的胎儿才会出现肛门括约肌松弛）；

（二）衰老人与外界交流的方式（积极或被动）与儿童期相反。处于肛门期的儿童，他们的里比多在与外界的接触过程中，不断适应外界，适应社会的要求，但是，在暂留肛门期，衰老人的里比多形成一个心理生物皱，其动力基本上是内向的，这个二次性剩余自恋表明，衰老人"脱离接触"的倾向严重时可以发展为人格解体（E. Cumming 和 W. Henry），一般伴有总体代谢逆向发展。与童年期不同，衰老人的分解代谢比合成代谢更活跃。

在暂留肛门期，童年肛门期特有的命令—精打细算—固执三部曲往往会突然得到加强，变为卖弄学问—吝啬—执拗，这并不意味着暂留肛门期容易发生强迫性神经官能症，恰恰相反，过去顽固的强迫性神经官能症反而会随着心理生物的解体而得到减弱（Ch. Muller 也发现了这一点），长分析中暴露出的接触禁忌明显失效可以证实这一点。我们下面将讲到剩余接触共冲动。剩余里比多的可塑性降低，黏度提高，僵化的反应性和代替性心理活动倾向于借助心理环境中已经形成的老路，这是造成儿童肛门期特点在衰老期反影式再现的主要原因。

暂留口腔期是衰老期性心理发展的第三个阶段，在这一阶段中，剩余共冲动以其特有的方式表现儿童期的第一自恋和自我性享乐：

（一）衰老人首先体验剩余性第二自恋。C. Balier 在《论老年自恋》一文中曾经讲到，老人的性活动是封闭式的，他们将性活动集中在一个由自己的身体和生存空间构成的封闭的整体中。无论是儿童期还是暂留期，这一心理生物动力都是非常重要的，是生存的关键，破坏性或自卫性嫉妒具有决定性的意义。因此，衰老人自杀率明显提高（我们在前面曾经提到年轻人自杀率明显提高），造成这一现象的主要原因是，在自杀者看来，接受家庭或社会机构的抚养大大伤害了他们的自尊心。剩余性第一自恋受到伤害直接影响伊德生存过渡活动，引起对虚空的召唤；

（二）此后，衰老人进入剩余自我性享乐阶段。在这一阶段中，剩余性第一自恋共冲动同样是无序的，它们随儿童期的固恋和条件反射在身体的不同部分极化，形成暂留期的特有的性感区域。剩余性多形态性反常固定下来。性客体即使存在，也变成了局部的，而且必须适应暂留性感区域的中性的狂热。也许正是这一点促使 Max Jacob 写下了 "老人没有恶习，恶习拥有老人"：

（医生）："……现在我知道了……行医时可以发现处于暂留口腔期的老人和处于口腔期的儿童之间有明显的、类似的特征……所以，Eupolis 才说：'老人比儿童还儿童。'……

……比如，在老年科和在儿科，都必须小心谨慎地注意药的用法、用量、禁忌和副作用……哺乳期婴儿和衰老人一样属于超敏感体质，药的作用很快……前者由于酶尚未成熟……后者因为酶的老化或活跃实质的减少……

……从神经学角度讲……出生后数月间似乎已经消失的原始反应会在高龄老人身上重新出现……例如，处于暂留口腔期的老人唇部受到刺激完全可能引起吸吮反射……手心受到刺激完全可能引起攫握反射……或曰攫取反应……抓握反应……一些研究人员认为，这一反应在区别有生物与无生物时具有重要的作用……这是 Von Monakow 所谓的 protodiakrisis……

……我个人认为，不能说这些原始反应的出现标志着前额神经元的减少或损伤……也许将来会发现，这些神经元的组织化学变化并不意味着病变……而是和童年期的某一代谢的剩余有关……这类新的发现将促使我们重新定义老年性呆痴……

（两分钟沉默，然后）

……在新生儿和衰老人之间有没有相像的地方？……我不知道……但是，您说过，无论是男性还是女性，高龄老人常梦见和祖父一起散步……这也许说明，他们又找回了童年的散步和梦中的巨人！

……我发现一个很有意思的事情……婴儿常在黄昏时、

入睡前啼哭……而这也正是最令高龄老人焦虑的时刻……儿童和老人都有典型的分段式睡眠……他们睡醒时的状态也很典型……Winnicott 会说：'他们在那里，但是看上去又好像不在那里。'……他们从黑夜中醒来……目光并不急着要寻找什么东西……他们的呢喃是和任何人与事都无关的自言自语……"

暂留口腔期夸张童年时的触觉共冲动，后者从人出生那一刻起就在自我结构化、客体关系的确立、最初的尝试与进入社会等方面起着十分重要的作用。在肛门期，虚空禁忌与伊德禁忌将触觉共冲动凝聚为接触禁忌，随后，触觉共冲动或者失去重要意义，或者被其他冲动所掩盖和代替，它在衰老期重新出现，成为自我-性欲的基本动力，目的在于使任意的剩余性感区域与任意的客体发生接触，衰老期的接触共冲动只遵守一个规律：接触。无论谁，无论什么，完全出于偶然，目的是在越来越可怕的虚空中建立短暂的联系。衰老期接触共冲动与伊德的伪足运动相结合，从中直接获得心理生物力量，它既是过激的，又是性的，与尝试具有同样的特点——中性、相对：

（精神病医生）："……接触对于衰老人来说非常重要……可以说，对接触的需要代替了其他感官的活动……它是使潜意识欲望和幻觉外显化最好的渠道……

……老年科的病房里……老人们互相触摸，自己触摸，滚成一团……进餐、洗澡，尤其是大小便，是触摸、胳肢和提供其他温存的最好的机会……有时，轻轻触摸会变成用力拍打……在这类活动中，客体根本不重要……我还记得有一次去查房，一位我不认识的老太太走过来，拿起我的手放到她的嘴边，然后开始吸吮我的手指……当时我惊讶不已……

（三分钟沉默，然后）

……我刚才说衰老人的接触共冲动完全不在乎客体是什么或是谁……但是……好像他们对孩子最感兴趣……

……一位老人告诉我，每天晚上，当他的孙女来祝他晚安时，他都忍不住在拥抱她时，有意无意地碰碰她的乳房……一般情况下，她的孙女不做任何反应……但是，如果她拒绝接受这种拥抱，老人就会感到很伤心……这并不是例外……由这种接触发展到其他类型的接触也不是什么新鲜事……

……俗话说：'不能让孩子跟老人睡在一间屋里，因为老人把氧气都吸走了。'……其实，哪儿是什么氧气的问题！……老人喜欢摸小孩儿……感受孩子那结实的身体……为的是能够回忆起……不久前，自己也是个孩子……更确切地说……为了说服自己至今仍是个孩子……

（三分钟沉默，然后）

……尽管如此，衰老期接触共冲动没有客体……或者说……它的客体是局部的、无限变化的……像衰老人一样是伪足状的……

……人一旦进入衰老期,就会像在童年期一样,不再掩饰自己的性反常活动……所以,衰老人通过散在的性感区域体验快乐……那是典型的童年期多形态性享乐……他们就是要满足自己的各种微观的享乐欲……如果可能,就借助孩子来实现这种享乐……孩子不是客体……而是一个含有很多微观客体的整体……

……接触共冲动是衰老期与童年期自我性享乐的特点……衰老人曾经是儿童,到了晚年还是儿童,老人依靠童年期的共冲动实现自己生命之初和生命晚期完全相同的欲望……"

在衰老期配偶微精神分析中,胎儿—童年期性心理活动的反影式发展表现得异常复杂。因为,配偶之间最终形成了一种母-子共生状态,一般来说,二人中较强的一方是另一方的母亲或父母。到了生命的晚期,人放松了禁忌(包括乱伦禁忌),终于能够充分享受原始幻觉中的某一状态,就像刚刚来到这个世界上时一样,毫无疑问,

> 人的性活动,
>
> 从其出生不久
>
> 直到死亡到来之前,
>
> 始终是正常的。

在出生与死亡之间,人不断逆着自己的过激活动与性活动

的冲动而进，生活于地狱之中。只是由于习惯具有心理生物法律效力，一般人不会察觉。这正是我接触到的年纪最大的接受分析者（九十四岁）试图说明的：

"……活到了这个份儿上，我才发现，原来……一辈子都在自找苦吃……我明白自己现在和刚来到这个世界上时一样……

……我用双手塑造了虚空……不久，我的整个身体……将在完全是虚构的一瞬间……消融在虚空之中……

……其他的全是谎言……"

译者的话

衷心希望《微精神分析学》一书能够进入日益活跃的东西方文化交流，成为热爱生活和热爱和平的中文读者的朋友。

借此机会，谨向北京大学外国哲学研究所的杜小真先生和北京大学西方语言文学系的顾家琛先生表示我最真诚的感谢。感谢他们百忙之中抽出时间校阅拙译，而且不辞辛苦地为本书的出版而奔走。

特此感谢原文作者方迪博士（Dr. Silvio Fanti），感谢他耐心与译者磋商翻译过程中遇到的各种问题，感谢他热心为中文译本的出版提供资助。

同时，也向译者的导师 Nicole Desehamps 女士表示感谢。感谢她将这部充满生活与哲理的书推荐给本人，感谢她对译者的鼓励与支持。

最后，向我的朋友 Claire Landry 女士表示感谢，感谢她的热情帮助。

尚　衡

一九九二年八月

加拿大，蒙特利尔